普通高等教育碳达峰碳中和系列教材

建筑工程碳排放计量

主编　张孝存　王凤来
参编　张雪琪　刘凯华

机械工业出版社

本书从碳排放的基本概念与计算理论出发，结合我国现行标准要求及前沿研究动态，系统地阐述了建筑工程碳排放的来源、范围与计算方法，并通过大量的例题与案例说明了建筑工程碳排放的计算过程。本书主要内容包括绪论、碳排放计算理论、碳排放因子核算方法、建筑碳排放计算方法、建筑碳排放实例分析、建筑业碳排放测算方法及建筑业低碳发展。

本书内容丰富、重点突出，兼具理论性与实用性。本书可作为高等学校土木与建筑类专业相关课程的教材，也可作为工程建设单位、设计单位相关技术人员的参考书。

图书在版编目（CIP）数据

建筑工程碳排放计量/张孝存，王凤来主编 . —北京：机械工业出版社，2022.7（2023.8 重印）

普通高等教育碳达峰碳中和系列教材

ISBN 978-7-111-70965-7

Ⅰ.①建… Ⅱ.①张…②王… Ⅲ.①建筑工程—二氧化碳—排气—计量—中国—高等学校—教材 Ⅳ.①X511②F426.9

中国版本图书馆 CIP 数据核字（2022）第 097380 号

机械工业出版社（北京市百万庄大街 22 号　邮政编码 100037）
策划编辑：马军平　责任编辑：马军平　刘春晖
责任校对：潘　蕊　刘雅娜　封面设计：张　静
责任印制：李　昂
北京捷迅佳彩印刷有限公司印刷
2023 年 8 月第 1 版第 2 次印刷
184mm×260mm · 15.25 印张 · 376 千字
标准书号：ISBN 978-7-111-70965-7
定价：59.00 元

电话服务　　　　　　　　　网络服务
客服电话：010-88361066　机　工　官　网：www.cmpbook.com
　　　　　010-88379833　机　工　官　博：weibo.com/cmp1952
　　　　　010-68326294　金　书　网：www.golden-book.com
封底无防伪标均为盗版　机工教育服务网：www.cmpedu.com

序

当前，全球面临环境治理与气候变化的严峻形势，加强技术创新和产业升级，更严格控制人类生产与活动带来的温室气体排放量，降低或减缓温室效应，已成为21世纪全人类共同面对的最为重要的生态环境与科学技术问题之一。为此，追求绿色、低碳和可持续成为新时代的发展主题，各国也在付诸实践。

2020年9月22日，习近平总书记在第七十五届联合国大会一般性辩论上发表重要讲话："中国将提高国家自主贡献力度，采取更加有力的政策和措施，二氧化碳排放力争于2030年前达到峰值，努力争取2060年前实现碳中和。""双碳"战略目标是我国基于推动构建人类命运共同体的责任担当和实现可持续发展的内在要求，所做出的重大战略决策，开启了我国经济社会向低碳转型升级发展的新篇章。

相关统计资料显示，全球范围内，建筑领域全产业过程中消耗了全球30%～40%的能源，并同时贡献了40%的碳排放量。在我国，2019年建筑全过程能耗总量达到22.33亿t标准煤，碳排放总量达到49.97亿t二氧化碳，对全社会总体能耗及总体碳排放量的贡献均在50%左右。鉴于推进建筑业节能减排对实现我国"双碳"战略目标的重要意义与作用，《"十四五"建筑节能与绿色建筑发展规划》围绕城乡建设领域绿色、节能、低碳发展，提出了提升绿色建筑发展质量、提高新建建筑节能水平、加强既有建筑节能绿色改造、推动可再生能源应用、实施建筑电气化工程、推广新型绿色建造方式、促进绿色建材推广应用、推进区域建筑能源协同和推动绿色城市建设九项重点任务。

作为实现建筑领域碳达峰碳中和的基础性工作，近年来国内外相关行业部门、研究机构及科研单位，针对建筑工程碳排放的计量方法开展了大量的研究，为工程碳排放计量工作的开展与推广奠定了坚实的理论基础。在这一背景下，我国于2019年颁布实施了《建筑碳排放计算标准》（GB/T 51366—2019），迈出了建筑工程碳排放计量标准化工作的第一步。此后，全国各地也相继出台了地方标准、计算导则或管理办法。2022年正式实施的强制性工程建设规范《建筑节能与可再生能源利用通用规范》（GB 55015—2021），进一步明确将建筑碳排放分析报告作为建设项目可行性研究报告、建设方案和初步设计文件中的重要内容，并提出新建居住建筑和公共建筑碳排放强度应分别在2016年执行节能设计标准基础上平均降低40%，碳排放强度平均降低$7kgCO_{2e}/(m^2 \cdot 年)$以上的定量要求。

尽管建筑碳排放计量工作已有比较好的理论基础与行业需求背景，但建筑全生命周期包含建筑材料生产、建筑施工建造、建筑运行维护及建筑拆除处置的全过程，相应碳排放计量涉及土木工程、建筑节能、工程管理等多个学科知识体系的交叉融合，导致相应专业人才的培养工作及现有工程技术人员的知识水平仍相对滞后，出现支撑行业快速发展的专业人才瓶颈。

本书作者长期从事绿色低碳工作研究，具有丰富的实践经验和理论研究成果，为顺应建筑业绿色低碳发展及新时期土木与建筑工程领域人才培养需求而编写了本书。本书立足于现行标准要求与前沿理论成果，深入浅出地介绍了建筑碳排放计算基本理论、碳排放因子核算方法、建筑生命周期碳排放计算及建筑业全过程碳排放测算等内容，融合了丰富的例题与工程案例，为读者全面展示了建筑工程碳排放计量的方法及过程。作为建筑碳排放领域的一本具有创新性、综合性的教材，同时也是作者理论研究和实践经验的结晶，本书一定能够为广大师生及相关专业读者快速学习掌握建筑工程碳排放计量方法提供有力支撑与帮助。

中　国　工　程　院　院　士
中国机械工业集团公司首席科学家

前　言

我国提出"二氧化碳排放力争于 2030 年前达到峰值，努力争取 2060 年前实现碳中和"的重大战略目标以来，节能降碳行动已快速融入国民经济发展和人们生活的各方面。作为节能减排的重点领域，建筑材料生产、建筑施工建造、建筑运行维护及建筑拆除处置等全生命周期过程中产生了大量的二氧化碳等温室气体排放，推进建筑业节能减排对实现我国乃至全球双碳目标具有重要的意义。为促进建筑业的绿色、低碳发展，实现工程建设与运维过程碳排放指标的定量化分析，并推动建设行业碳排放权分配与交易机制的形成与完善，建筑工程碳排放的计算与分析已然成为新时期土木与建筑工程领域专业技术人才必备的知识与技能。

本书立足我国"碳达峰"与"碳中和"目标，围绕建筑工程碳排放计量组织教学内容，为培养建筑碳中和领域人才提供基础性教材。为便于学生掌握相关理论知识与实操方法，本书以建筑碳排放的相关基础知识、系统边界、计算理论与方法、数据分析与数据库，以及工程实例分析为主要脉络，简明扼要地介绍建筑碳排放计量的方法学及实例分析步骤。第 1 章介绍了碳排放的基本概念、现状与趋势、政策；第 2 章介绍了基于过程的生命周期评价、投入产出分析、混合式计算方法及实测法四类碳排放计算的基本理论与方法；第 3 章介绍了能源、材料、机械、运输及其他服务的碳排放因子核算方法与数据指标；第 4 章介绍了建筑生命周期碳排放计算的系统边界、方法及不确定性；第 5 章通过少层、多层及高层建筑案例介绍了建筑碳排放的计算分析步骤及报告编制要求；第 6 章介绍了建筑业碳排放的统计方法与常用指标；第 7 章介绍了我国双碳目标的基本概念及建筑领域低碳发展的技术路径。

本书由宁波大学张孝存和哈尔滨工业大学王凤来任主编，广东工业大学的刘凯华和西安建筑科技大学的张雪琪参与了部分内容的整理与编写。全书内容安排及统筹规划由张孝存负责，内容审核与校对由王凤来负责。全书例题资料及解答过程由张孝存、张雪琪和刘凯华负责整理。具体分工如下：第 1 章和第 6 章由张孝存、王凤来编写；第 2~4 章由张孝存编写；第 5 章由刘凯华、张孝存和张雪琪编写；第 7 章由张孝存、刘凯华、王凤来编写。

本书编写得到了国家自然科学基金（52108152）、浙江省自然科学基金（LQ22E080001），以及宁波大学教学研究重点项目（JYXMXZD2022029）的资助，在此表示感谢。

目前，国内尚没有建筑工程碳排放计量方面的同类教学参考书。在本书的编写过程中，编者参考了大量的相关政策文件、标准、报告、书籍及其他文献资料。但由于编者水平有限，对最新政策、研究与应用动态的掌握尚不够全面，书中难免出现不妥之处，恳请广大读者和专家批评指正。

编　者

目　录

序

前言

第1章　绪论 ·· 1

　1.1　碳排放基本概念 ·· 1

　　1.1.1　碳排放与温室效应 ···································· 1

　　1.1.2　碳循环 ·· 3

　　1.1.3　全球碳排放现状 ······································ 5

　1.2　建筑业碳排放现状 ·· 6

　　1.2.1　建筑业碳排放总体趋势 ·································· 6

　　1.2.2　建筑业减排 ··· 7

　1.3　相关政策形势 ·· 8

　　1.3.1　国际政策形势 ·· 8

　　1.3.2　国内政策形势 ·······································10

　　1.3.3　建筑碳排放的相关标准建设 ·····························11

　1.4　本章习题 ···12

　　1.4.1　知识考查 ···12

　　1.4.2　拓展讨论 ···12

第2章　碳排放计算理论 ··13

　2.1　生命周期评价 ··13

　　2.1.1　基本概念 ···13

　　2.1.2　生命周期与产品系统 ····································15

　　2.1.3　评价程序 ···16

　　2.1.4　数据库 ··20

　　2.1.5　生命周期评价与碳排放 ·································20

　2.2　基于过程的碳排放计算方法 ································21

　　2.2.1　基本模型 ···21

　　2.2.2　扩展模型 ···22

　2.3　碳排放投入产出分析 ······································25

　　2.3.1　投入产出分析介绍 ····································25

　　2.3.2　投入产出分析的基本原理 ·······························27

　　2.3.3　碳排放投入产出分析 ····································31

　2.4　碳排放的混合式计算方法 ··································37

2.4.1 分层混合法 ································· 38

2.4.2 投入产出混合法 ··························· 43

2.4.3 整合的混合法 ····························· 44

2.5 碳排放的实测法 ······························· 44

2.6 本章习题 ··································· 45

2.6.1 知识考查 ······························· 45

2.6.2 拓展讨论 ······························· 46

第3章 碳排放因子核算方法 ······················ 47

3.1 理论框架 ··································· 47

3.1.1 基本概念 ······························· 47

3.1.2 一般程序 ······························· 47

3.1.3 关键类别 ······························· 48

3.1.4 系统边界 ······························· 49

3.1.5 功能单位与计量单位 ······················· 51

3.1.6 数据搜集 ······························· 52

3.1.7 核算方法 ······························· 53

3.1.8 质量控制 ······························· 53

3.1.9 不确定性分析 ··························· 54

3.2 能源碳排放因子核算 ··························· 56

3.2.1 燃料燃烧 ······························· 56

3.2.2 电力 ································· 59

3.2.3 热力 ································· 64

3.2.4 标准煤的折算碳排放因子 ····················· 66

3.3 材料碳排放因子核算 ··························· 67

3.3.1 核算方法 ······························· 67

3.3.2 数据获取 ······························· 67

3.4 运输碳排放因子核算 ··························· 77

3.4.1 核算方法 ······························· 77

3.4.2 数据获取 ······························· 77

3.5 机械碳排放因子核算 ··························· 78

3.5.1 核算方法 ······························· 78

3.5.2 数据获取 ······························· 78

3.6 经济部门隐含碳排放强度核算 ····················· 79

3.6.1 数据来源 ······························· 79

3.6.2 数据处理 ······························· 80

3.7 本章习题 ··································· 81

3.7.1 知识考查 ······························· 81

3.7.2 拓展讨论 ······························· 82

第4章 建筑碳排放计算方法 ······················ 83

4.1 建筑碳排放计算的目标范围 ······················· 83

4.1.1 目标定义 ······························· 83

　　　4.1.2　系统边界 ··· 86
　　　4.1.3　清单数据 ··· 90
　　4.2　基于过程的建筑碳排放计算方法 ····································· 92
　　　4.2.1　生产阶段碳排放计算 ·· 93
　　　4.2.2　建造阶段碳排放计算 ·· 96
　　　4.2.3　运行阶段碳排放计算 ·· 98
　　　4.2.4　处置阶段碳排放计算 ·· 108
　　4.3　计算模型扩展与时效修正 ··· 110
　　　4.3.1　混合式计算方法 ·· 110
　　　4.3.2　碳排放时效特征与修正 ··· 111
　　　4.3.3　规划决策阶段的碳排放估算 ······································ 113
　　4.4　单位项目的综合碳排放指标 ··· 114
　　　4.4.1　工程定额与清单计价 ·· 114
　　　4.4.2　综合碳排放指标编制 ·· 117
　　4.5　建筑碳排放计算的不确定性 ··· 123
　　　4.5.1　基本概念 ·· 123
　　　4.5.2　数据质量评价方法 ··· 124
　　　4.5.3　参数不确定性分析 ··· 124
　　4.6　本章习题 ··· 130
　　　4.6.1　知识考查 ·· 130
　　　4.6.2　拓展讨论 ·· 131

第5章　建筑碳排放实例分析 ·· 133
　　5.1　基本要求 ··· 133
　　5.2　某少层村镇建筑碳排放分析 ··· 134
　　　5.2.1　案例概况 ·· 134
　　　5.2.2　碳排放分析 ··· 136
　　5.3　某多层住宅碳排放分析 ··· 142
　　　5.3.1　案例概况 ·· 142
　　　5.3.2　碳排放分析 ··· 148
　　5.4　某高层住宅碳排放分析 ··· 155
　　　5.4.1　案例概况 ·· 155
　　　5.4.2　碳排放分析 ··· 161
　　5.5　本章习题 ··· 171
　　　5.5.1　知识考查 ·· 171
　　　5.5.2　拓展讨论 ·· 179

第6章　建筑业碳排放测算方法 ·· 180
　　6.1　建筑业能耗统计方法 ··· 181
　　　6.1.1　建筑能耗的基本概念 ·· 181
　　　6.1.2　建筑业能耗测算方法 ·· 181
　　　6.1.3　碳排放统计与能耗统计 ··· 187
　　6.2　建筑业碳排放测算方法 ··· 187

6.2.1　运行碳排放测算 ································· 187

6.2.2　隐含碳排放测算 ································· 191

6.2.3　全过程碳排放测算 ······························· 196

6.3　建筑业碳排放统计指标 ································· 197

6.3.1　碳排放总量指标 ································· 197

6.3.2　碳排放强度指标 ································· 197

6.3.3　碳排放比例指标 ································· 198

6.3.4　碳排放均衡性指标 ······························· 199

6.4　建筑业碳排放测算实例 ································· 203

6.4.1　基础数据 ····································· 203

6.4.2　碳排放测算 ···································· 206

6.4.3　指标分析 ····································· 210

6.5　本章习题 ·· 211

6.5.1　知识考查 ····································· 211

6.5.2　拓展讨论 ····································· 211

第 7 章　建筑业低碳发展 ······························· 213

7.1　碳达峰与碳中和 ···································· 213

7.1.1　基本概念 ····································· 213

7.1.2　双碳目标的意义 ································· 213

7.1.3　实施阶段 ····································· 215

7.2　建筑业双碳目标实践 ································· 217

7.2.1　发展绿色建筑 ·································· 217

7.2.2　强化建筑节能 ·································· 218

7.2.3　推行绿色施工 ·································· 221

7.2.4　推广绿色建材 ·································· 222

7.3　本章习题 ·· 223

7.3.1　知识考查 ····································· 223

7.3.2　拓展讨论 ····································· 223

附录　碳排放因子参考值 ······························· 224

附录 A　燃料燃烧的碳排放因子 ·························· 224

附录 B　材料碳排放因子 ······························· 225

参考文献 ·· 230

绪 论 第1章

本章导读:

2020年9月22日,习近平总书记在第七十五届联合国大会一般性辩论上发表重要讲话:"中国将提高国家自主贡献力度,采取更加有力的政策和措施,二氧化碳排放力争于2030年前达到峰值,努力争取2060年前实现碳中和。"建筑业作为节能减排的重点领域之一,消耗了全球30%~40%的能源,贡献了近40%的碳排放。那么究竟什么是碳排放?为什么要控制建筑业碳排放?目前的形势与政策如何?这些问题将在本章内容进行解答。

学习要点:

- 掌握关于碳排放的一些基本概念。
- 了解自然界中的碳循环与人类活动的影响。
- 了解建筑业碳排放现状与发展方向。
- 了解关于节能减排的形势与政策。

1.1 碳排放基本概念

1.1.1 碳排放与温室效应

碳排放(carbon emission)是关于温室气体(greenhouse gas)排放的统称或简称。温室气体指大气中能吸收地面反射的太阳辐射,并重新发射辐射的一些气体,具有使地球表面变得更暖,类似于温室截留太阳辐射,并加热温室内空气的作用。这种温室气体使地球变得更温暖的影响称为"温室效应"。温室气体之所以有温室效应,是由于其本身是拥有偶极矩的红外活性分子,具有吸收红外线的能力。

根据《京都议定书》,温室气体主要包括以下六大类:

1)二氧化碳(CO_2)。

2)甲烷(CH_4)。

3)氧化亚氮(N_2O)。

4)氢氟烃(HFC_s),如CHF_3、CH_2FCF_3、CH_3CHF_2。

5)全氟碳(PFC_s),如CF_4、C_2F_6、C_3F_8、C_4F_{10}、$C-C_4F_8$、C_5F_{12}、C_6F_{14}。

6)六氟化硫(SF_6)及其他,如NF_3、SF_5CF_3、卤化醚等。

在上述六类温室气体中,氢氟烃、全氟碳和六氟化硫三类气体造成温室效应的能力最

1

强；但对全球升温的贡献百分比来说，二氧化碳的含量较多，所占比例也最大，同时也易于理解和认识，因此产生了"碳排放"这一替代表述方法。实际上，大气中水蒸气、臭氧也是典型的温室气体，但这两种气体的时空分布变化较大，水蒸气分布更与全球水循环密切相关，因此在进行减量措施规划时，一般不将这两种气体纳入考虑范围。

📖 **延伸阅读：关于温室气体的 GWP 和 GTP**

不同温室气体造成温室效应的能力存在很大区别，为便于分析各类温室气体对全球气候变化的综合影响，需要采用统一的指标来描述其作用效果。目前，最为常用的方法是：在一定的时间框架内（如 100 年），以二氧化碳为参考基准，按一定方法将单位质量的各类温室气体的温室效应对应于相同效应的二氧化碳的质量，即当量二氧化碳（记作 CO_{2e}）排放。常采用的方法包括以下两种（见表 1-1）：

（1）**全球增温潜势（GWP）** 与温室气体的累计辐射效应有关，即释放 1kg 某种温室气体在一段时间内辐射效应对应时间积分，相对于同等条件下释放 1kg 二氧化碳对应时间积分的比值。GWP 是目前最通用的评价温室气体增温能力的指标。

（2）**全球温变潜势（GTP）** 与温室气体的温变能力有关，即瞬间或持续释放的某种温室气体在未来给定时间后造成的全球平均地表温度变化，相对于同等条件下释放等量二氧化碳后所造成的全球地表温度变化的比值。由于 GWP 存在不能很好地评估短寿命气体对气候的影响、仅表示累计辐射效应而不能直接反应地表温度变化、计算不确定性较大等缺点，已有一些地区及研究者建议采用 GTP 替代 GWP。

表 1-1 不同种类温室气体的 GWP 与 GTP（引自 IPCC AR6 报告）

种类	生命期/年	GWP_{100}	GTP_{100}
二氧化碳（CO_2）	数十年	1	1
甲烷（CH_4）	11.8 ± 1.8	29.8 ± 11	7.5 ± 2.9
氧化亚氮（N_2O）	109 ± 10	273 ± 130	233 ± 110
二氟甲烷（HFC-32）	5.4 ± 1.1	771 ± 292	142 ± 51
四氟乙烷（HFC-134a）	14.0 ± 2.8	1526 ± 577	306 ± 119
一氟三氯甲烷（CFC-11）	52.0 ± 10.4	6226 ± 2297	3536 ± 1511
四氟化碳（PFC-14）	50000	7380 ± 2430	9055 ± 3128

温室气体增加对气候和生态系统的影响是多尺度、全方位、多层次的，正面和负面影响并存，但负面影响更受关注。其中，全球变暖是目前全球广泛关注的气候变化现象之一。相关资料显示，自工业革命以来，大气中二氧化碳的体积分数从 2.8×10^{-4} 增加至约 3.6×10^{-4}，甲烷的体积分数从 7×10^{-7} 增加至 1.72×10^{-6}，氧化亚氮的体积分数从 2.75×10^{-7} 增加至 3.1×10^{-7}。政府间气候变化专门委员会（Intergovernmental Panel on Climate Change，IPCC）于 2021 年发布的第 6 次气候变化评估报告指出，2019 年观测到的大气中二氧化碳含量达到了近 200 万年来的最高值，甲烷和一氧化二氮含量也至少达到了近 80 万年来的最高值。全球表面温度自 1970 年以来的 50 余年间，已明显呈现出快速增加的趋势，而其中化石能源的过度使用、森林资源的过多砍伐等人为活动已成为影响全球增温的重要因素（见图 1-1）。

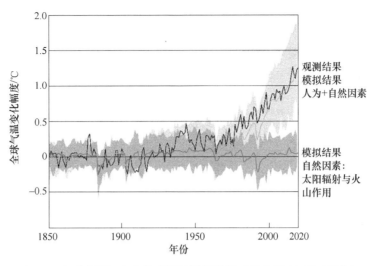

图 1-1 全球表面温度变化观测及模拟结果（引自 IPCC AR6 报告）

全球变暖对许多地区的自然生态系统已经产生了影响，如气候异常、海平面升高、冰川退缩、冻土融化、河（湖）冰迟冻与早融、中高纬生长季节延长、动植物分布范围向极区和高海拔区延伸、某些动植物数量减少、一些植物开花期提前等。再如大气中二氧化碳含量增加虽然有利于增加绿色植物的光合产物，但同时会引起气温和降水变化，从而改变生态系统的初级生产力和农业的土地承载力。这种因气候变化而对生态系统和农业产生的间接影响，可能大大超过二氧化碳本身对光合作用的直接影响。按照气候模拟试验的结果，大气中二氧化碳含量加倍以后，可能造成热带扩展，副热带、暖热带和寒带缩小，寒温带略有增加，草原和荒漠面积增加，森林面积减少。二氧化碳含量和气候的变化可能影响到农业的种植决策、品种布局和品种改良、土地利用、农业投入和技术改进等一系列问题。因此，在制定国家的发展战略和农业的长期规划时，应该考虑到二氧化碳含量的增加可能导致的气候和环境的变化背景。

目前，绝大多数科学家和政府承认碳排放的显著增加已经并将继续为地球和人类带来灾难，所以"碳达峰""碳中和"这样的术语就成为容易被大多数人所理解、接受、并采取行动的文化基础。日常生活一直都在排放二氧化碳，而如何通过有节制的生活，如少用空调和暖气、少开车、少坐飞机等，以及如何通过节能减污的技术来减少工厂和企业的碳排放，成为 21 世纪初最重要的环保话题之一。

1.1.2 碳循环

1. 自然界中的碳循环

碳元素广泛存在于自然界中。地球上最大的两个碳库是岩石圈和化石燃料，其碳含量约占地球上碳总量的 99.9%。这两个库中的碳活动缓慢，实际上起着贮存库的作用。地球上还有三个碳库：大气圈库、水圈库和生物库。这三个库中的碳在生物和无机环境之间迅速交换，容量小而活跃，实际上起着交换库的作用。碳在岩石圈中主要以碳酸盐的形式存在，在化石燃料中主要以含碳的有机物（主要是烃及其衍生物）存在，在大气圈中主要以二氧化碳、一氧化碳（CO）等气体形式存在，在水圈中以多种形式存在，在生物库中则存在着各种各样被生物合成的有机物，其中森林是生物碳库的主要贮存者。这些物质的存在形式受到多种因素的调节，并可相关转化，这一碳元素在自然界中的循环转化状态即碳循环（carbon circulation）。自然界中的碳循环（见图1-2）包含以下过程：

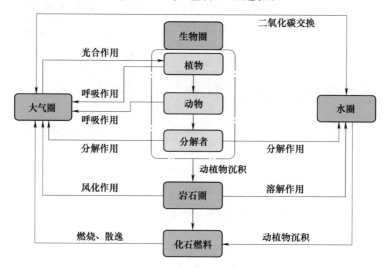

图 1-2　自然界中的碳循环

（1）生物循环　绿色植物在光合作用时从大气中获得二氧化碳并合成糖类有机物，然后经消费者和分解者，通过呼吸作用和分解作用，有机物中的碳元素又转化为二氧化碳并返回大气。碳的生物循环包括了碳在植物、动物及环境之间的迁移。

具体来说，绿色植物从空气中获得二氧化碳，经过光合作用转化为葡萄糖，再综合成为植物体的含碳化合物，经过食物链的传递，成为动物体中的含碳化合物。植物和动物的呼吸作用把摄入体内的一部分碳转化为二氧化碳释放入大气，另一部分则构成生物的机体或在机体内贮存。动、植物死后，残体中的碳通过微生物的分解作用也成为二氧化碳而最终排入大气。大气中的二氧化碳这样循环一次约需20年。

一部分（约千分之一）动、植物残体在被分解之前即被沉积物所掩埋而成为有机沉积物。这些沉积物经过悠长的年代，在热能和压力作用下转变成煤、石油和天然气等化石燃料。当它们在风化过程中或作为燃料燃烧时，其中的碳氧化成为二氧化碳排入大气。

（2）地球化学循环　碳的地球化学循环控制了碳在地表或近地表的沉积物和大气、生物圈及海洋之间的迁移，而且是对大气二氧化碳和海洋二氧化碳最主要的控制。

沉积物含有两种形式的碳：干酪根（沉积岩中不溶于一般有机溶剂的沉积有机质）和碳酸盐。在风化过程中，干酪根与氧反应产生二氧化碳，碳酸盐的风化作用则较为复杂。含在白云石和方解石矿物中的碳酸镁和碳酸钙受到地下水的侵蚀，产生可溶解于水的钙离子、镁离子和重碳酸根离子，并由地下水最终带入海洋。在海洋中，浮游生物和珊瑚等海生生物摄取钙离子和重碳酸根离子来构成以碳酸钙为主要成分的骨骼和贝壳。这些生物死后，碳酸钙就沉积在海底而最终被埋藏起来。

（3）大气与海洋的碳交换　二氧化碳可由大气进入海水，也可由海水进入大气。这种交换发生在气和水的界面处，由于风和波浪的作用而加强。这两个方向流动的二氧化碳量大致相等，大气中二氧化碳增多或减少，海洋吸收的二氧化碳量也随之增多或减少。

2. 人类活动的碳交换

人类活动对自然界碳循环的影响主要体现在燃烧化石燃料获取能量和森林植被开发利用两方面。具体而言，主要的碳交换途径包含以下六个方面：

1）化石燃料（如煤炭、石油、天然气）燃烧产生的二氧化碳等气体。

2）工业活动产生的碳排放，如化石能源开采中甲烷等气体的逸散、水泥生产中石灰石的煅烧分解、炼钢过程中生铁中的碳元素氧化等。

3）农林牧渔活动中的碳交换，如谷物根部腐烂与氮肥分解的含氮气体释放、动物肠道发酵产生的甲烷、活立木储量增减引起的植物固碳量变化等。

4）工业及生活垃圾在填埋、堆肥及焚烧过程中产生的碳排放。

5）采用核电、风电、水电、太阳能等清洁能源，以及生物质能源替代传统化石能源而间接实现的减碳。

6）采用碳捕集、利用与封存（Carbon Capture，Utilization & Storage，CCUS）技术实现的人工固碳。

1.1.3 全球碳排放现状

1. 全球碳排放总量

近20年来，全球碳排放总量增长迅速。如图1-3的统计资料所示，2019年全球碳排放总量达到了343.6亿 tCO_{2e}，相比于2000年增长了近40%，创历史新高。然而2020年，受到新型冠状病毒肺炎疫情（以下简称新冠肺炎疫情）的冲击，世界各地碳排放总量普遍减少。相比于2019年，2020年全球碳排放总量下降了约6.3%，达到322.8亿 tCO_{2e}。

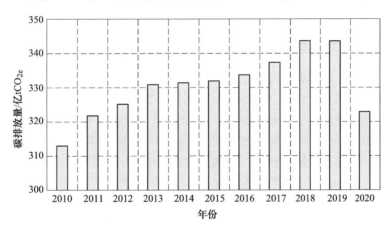

图1-3 **全球碳排放总量**（引自《BP世界能源统计年鉴2021》）

2. 各国碳排放量

2020年，碳排放量位居全球前十的国家分别是中国、美国、印度、俄罗斯、日本、伊朗、德国、韩国、沙特阿拉伯和印度尼西亚（见图1-4）。这十个国家的碳排放量总和占全球碳排放总量的68.6%。

我国和美国是目前全球碳排放量较大的两个国家。美国作为发达国家，近年来碳排放总量呈现出一定的下降趋势，但整体降幅不大，维持在50亿 tCO_{2e} 左右。但2020年，美国受新冠肺炎疫情的巨大影响，碳排放量下降至44.57亿 tCO_{2e}，同比下降约10.86%。而我国工业化起步相对较晚，作为发展中国家，碳排放总量仍呈现上升趋势。在新冠肺炎疫情冲击下，我国防疫措施得当，各领域快速复工、复产，2020 年碳排放量达到 98.99 亿 tCO_{2e}，同比增长 0.6%，占全球碳排放总量的比重提升至 30.7%。

然而，从人均碳排放量方面来看，目前卡塔尔的人均碳排放量超过 $35tCO_{2e}$/人，位列全球第一；美国的人均碳排放量约为 $16tCO_{2e}$/人，排名全球第八；而我国仅为 $7tCO_{2e}$/人，不及美国的一半。

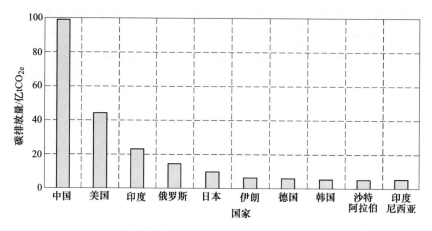

图 1-4　**2020 年各国碳排放量**（引自《BP 世界能源统计年鉴 2021》）

1.2　建筑业碳排放现状

1.2.1　建筑业碳排放总体趋势

从全球范围来看，建筑业消耗了全球 30%~40% 的能源，贡献了约 40% 的碳排放，而建筑业的减排技术难度又相对较低，因此成为全球各国节能减排的重点领域。对于欧美发达国家来说，其整体建设量较小，建筑业碳排放主要来自建筑物运行过程中对能源的利用与消耗。对于我国来说，尽管近年来通过发展清洁能源、节能改造等手段，我国建筑运行能耗与碳排放不断降低，但作为发展中国家，我国当前建设规模仍较大，生产与建造过程的碳排放量也十分可观。

根据中国建筑节能协会发布的《2022 中国建筑能耗与碳排放研究报告》，2020 年建筑业全过程能耗为 22.7 亿 t 标准煤，占全国能源消费总量的 45.5%，相应的碳排放总量达 50.8 亿 tCO_{2e}，占全国碳排放总量的 50.9%。其中建材生产阶段能耗约为 11.1 亿 t 标准煤，占全国能源消费总量的 22.3%，相应碳排放量为 28.2 亿 tCO_{2e}，占全社会碳排放总量的 28.2%；建筑施工阶段能耗为 0.9 亿 t 标准煤，占全国能源消费总量的 1.9%，相应碳排放量为 1 亿 tCO_{2e}，占全社会碳排放总量的 1%；建筑运行阶段能耗为 10.6 亿 t 标准煤，占全国能源消费总量的 21.3%，相应碳排放量为 21.6 亿 tCO_{2e}，占全社会碳排放总量的 21.7%。

从我国建筑全过程碳排放总量的变化趋势来看（见图 1-5），"十一五"期间，碳排放平稳增长，年均增速约为 7.8%；"十二五"期间，碳排放出现一定波动，相比于"十一五"末期，年均增速 6.8% 左右；"十三五"期间，碳排放增速明显放缓，年均增长率为 2.3%。其主要原因有两个方面：一方面，近年来我国建筑业更加注重高质量发展，新建工程量趋于平稳；另一方面，建筑业绿色、低碳、可持续发展取得了一定成效，为建筑业碳达峰与碳中和奠定了良好的基础。

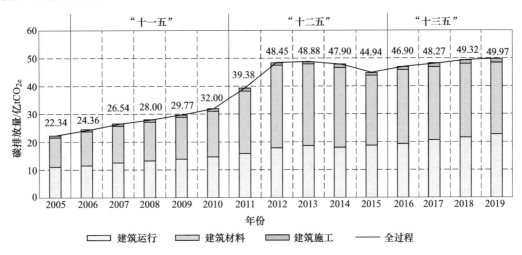

图 1-5　我国建筑全过程碳排放总量（引自《2021 中国建筑能耗与碳排放研究报告》）

1.2.2　建筑业减排

自 2007 年起，我国成为全球范围内年度碳排放量最高的国家，而我国建筑业又对全社会碳排放总量的贡献突出，因而实现建筑业节能减排具有重要的意义。建筑业碳排放根据碳源不同，可分为直接碳排放和间接碳排放两类。其中，直接碳排放（direct carbon emission）指建造、运行及拆除活动中，由直接利用化石燃料燃烧供能而产生的温室气体排放，如利用化石能源直接供暖、炊事活动中燃气的消耗、施工机械与建筑设备的燃油消耗等过程。间接碳排放（indirect carbon emission）指利用外购电力、热力、建筑材料及其他服务等，而间接计入的温室气体排放，之所以称为间接碳排放，是由于这些温室气体并不是在建筑现场产生的，而是在工业生产环节中产生的，只不过是在建筑活动中对这些产生温室气体的工业产品予以消费利用。

不论是直接碳排放，还是间接碳排放，均与建筑全生命周期（building life cycle）的生产、建造、运行与处置过程息息相关。从建筑减排的角度，在生产与设计环节，一方面应研究发展并推广利用绿色、低碳建材，另一方面应建立以低碳目标为导向的建筑全寿命设计方法，选用合理、适用的建筑结构体系与工程技术，降低材料消耗，延长使用寿命；在施工建造环节，应采取高效、可靠的施工技术与工法，加强并落实组织管理措施；在建筑运行环节，应强化建筑节能与宣传、因地制宜地推广利用分布式光伏等新能源系统与高效节能技术；在拆除处置阶段，应遵循循环经济理念，加强拆除物的回收再利用，减少建筑垃圾。此外，从全行业角度来说，在关注新建建筑节能减排的同时，也需注重既有建筑的碳排放管控。我国现存建筑总量高达 600 多亿 m^2，其中包含大量的 20 世纪 70—90 年代建造的房屋建筑。这些建筑一方面无法满足当前人们对居住舒适性等美好生活的需要，另一方面存在高能耗、低安全性等现实问题。因此，只有统筹协调发展绿色低碳的新建建筑与落实既有建筑改造，才能真正实现建筑业的低碳转型。

📖 **延伸阅读：关于建筑节能**

建筑节能对建筑运行过程的碳排放水平有重要影响，应从建筑规划与设计、围护结构、提高终端用户用能效率、提高能源总体利用效率等多方位入手。

我国的建筑节能工作 20 余年来得到了快速发展。1986 年，中华人民共和国住房和城乡建设部（以下简称住建部）批准发布了我国第一部建筑节能的强制性标准《北方地区居住建筑节能设计标准》，开创了我国建筑节能标准化的先例。1992 年，《旅游旅馆建筑热工与空气调节节能设计标准》的发布实施，是我国在公共建筑节能领域进行的第一次尝试。1998 年，《节约能源法》实施后，建筑节能工作的重要性日益突出，住建部以居住建筑为重点，先后组织编制了我国不同气候区的居住建筑节能设计标准、既有建筑节能改造、外墙外保温等 20 余项建筑工程节能标准，并发布了《建筑节能管理规定》，建立了建筑节能验收备案制度，建筑节能的标准化工作得到了快速、全面发展。2004 年以来，建筑节能标准体系进一步完善，节能指标要求不断提高，管理与监督力度也不断加强，极大促进了我国建筑节能工作的开展。2020 年，我国对实现碳达峰、碳中和目标做出了郑重承诺，也为我国建筑节能与减排工作带来了新的机遇与挑战。

1.3 相关政策形势

1.3.1 国际政策形势

自 20 世纪 90 年代以来，随着对温室气体排放与温室效应问题的深入认知，全球范围内掀起了一场"节能减排"的浪潮。

1992 年，联合国气候变化专门委员会通过艰难谈判审议通过了《联合国气候变化框架公约》（UNFCCC），并于 1994 年正式生效。公约由序言及 26 条正文组成，具有法律约束力，终极目标是将大气中的温室气体含量维持在一个稳定的水平，使得人类活动对气候系统的干扰不致造成不可逆的危险后果。公约中，对发达国家和发展中国家规定的义务及履行义务的程序有所不同。对于发达国家，作为温室气体的排放大户，需采取具体措施限制温室气体的排放，并向发展中国家提供资金以支付他们履行公约义务所需的费用。对于发展中国家，只承担提供温室气体源与温室气体汇的国家清单的义务，制订并执行含有关于温室气体源与汇方面措施的方案，不承担有法律约束力的限控义务。该公约建立了一个向发展中国家提供资金和技术，使其能够履行公约义务的机制。

1997 年，在日本京都通过了 UNFCCC 的第一个附加协议——《京都议定书》。我国于 1998 年 5 月签署并于 2002 年 8 月核准了该议定书。欧盟及其成员方于 2002 年 5 月 31 日正式批准了《京都议定书》。2004 年 11 月 5 日，俄罗斯总统普京在《京都议定书》上签字，使其正式成为俄罗斯的法律文本。截至 2005 年 8 月 13 日，全球有 142 个国家和地区签署该议定书，其中包括 30 个工业化国家，批准国家的人口数量占全世界总人口的 80%。值得注意的是，美国曾于 1998 年 11 月签署了《京都议定书》，但 2001 年 3 月，美国政府以"减少温室气体排放将会影响美国经济发展"和"发展中国家也应该承担减排和限排温室气体的义务"为借口，宣布退出《京都议定书》。

2005 年 2 月，《京都议定书》正式生效。这是人类历史上首次以法规的形式限制温室气体排放。为了促进各国完成温室气体减排目标，议定书允许采取以下四种减排方式：

1）两个国家之间可以进行"碳排放权交易"，即难以完成削减任务的国家，可以花钱从超额完成任务的国家买进超出的额度。

2）以"净排放量"计算温室气体排放量，即从本国实际排放量中扣除二氧化碳的吸收与捕获的数量。

3）采用绿色开发机制，促使发达国家和发展中国家共同减排温室气体。

4）采用"集团方式"，即欧盟内部的成员可视为一个整体，采取有的成员削减、有的成员增加的方法，在总体上完成减排任务。

2006 年，由 IPCC 组织编制的《国家温室气体清单指南》（IPCC 2006）发布，为温室气体的清单分析与核算提供指导。

2009 年，UNFCCC 的 192 个缔约方代表于哥本哈根世界气候大会对全球气候变化问题进行了深入探讨，并提出了"全球增温控制在 2℃以内"的警戒线。会上各主要工业国纷纷提出减排目标，共同捍卫人类赖以生存的自然环境。

2015 年，巴黎气候变化大会上通过了《巴黎协定》，其长期目标是将全球平均气温较前工业化时期的上升幅度控制在 2℃以内，并努力将温度上升幅度限制在 1.5℃以内。2016 年 4 月，在《巴黎协定》开放签署首日，包括中国在内的 175 个国家即签署了这一协定。2019 年 9 月，俄罗斯正式加入《巴黎协定》。而美国于 2019 年 11 月开启退出《巴黎协定》正式流程，于 2020 年 11 月正式退出，又于 2021 年 1 月重新加入《巴黎协定》。《巴黎协定》是继 1992 年《联合国气候变化框架公约》、1997 年《京都议定书》之后，人类历史上应对气候变化的第三个里程碑式的国际法律文本，形成了 2020 年后的全球气候治理的崭新格局。

📖 延伸阅读：关于碳排放权交易

《京都议定书》将"排放权"纳入市场体系作为解决碳排放问题的途径，由此碳排放权交易机制应运而生。如今，随着全球减排形势的日益严峻，碳排放权交易呈现出爆炸式的增长，并在世界范围内迅速建立并发展了相应的碳排放权交易机构，如 2005 年建立并正式运行的欧盟碳排放权交易体系（EU-ETS）、英国碳排放权交易体系（ETG）、美国芝加哥气候交易所（CCX）、澳大利亚国家信托（NSW），以及我国北京、上海、广州、深圳、湖北、天津等地的试点。2021 年 7 月，全国碳排放权交易市场正式落户上海。作为以市场机制推动温室气体减排的重大制度创新，全国碳交易市场的启动交易将为我国实现碳达峰、碳中和目标提供有力抓手。

本质上，碳排放权交易是一种金融活动，并紧密联系着金融资本与基于绿色技术的实体经济。通过碳排放权交易，将气候变化的环境问题、节能减排的技术问题，与可持续发展的经济问题紧密地结合起来，以市场经济体系为主导，形成了解决温室气体减排的有效机制。目前，国际上碳排放权交易的通用形式主要有国际排放贸易（IET）、联合履行机制（JI）和清洁发展机制（CDM）三种。而在温室气体减排要求越来越严格的情况下，碳排放权已然成为保障经济与环境协调发展的重要资源。

在我国，自 2008 年碳排放权交易试点建立以来，随着相关体系的不断完善，碳排放权交易作为一种新的贸易形态，得到蓬勃发展。目前，国内的碳排放权交易仍主要针对于大型工业生产企业，但正逐渐向其他行业全面铺开。随着能源（特别是电力）生产及钢材、水泥等建材生产领域碳排放权交易的日益活跃，作为建材与能源消费大户的建筑业，已然与碳排放权息息相关。因此，建筑碳排放的计量与定量评价已刻不容缓。

1.3.2 国内政策形势

面对全球范围内节能减排的严峻形势，我国承担着重要的减排责任，并面临着前所未有的挑战。2009 年，我国承诺 2020 年单位 GDP 的二氧化碳排放量在 2005 年的基础上降低 40%~45%。国民经济和社会发展规划纲要中将节能减排作为一项重要任务，"十二五规划"提出了单位 GDP 的二氧化碳排放降低 17% 的约束性目标，"十三五规划"提出了单位 GDP 减排二氧化碳 18% 的新要求。2015 年，中央政治局会议上正式提出了"绿色化"的概念，在新的经济形式下，对生态文明建设提出了更高的要求。2020 年 9 月 22 日，习近平在联合国大会一般性辩论上发表重要讲话："中国将提高国家自主贡献力度，采取更加有力的政策和措施，二氧化碳排放力争于 2030 年前达到峰值，努力争取 2060 年前实现碳中和"。此后，我国围绕"3060"双碳目标，制定了一系列的政策方针，并积极迅速地展开了全社会节能减排行动。

建筑业作为节能减排的重点领域，近年来，通过发展清洁能源、节能技术和节能改造等措施，建筑的运行能耗与碳排放强度不断降低。但现阶段我国建设总量仍然维持较高水平，短期内消耗建材和能源、资源多，表现为集中碳排放贡献大，因此，发展低碳建材产品、低碳建筑技术、低碳设计建造、建筑低碳运行和建筑低碳维护，对推动建筑产业向绿色低碳循环经济模式转型尤为重要。为此，国家制定并实施的《"十三五"节能减排综合工作方案》提出了"强化建筑节能，推行绿色施工，推广节能绿色建材"的要求，《建筑节能与绿色建筑发展"十三五"规划》提出了"把节能及绿色发展理念延伸至建筑全领域、全过程及全产业链"的原则，在注重运行节能的同时，从全生命周期角度明确了生产建造过程对节能减排的重要性。2021 年 3 月，《中华人民共和国国民经济和社会发展第十四个五年规划和 2035 年远景目标纲要》提出了"支持有条件的地方和重点行业、重点企业率先达到碳排放峰值""推动能源清洁低碳安全高效利用，深入推进工业、建筑、交通等领域低碳转型"等具体要求，进一步强调了新时期建筑产业向绿色、低碳发展的趋势和任务。2021 年 10 月，国务院办公厅印发《关于推动城乡建设绿色发展的意见》，提出"坚持生态优先、节约优先、保护优先，坚持系统观念，统筹发展和安全，同步推进物质文明建设与生态文明建设，落实碳达峰、碳中和目标任务，推进城市更新行动、乡村建设行动，加快转变城乡建设方式，促进经济社会发展全面绿色转型"等要求。2021 年 10 月，国务院印发《2030 年前碳达峰行动方案》，对城乡建设碳达峰行动做了部署，主要要求如下：

（1）推进城乡建设绿色低碳转型 推动城市组团式发展，科学确定建设规模，控制新增建设用地过快增长。倡导绿色低碳规划设计理念，增强城乡气候韧性，建设海绵城市。推广绿色低碳建材和绿色建造方式，加快推进新型建筑工业化，大力发展装配式建筑，推广钢结构住宅，推动建材循环利用，强化绿色设计和绿色施工管理。加强县城绿色低碳建设。推动建立以绿色低碳为导向的城乡规划建设管理机制，制定建筑拆除管理办法，杜绝大拆大建。建设绿色城镇、绿色社区。

（2）加快提升建筑能效水平　加快更新建筑节能、市政基础设施等标准，提高节能降碳要求。加强适用于不同气候区、不同建筑类型的节能低碳技术研发和推广，推动超低能耗建筑、低碳建筑规模化发展。加快推进居住建筑和公共建筑节能改造，持续推动老旧供热管网等市政基础设施节能降碳改造。提升城镇建筑和基础设施运行管理智能化水平，加快推广供热计量收费和合同能源管理，逐步开展公共建筑能耗限额管理。到2025年，城镇新建建筑全面执行绿色建筑标准。

（3）加快优化建筑用能结构　深化可再生能源建筑应用，推广光伏发电与建筑一体化应用。积极推动严寒、寒冷地区清洁取暖，推进热电联产集中供暖，加快工业余热供暖规模化应用，积极稳妥开展核能供热示范，因地制宜推行热泵、生物质能、地热能、太阳能等清洁低碳供暖。引导夏热冬冷地区科学取暖，因地制宜采用清洁高效取暖方式。提高建筑终端电气化水平，建设集光伏发电、储能、直流配电、柔性用电于一体的"光储直柔"建筑。到2025年，城镇建筑可再生能源替代率达到8%，新建公共机构建筑、新建厂房屋顶光伏覆盖率力争达到50%。

（4）推进农村建设和用能低碳转型　推进绿色农房建设，加快农房节能改造。持续推进农村地区清洁取暖，因地制宜选择适宜取暖方式。发展节能低碳农业大棚。推广节能环保灶具、电动农用车辆、节能环保农机和渔船。加快生物质能、太阳能等可再生能源在农业生产和农村生活中的应用。加强农村电网建设，提升农村用能电气化水平。

2022年3月，住房和城乡建设部印发《"十四五"建筑节能与绿色建筑发展规划》，提出了"到2025年，城镇新建建筑全面建成绿色建筑，建筑能源利用效率稳步提升，建筑用能结构逐步优化，建筑能耗和碳排放增长趋势得到有效控制，基本形成绿色、低碳、循环的建设发展方式，为城乡建设领域2030年前碳达峰奠定坚实基础"的总体目标，制定了"到2025年，完成既有建筑节能改造面积3.5亿平方米以上，建设超低能耗、近零能耗建筑0.5亿平方米以上，装配式建筑占当年城镇新建建筑的比例达到30%，全国新增建筑太阳能光伏装机容量0.5亿千瓦以上，地热能建筑应用面积1亿平方米以上，城镇建筑可再生能源替代率达到8%，建筑能耗中电力消费比例超过55%"的具体目标，并部署了"提升绿色建筑发展质量""提高新建建筑节能水平""加强既有建筑节能绿色改造""推动可再生能源应用""实施建筑电气化工程""推广新型绿色建造方式""促进绿色建材推广应用""推进区域建筑能源协同"和"推动绿色城市建设"九项重点任务。

1.3.3　建筑碳排放的相关标准建设

目前，有关产品碳足迹的国际通用标准建设方面已有一定的成果。2008年，由英国标准协会编制的《商品和服务在生命周期内的温室气体排放评价规范》（PAS 2050：2008）正式颁布，标志着全球首个产品碳足迹标准的诞生。PAS 2050以生命周期评价理论为基础，给出了具体的、明确的碳足迹计算方法，并提供了"从摇篮到工厂"（B2B）和"从摇篮到坟墓"（B2C）两种评价方案。2013年，以PAS 2050为参考，国际标准化组织制定的 *Products Carbon Footprint*（ISO 14067）正式发布，旨在提供量化产品和服务在生命周期各阶段碳足迹的标准方法，提高计算结果的通用性与可比较性。此外，世界可持续发展工商理事会（WBCSD）和世界资源研究院（WRI）也联合推出了"产品生命周期计算与报告"（product life cycle accounting and reporting）。

在针对建筑碳足迹的评估标准建设方面，以 LEED 为代表的绿色建筑评估体系，大多建立在计分式方法的基础上，无法满足碳足迹定量计算的要求。21 世纪初，以碳足迹分析为目标的评估方法逐渐登入历史舞台，如联合国环境规划署（UNEP）提出的"碳排放通用指标体系（CCM）"、英国的"简化建筑能源模型技术导则（SBEM）"、美国 ASHRAE 协会提出的"碳排放计算工具"。2008 年，德国可持续建筑协会推出了 DGNB 评估体系，该体系以单位建筑面积碳排放量为计算单位，提出了建筑生命周期碳排放的框架体系与核算公式，实现了建筑碳足迹评估方法的一次历史飞跃。

在世界各国致力于节能减排的时代背景下，建筑业的绿色化已迫在眉睫。我国作为发展中的经济大国，建筑业的能耗与碳排放量突出，实现建筑业节能减排，对我国经济的低碳发展具有重要的作用。我国于 2006 年颁布实施《绿色建筑评价标准》（GB/T 50378—2006），并于 2014 年、2019 年进行了修订。标准中针对绿色建筑评估给出了诸多细则，但"碳排放计算分析"在标准中仅以加分项的形式出现，并未给出有效的计算与评估方法。2019 年 12 月，《建筑碳排放计算标准》（GB/T 51366—2019）正式实施，为我建筑碳排放计算工作提供了框架体系与部分基础数据。2022 年 4 月，开始实施强制性工程建设规范《建筑节能与可再生能源利用通用规范》（GB 55015—2021），将建筑碳排放分析报告作为新建及改扩建项目的强制性文件要求。

2023 年 5 月，国家发展和改革委员会等 11 部门联合发布《碳达峰碳中和标准体系建设指南》。该指南指出，围绕基础通用标准，以及碳减排、碳清除、碳市场等发展需求，基本建成碳达峰碳中和标准体系，到 2025 年，制修订不少于 1000 项国家标准和行业标准。立足建筑领域，该指南进一步要求：基础设施建设和运行减碳领域重点制修订城市基础设施低碳建设、城镇住宅减排、低碳智慧园区建设、农房低碳改造、绿色建造等标准；公共机构技能低碳领域重点制定机关、医院、学校等典型公共机构能源资源节约、绿色化改造标准，节约型机关、绿色学校、绿色医院、绿色场馆等评价标准，以及公共机构低碳建设、低碳经济运行等管理标准。

1.4　本章习题

1.4.1　知识考查

1. 简要说明碳排放与温室气体排放之间的关系。
2. 简要叙述我国建筑业的碳排放总量与特点。
3. 课后阅读《建筑碳排放计算标准》（GB/T 51366—2019）。
4. 简要说明我国制定的碳达峰与碳中和目标。

1.4.2　拓展讨论

1. 查阅相关资料，思考实现"3060 双碳目标"对我国经济社会发展的意义。
2. 结合课程所学，讨论建筑业节能减排对实现我国碳达峰与碳中和目标的作用。

本章导读：

在第 1 章绪论中学习了碳排放的相关基本概念，了解了当前全球范围内的碳排放现状与发展趋势。为了实现我国"双碳"战略目标、实现建筑业绿色低碳转型，一项很重要的工作是对碳排放水平进行量化。为此，本章围绕生命周期评价理论，介绍碳排放计算的基本理论与方法，为后续课程中建筑碳排放的计量分析做好理论铺垫。

学习要点：

- 掌握生命周期评价理论的基本概念与评价程序。
- 掌握基于过程的碳排放计算方法。
- 了解投入产出分析的基本原理，掌握部门隐含碳排放强度计算方法。
- 了解混合法的基本概念，掌握分层混合法。
- 了解碳排放实测法的基本原理与应用范围。

2.1 生命周期评价

2.1.1 基本概念

随着全球工业化发展，进入自然生态环境的废物和污染物越来越多，超出了自然界本身的消化吸收能力，对环境和人类健康造成极大影响。同时工业化也将使自然资源的消耗超出其恢复能力，进而破坏全球生态环境平衡，引发资源与能源危机。因此，人们越来越希望有一种方法可对其所从事各类活动的资源消耗和环境影响做一个彻底、全面、综合的分析，评估产品在其整个生命周期中对环境的影响，以便寻求机会采取对策减轻人类对环境的影响。生命周期评价就是国际上普遍认同的为达到上述目的的方法，是一种用于评价产品或服务相关的环境因素及其整个生命周期环境影响的工具。

在 ISO 14040 系列标准中，将生命周期评价（life cycle assessment，LCA）定义为：对一个产品系统的生命周期中输入、输出及其潜在环境影响的汇编和评价。值得注意的是 LCA 的定义与应用是比较灵活的。如国际环境毒理学和化学学会（SETAC）将全生命周期评价定义为：一种通过量化和识别产品、生产工艺及活动的物质、能量利用，以及环境排放而进行环境负荷评价的过程。实际上，产品或技术的生命周期指从摇篮到坟墓（cradle to grave）

的整个时期，涵盖了原物料的获取及处理，产品制造、运输、使用和维护，到最后收回或是最终处置的所有阶段。而生命周期评价会考虑所有产品相关产业中使用的能源和材料，并计算出对环境的排放量，进而评估对环境的潜在影响（包括能源使用、资源的耗用、污染排放等），最终目的是记录并改善产品对环境的负面影响。通过这种系统的观点，可以识别并尽量避免整个生命周期各阶段或各环节的潜在环境负荷发生转移。

📖 **延伸阅读：关于生命周期评价对生产者责任的延伸**

按照生命周期评价的思想，为达到降低产品总体环境影响的目标，在一些生产活动中要求生产制造者对产品的全生命周期，特别是产品寿命终结后的回收、循环利用和最终处理承担责任。例如，20 世纪 90 年代初，德国面临垃圾填埋场短缺问题，颁布了《德国包装材料条例》，要求包装行业的生产者负责处理包装废弃物。根据条例要求，生产商可自己回收，或加入一个工业包装材料废弃物管理组织，在收取一定费用后，该组织给生产商颁发绿色标识，有该标识的包装可进入专门的回收渠道。此后，荷兰、法国等也相继采用了这一方法。再如，1995 年荷兰颁布《电池处理法令》，要求进口商和生产商对其投放市场的电池承担回收和处理的责任。

根据上述定义与内涵，生命周期评价具有以下特点：

1）聚焦性。LCA 以环境为焦点，关注产品系统中的环境因素与环境影响，通常不考虑经济和社会因素及其影响。但 LCA 方法具备高度的开放性与灵活性，可通过与其他方法、工具相结合以实现更广泛的评价。

2）反复性。LCA 是一种反复的技术，其每个阶段都使用其他阶段的成果。在每个阶段中及各阶段之间应用这种反复的方法将使研究工作和结果报告具有全面性与一致性。

3）整体性。对研究对象的评价范围必须是一个完整的过程，将其看作整体系统，保证系统内的组成和流程是全部被识别并正确表达的，尽量做到不缺少任何环节。

4）关联性。产品评价范围形成的系统内部，其各组成和过程之间必须存在密切的相互关联及相互制约关系。

5）结构性。需根据研究对象在不同阶段的环境影响特征表现，具体分析各阶段的资源、能源消耗及环境负荷的特点和关键路径。

6）动态性。充分考虑研究对象及其生产工艺流程等的特征变化，使用适宜的、合理的量化与分析研究方法，动态调整评价过程中的思路和方法。

7）定量化。LCA 是一种以量化指标计算为基础的评价方法。

LCA 方法的发展经历了从思想萌芽、学术探讨到广泛关注和迅速发展等几个阶段。LCA 最早出现于 20 世纪 60 年代末至 70 年代初，其开始的标志是：1969 年美国中西部资源研究所（MRI）开展的针对可口可乐公司的饮料容器从原材料采掘到废弃物最终处理全过程进行的跟踪与定量分析。到了 20 世纪 70 年代中期，一些国家的政府机构开始积极支持并参与 LCA 的研究，并且将研究的重点从单个产品的分析评价转移到更大的系统目标上。80 年代初，由于缺乏统一的研究方法和缺少可靠的数据等原因，LCA 受关注程度大幅下降。直到 1984 年，瑞士联邦材料测试与研究实验室为瑞士环境部开展了一项有关包装材料的研究，首次采用了健康标准评估系统，为后来生命周期评价方法的发展奠定了基础。1990 年，SETAC 召开国际研讨会并首次提出了 LCA 的概念。此后，随着区域性与全球性环境问题的日益严重及全球环境保护意识的不断加强，可持续发展思想的普及及可持续行动计划的兴起，关于 LCA 的研究重新焕发生机，其研究结果也受到公众和社会的日益关注。1993 年，美国国家环保局出版《清单分析的原则与指南》，对生命周期清单分析的框架进行了系统性的描述。1997 年以来，国际标准化组织制定和发布了关于 LCA 的 ISO 14040 系列标准并历经多次更新，成为国际上环境管理和产品设计的一个重要支持工具，生命周期评价的研究和应用也进入了一个全新的时代。

2.1.2　生命周期与产品系统

LCA 将产品的生命周期作为产品系统进行模拟，该系统具有一个或多个特定功能。一个产品系统的基本性质取决于它的功能，而不能仅从最终产品的角度来表述。图 2-1 展示了一个产品系统的例子。

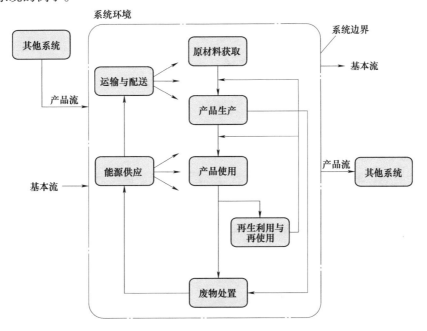

图 2-1　**产品系统的示例**（引自 ISO 14040：2006）

产品系统可进一步分解为单元过程（见图 2-2）。单元过程之间通过中间产品流和（或）待处理的废物质流相联系，与其他产品系统之间通过产品流相联系，与环境之间通过基本流相联系。将一个产品系统划分为单元过程，有助于识别产品系统的输入与输出。在多数情况下，某些输入参与输出产品的构成，而有些输入（辅助性输入）仅用于单元过程的内部而不参与输出产品的构成。此外，作为单元过程活动的结果，还产生其他输出（基

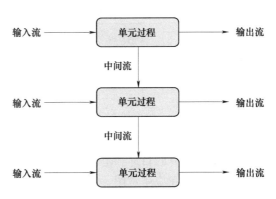

图 2-2　**产品系统中一组单元过程的示例**
（引自 ISO 14040：2006）

本流和产品）。单元过程边界的确定取决于为满足研究目的而建立的模型的详细程度。

📖 **延伸阅读：关于生命周期与产品系统的一些基本概念**

单元过程（unit process）——进行生命周期清单分析时为量化输入和输出数据而确定的最基本部分。

基本流（elementary flow）——取自环境，进入所研究系统之前没有经过人为转化的物质或能量，或者是离开所研究系统进入环境之后不再进行人为转化的物质或能量。

能量流（energy flow）——单元过程或产品系统中以能量单位计量的输入或输出。其中，输入的能量流称为能量输入，输出的能量流称为能量输出。

原料能（feedstock energy）——输入到产品系统中的原材料所含的不作为能源使用的燃烧热，它通过热值的高低来表示。

原材料（raw material）——用于生产某种产品的初级和次级材料。

辅助性输入（ancillary input）——单元过程中用于生产有关产品，但不构成该产品一部分的物质输入。

分配（allocation）——将过程或产品系统中的输入流和输出流划分到所研究的产品系统，以及一个或更多的其他产品系统中。

2.1.3 评价程序

1. 基本框架

如图 2-3 所示，生命周期评价一般包含目标范围定义、清单分析、影响评价和结果解释四个基本步骤。

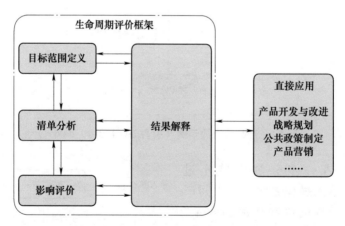

图 2-3　生命周期评价的基本框架（引自 ISO 14040：2006）

2. 目标范围

该阶段是对 LCA 研究的目标和范围进行界定，是 LCA 研究中的第一步，只有明确地解释和说明 LCA 研究的目标和范围，才能确保顺利开展相关研究和工作。目标定义主要说明进行 LCA 的原因和应用意图，范围界定则主要描述所研究产品系统的功能单位（functional unit）、系统边界（system boundary）、数据分配程序、数据要求及原始数据质量要求等。目标与范围定义直接决定了 LCA 研究的深度和广度。LCA 是一个具有反复性的技术方法，随着对数据和信息的收集与更新，可能需要对研究范围进行不断地调整和修改，以满足原定的研究目的。一般来说，以下生命周期评价阶段与过程应考虑在系统边界之内：

1）原材料的获取。

2）制造加工中主要生产工艺中的输入和输出。

3）运输与配送。

4）燃料、电力和热力等能源的生产与使用。

5）产品的使用和维护。

6）过程废弃物和产品的最终处置。

7）废弃产品的回收，包括再使用、再生利用和能量回收。

8）辅助性物质的生产。

9）固定设备的生产、维护和报废。

10）辅助性作业，如照明和供热等。

📖 **延伸阅读：关于功能单位与系统边界**

功能单位——用来作为基准单位的量化的产品系统性能。功能单位定义了 LCA 的研究对象，所有后续分析中的输入量与输出结果均与功能单位相对应。一个系统可能同时具备多种功能，而研究中选择哪一种或哪几种功能主要取决于 LCA 的目的和范围。功能单位的首要目标是为相关的输入和输出提供参考，以确保 LCA 结果具有可比性。

系统边界——通过一组准则确定哪些单元过程属于产品系统的一部分。LCA 通过模拟产品系统来开展，所建立的产品系统模型表达了物理系统中的关键要素。确定系统边界是确定要纳入系统的单元过程。理想情况下，建立产品系统的模型时，宜使其边界上的输入和输出满足完整性原则。然而在实际操作中，一般不必为了量化那些对总体研究结论影响不大的输入和输出而耗费大量的资源。因此，系统边界中单元过程的选择要综合考虑研究的目标范围、应用意图、沟通对象、基本假设、数据和费用限制，以及取舍准则等。常用于确定输入的取舍准则如下：

1）物质量准则，即当单元过程的物质输入量超过该产品系统物质输入总量一定比例时，就要纳入系统输入。

2）能量准则，即当单元过程的能量输入量超过该产品系统能量输入总量一定比例时，就要纳入系统输入。

3）环境影响准则，即当单元过程的某种环境影响估计量超过该产品系统环境影响总量一定比例时，就要纳入系统输入。

3. 清单分析

清单分析（life cycle inventory analysis，LCI）是对所研究系统中输入和输出数据建立清单的过程，它是 LCA 研究的中心环节。清单分析的一般流程如图 2-4 所示，其中最主要的步骤是数据的收集和计算，即量化产品系统中的相关输入和输出。清单分析是一个反复的过程。当获取一批数据，并对系统有进一步的认识后，可能会出现新的数据要求，或发现原有分析的局限性，因而要求对数据收集程序做出修改，以适应研究目的。有时也会要求对研究目标和范围进行修改。

在数据收集阶段，根据目标与范围定义阶段所确定的研究范围建立生命周期评价模型，做好数据收集准备，并进行单元过程的数据收集。产品在整个生命周期中，是由相互关联或相互作用的一个个单元过程连接组成的，即某个阶段的输出是另一个阶段的输入。为了得到全生命周期过程的清单数据，需要收集各个单元过程中消耗的原材料，中间产品所产生的输入和输出数据等。按照数据来源，单元过程的清单数据分为实景过程数据和背景过程数据。实景过程数据分为消耗和排放数据，一般来自实际过程的数据记录或技术文献资料；背景过程数据通常是结合已有经验，从 LCA 基础数据库中获得。

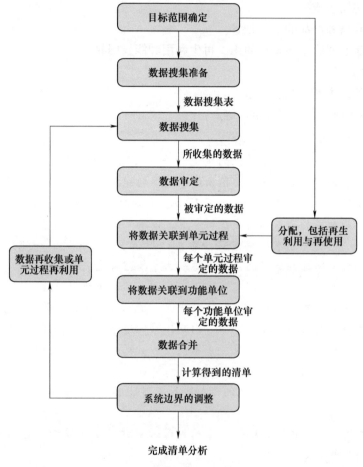

图 2-4　清单分析的一般流程

[引自《环境管理　生命周期评价　要求与指南》(GB/T 24044—2008)]

在系统边界中，每一个单元过程的数据可以按以下类型来划分：

1）能量输入、原材料输入、辅助性输入和其他实物输入。

2）产品、共生产品和废物。

3）向空气、水体和土壤中的排放物。

4）其他环境因素。

在数据计算阶段，对收集的数据进行审定，并计算汇总得到产品生命周期的清单结果。在这一阶段，需对产品系统中每一单元过程和功能单位求得清单结果；对能量流的计算应对不同的燃料或电力来源、能量转换和传输的效率，以及产生和使用上述能量流时的输入和输出予以考虑。

此外，由于大多数生产与制造过程中均会产出多种产品，并将中间产品和废弃物通过再生利用当作原材料。因此，对于包含有多个产品或循环体系的系统，宜考虑对数据清单的分配过程。

4. 影响评价

影响评价（life cycle impact assessment，LCIA）的目的是根据清单分析的结果对产品全生命周期的潜在环境影响进行评价。一般来说，这一过程将清单数据转化为具体的影响类型和类型参数，以便于认识产品的环境影响。此外，此阶段还为生命周期结果解释提供必要的信息。影响评价中可对 LCA 的研究目标范围进行反复评估，从而判断目标范围是否合理并进行修改与完善。

影响评价的主要流程如图 2-5 所示，包含以下三个必备要素：

1）根据研究目的选择影响类型、类型参数及特征化模型。

2）将清单分析结果划分到所选的影响类型，即分类。

3）类型参数结果的计算（特征化），即根据特征化因子对清单分析结果进行统一单位换算，并在相同的影响类型内对换算结果进行合并。

以产品碳排放的分析为例，影响类型即气候变化，清单分析结果即每个功能单位的温室气体排放量，特征化模型选择 IPCC 提供的 100 年基准期模型，类型参数为红外线辐射强度，而特征化因子即每种温室气体的全球增温潜势值（GWP_{100}），类型参数结果即每个功能单位的当量二氧化碳排放量（碳排放量）。

此外，影响评价还包含以下可选要素：

（1）归一化　根据基准信息对类型参数结果的大小进行计算。归一化的目的是更好地认识所研究的产品系统中每一参数结果的相对大小。

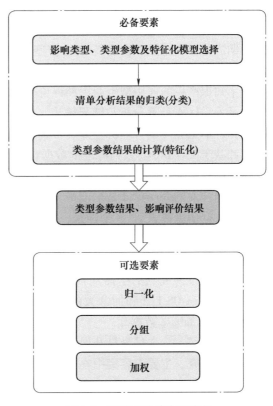

图 2-5　影响评价的主要流程
（引自 ISO 14040：2006）

（2）分组　把影响类型划分到在目的范围确定阶段预先规定的一个或若干组影响类型中，包括根据性质对影响类型进行分类和根据预定等级规则对影响类型进行排序。

（3）加权　采用选定的加权因子对参数结果或归一化结果进行转换，并对各影响类型中转换后的参数结果或归一化结果进行合并。

5. 结果解释

结果解释（life cycle interpretation）是对清单分析和影响评价结果进行综合评估的过程。结果解释能够系统地、全面地评估产品在生命周期全过程中对各种资源环境的影响，并通过贡献分析、潜力分析等，识别改进的重点。解释的内容包含数据完整性、一致性的说明，LCA 结果的贡献分析、敏感性分析、潜力分析、方案对比分析及环境与经济效益分析等。

关于生命周期评价的更多相关知识，感兴趣的读者可查阅国家标准《环境管理生命周期评价原则与框架》（GB/T 24040—2008）（等同于 ISO 14040：2006）和《环境管理生命周期评价要求与指南》（GB/T 24044—2008）（等同于 ISO 14044：2006）。

2.1.4 数据库

目前全球有十多个著名的 LCA 数据库软件，如 SimaPro、GaBi、e-Balance、JEMAI-LCA Pro 等。SimaPro 是目前全球应用最广泛的 LCA 软件，强大的功能、丰富的数据库及人性化的评价方法深受用户好评。GaBi 软件是一款多合一的软件，包括清单分析、影响评价方法、结果分析和解释，以及数据库管理和数据存档等多元化功能；GaBi 能分析复杂产品系统的生命周期流程，支持用户自定义 LCA 模型，且提供了涵盖各行业领域的 20 余种拓展数据库资源，具有强大的数据分析与评价功能。e-Balance 是由中国亿科环境科技有限公司研发的具有自主知识产权的通用型生命周期评价软件，主要功能模块包括生命周期模型建立、数据收集与录入、LCA 计算分析与结果输出。JEMAI-LCA 由日本 LCA 研究中心、工业技术综合研究所和日本工业环境管理协会开发，其功能主要包括清单分析、影响评价、结果解释、数据管理和基于 ISO 14040 系列标准的数据存档。

欧洲最早致力于产品清单数据库的开发，是目前拥有生命周期清单数据库最多的地区。其中，英国开发的 Boustead 是早期最具有代表性的数据库，其数据主要来源于产业领域的调研结果，数据信息覆盖 20 多个国家，国际通用性较高，是目前世界上最大的生命周期清单数据库之一。此外，瑞士开发了 ETH-ESU、BUWAL、Ecoinvent 数据库，荷兰开发了 IDEMAT 数据库，瑞典开发了 SPINE@CPM 数据库，丹麦开发了 LCA Food Database 数据库，上述都是欧洲较为成熟的生命周期清单数据库。北美地区的数据库主要包括美国的 Input-Output、Franklin US LCI 和加拿大的 CRMD 等。澳大利亚则开发了 Australian LCI Database、National LCI Database 数据库。

在亚洲地区，日本是最早开展 LCA 研究的国家。我国于 20 世纪 90 年代开始生命周期评价的相关研究，主要内容集中在生命周期理论和方法，以及运用 LCA 技术对特定产品与工艺的评价，尚未建立统一的、得到全社会共识的生命周期清单数据库。自 1998 年以来，我国开始全面引入 ISO 14040（生命周期评价原则与框架）、ISO 14041（生命周期评价目的与范围的确定，生命周期清单分析）、ISO 14042（生命周期评价生命周期影响评价）、ISO 14043（生命周期评价生命周期解释）、ISO/TR 14047（生命周期评价 ISO 14042 应用示例）和 ISO/TR 14049（生命周期评价 ISO 14041 应用示例）等系列标准，并将其同等转化为国家标准，相应国家标准代号为 GB/T 24040 系列。近年来，在我国诸多研究人员长期科研成果积累的基础上，中国科学院生态环境研究中心开发了 CAS-RCEES 数据库，四川大学和亿科环境科技合作开发了中国生命周期基础数据库（Chinese Life Cycle Database，CLCD）。这些数据库的构建为我国生命周期评价工作的开展提供了良好的数据基础。

2.1.5 生命周期评价与碳排放

对于建筑等复杂的产品系统，从最初的规划设计到最终的废弃处理的全生命周期各过程中，均会产生资源、能源消耗及碳排放等环境影响。因此，从全生命周期角度系统、全面地分析这些复杂产品系统的碳排放水准与影响因素，对实现全社会、全行业节能减排具有重要意义。

近年来，随着对气候变化问题的高度重视，生命周期评价方法已被广泛应用于碳排放（life cycle carbon assessment，LCCA）与能耗（life cycle energy assessment，LCEA）等的计算分析中，形成了基于过程的生命周期评价方法（process-based LCA）、基于投入产出分析的生命周期评价方法（input-output-based LCA）、混合式生命周期评价方法（hybrid LCA），以及实测法等诸多计算理论与实用模型（见图 2-6）。

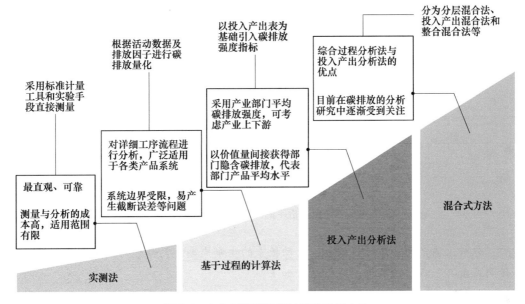

图 2-6　生命周期碳排放计算的常用方法

2.2　基于过程的碳排放计算方法

2.2.1　基本模型

基于过程的碳排放计算方法指依据碳排放源的活动数据和相应单位活动水平的碳排放因子实现碳排放量化计算的方法。该方法也常常称作"排放系数法""过程分析法"等。依据该方法的基本概念，单位产品 i 或单元过程 j 的碳排放量可按下式计算

$$E_{i(j)} = \varepsilon_{i(j)} q_{i(j)} \tag{2-1}$$

式中　$E_{i(j)}$——单位产品 i 或单元过程 j 的碳排放量计算值 E_i 或 E_j；

　　　$\varepsilon_{i(j)}$——单位产品 i 或单元过程 j 的碳排放因子，即单位活动水平的碳排放量；

　　　$q_{i(j)}$——单位产品 i 或单元过程 j 的活动水平。

而后根据产品系统的组成，可计算产品系统的碳排放量 E 为

$$E = \sum_{i(j)} E_{i(j)} \tag{2-2}$$

在产品系统的碳排放计算中，通常可定义某一功能单位为计量标准，然后利用产品系统的流程图（process flow diagram）来描述在系统边界内的产品流，最终根据各产品及单元过程活动水平与相应碳排放因子，完成计算分析。

【例2-1】 某电动扳手的产品系统简化流程如图2-7所示，采用基本模型计算电动扳手的生命周期碳排放量。

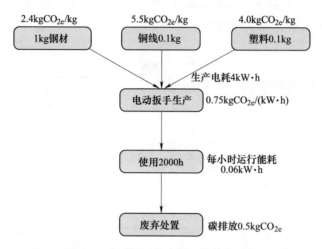

图2-7 电动扳手的产品系统简化流程

解： 分析上述产品系统流程可知，电动扳手的生命周期可大致分为三个单元过程，即生产、使用及废弃，各过程的清单分析结果如下：

1）生产阶段，材料输入考虑钢材、铜线和塑料，消耗量分别为1kg、0.1kg和0.1kg，能量输入考虑电力，用电量为4kW·h。

2）使用阶段，电动扳手的工作寿命为2000h，每小时耗电量为0.06kW·h。

3）废弃阶段，电动扳手回收处理的碳排放量为0.5kgCO$_{2e}$，且不考虑材料的再生、再利用分配。

以一个电动扳手为功能单位，则易根据单元过程的碳排放量汇总得到产品系统的碳排放总量为

$$\underbrace{(2.4\times1+5.5\times0.1+4.0\times0.1+0.75\times4)\text{kgCO}_{2e}}_{\text{生产过程}}+\underbrace{(0.06\times2000\times0.75)\text{kgCO}_{2e}}_{\text{使用过程}}+\underbrace{0.5\text{kgCO}_{2e}}_{\text{废弃过程}}$$

$$=\underbrace{96.85\text{kgCO}_{2e}}_{\text{生命周期}}$$

2.2.2 扩展模型

值得注意的是，上述基于过程的基本计算模型在一些情况下并不适用。

首先，大多数产品系统并不像例2-1中描述得这样简单，而是常常会涉及多种产品流的输入或输出（主要产品和附属产品），需要考虑碳排放计量结果在不同输入、输出间的分配问题。

其次，对于各单元过程间有交互的原材料或能量流，按照流程图进行简单的分析还将有可能产生循环计算问题，增加了计算的难度。例如，钢材生产时需利用各种设备，而这些设备又需要利用钢材制造，且其使用寿命是有限的，因此从完整的生命周期系统边界考虑，钢材生产碳排放的计算，如考虑设备的损耗、折旧就会产生复杂的循环计算问题。

此外，在产品系统中，经常会回收利用废弃产品用于新产品的生产。以上述电动扳手为例，如果扳手在废弃处置阶段对钢材、铜线进行回收，并用于生产新的扳手，则此时产品的生命周期评价将涉及多个产品的流程图，并需要在扩展系统边界的基础上，考虑碳排放在"旧扳手"和"新扳手"之间如何进行分配。

为此，利用系数矩阵建立线性方程组，进而重新定义基于过程的计算方法将更为准确与便捷，特别是对于上述有多个输入、输出，有循环计算问题，以及有产品回收再利用的产品系统。

为建立矩阵形式的扩展模型，先对模型涉及的一些基本参数进行如下定义：

1）技术矩阵 A（technical matrix），用来表示产品系统中的产品流：

$$A = |a_{ij}| \tag{2-3}$$

式中　a_{ij}——第 j 单元过程中的第 i 种产品流，当为输入流时，a_{ij} 的符号为正；而为输出流时，a_{ij} 的符号为负。

2）边界列向量 α（boundary vector），也称为最终需求向量（final demand vector），若产品流中要研究的对象是产品 i（功能单位根据产品 i 的性能进行定义），则产品 i 记为最终产品，并令 $\alpha_i = 1$；而当产品 i 不是所要分析的最终产品时，则取 $\alpha_i = 0$。

3）规模列向量 p（scaling vector），用来描述为获得 1 个功能单位的最终产品，而在产品系统中对各单元过程 j 的需求量。

4）碳排放因子行向量 ε，用来描述单元过程 j 的碳排放因子。

5）碳排放量 E，即 1 个功能单位最终产品的碳排放量。

采用上述参数定义，根据物料守恒可以得到产品系统满足以下平衡方程

$$\alpha = A \cdot p \tag{2-4}$$

当技术矩阵 A 为非奇异矩阵，即 A 可逆时，可以求得规模向量为

$$p = A^{-1} \cdot \alpha \tag{2-5}$$

则 1 个功能单位最终产品的碳排放量可通过碳排放因子与规模向量按下式计算

$$E = \varepsilon \cdot p = \varepsilon \cdot A^{-1} \cdot \alpha \tag{2-6}$$

【例2-2】　图2-8所示为某一铝罐的产品系统流程，采用矩阵形式的扩展模型计算其生命周期的碳排放量。

解：分析上述产品系统的流程可知，铝罐的生命周期可大致分为三个单元过程，即铝材轧制、铝罐生产和铝罐使用，各过程的清单分析结果如下：

1）铝材轧制阶段，为获得 1g 铝罐母材，需投入原铝 0.85g，铝废料 0.2g，同时产生 0.05g 固体废弃物和碳排放 0.5gCO_{2e}。

2）铝罐生产阶段，为生产 1 个功能单位的铝罐，需铝罐母材 20g，同时产生 4g 铝废料和碳排放 10gCO_{2e}，其中铝废料重新投入铝罐母材的生产。

3）铝罐使用阶段，使用 1 个功能单位的铝罐，将产生使用过的铝罐 1 个，并产生碳排

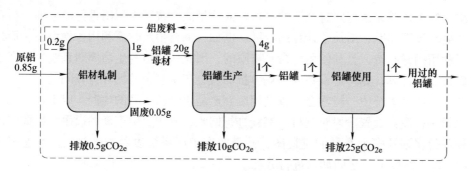

图 2-8 铝罐的产品系统流程

放 $25gCO_2e$；按图中的系统边界定义，已使用的铝罐不再考虑其回收再利用。

当考虑上述流程图中的所有产品流时，可得到以下技术矩阵

$$A = \begin{array}{c} \text{原铝} \\ \text{铝废料} \\ \text{铝罐母材} \\ \text{新的铝罐} \\ \text{用过的铝罐} \end{array} \begin{pmatrix} -0.85 & 0 & 0 \\ -0.2 & 4 & 0 \\ 1 & -20 & 0 \\ 0 & 1 & -1 \\ 0 & 0 & 1 \end{pmatrix}$$

然而上述矩阵行列数并不相等，无法按照式（2-6）运算。此时可将技术矩阵 A 拆分成以下两子块

$$A_0 = \begin{array}{c} \text{铝罐母材} \\ \text{新的铝罐} \\ \text{用过的铝罐} \end{array} \begin{pmatrix} 1 & -20 & 0 \\ 0 & 1 & -1 \\ 0 & 0 & 1 \end{pmatrix}$$

$$A_1 = \begin{array}{c} \text{原铝} \\ \text{铝废料} \end{array} \begin{pmatrix} -0.85 & 0 & 0 \\ -0.2 & 4 & 0 \end{pmatrix}$$

其中，A_0 表示铝罐产品系统（内部系统）的技术矩阵，而 A_1 表示铝罐母材及铝废料产品系统（外部系统）的技术矩阵。

首先，考虑铝罐生产和使用过程，当以"1个用过的铝罐"作为子系统的功能单位，则容易分析得出最终产品向量为

$$\alpha = \begin{pmatrix} 0 \\ 0 \\ 1 \end{pmatrix}$$

根据式（2-5）计算，利用简单的线性代数知识计算可得

$$p_0 = A_0^{-1} \cdot \alpha = \begin{pmatrix} 20 \\ 1 \\ 1 \end{pmatrix}$$

根据产品系统的清单分析结果，可以得到碳排放因子向量为

$$\boldsymbol{\varepsilon}_0 = (0.5 \quad 10 \quad 25)$$

故根据式（2-6）计算可得

$$E_0 = \boldsymbol{\varepsilon}_0 \cdot \boldsymbol{p}_0 = (20 \times 0.5 + 1 \times 10 + 1 \times 25)\mathrm{gCO_{2e}} = 45\mathrm{gCO_{2e}}$$

若此时忽略原铝及铝废料的生产过程，则 1 个功能单位铝罐的生命周期碳排放为 $45\mathrm{gCO_{2e}}$，而原铝及铝废料生产的碳排放将成为基于过程的 LCA 产生的截断误差。若进一步考虑原铝及铝废料生产过程的碳排放，则可根据技术矩阵 $\boldsymbol{A}_1$ 和规模向量 $\boldsymbol{p}_0$ 计算原铝及铝废料的总输入量为

$$\boldsymbol{p}_1 = \boldsymbol{A}_1 \cdot \boldsymbol{p}_0 = \begin{pmatrix} -17 \\ 0 \end{pmatrix}$$

可以发现，铝罐母材生产中铝废料的输入量为 0，说明铝废料全部来自铝罐生产环节的再生利用，无系统外部输入；而对原铝的外部输入量为 17g。

若已知通过对原铝产品系统另行开展清单分析，得出的原铝碳排放因子为 $20\mathrm{gCO_{2e}}/\mathrm{g}$，即此时的碳排放因子向量为

$$\boldsymbol{\varepsilon}_1 = (-20 \quad 0)$$

则由于利用原铝及铝废料产生的外部系统输入碳排放量为

$$E_1 = \boldsymbol{\varepsilon}_1 \cdot \boldsymbol{p}_1 = 340\mathrm{gCO_{2e}}$$

因此，生命周期的碳排放总量为

$$E = E_0 + E_1 = 385\mathrm{gCO_{2e}}$$

可见，在本例中如对系统边界进行简化，不考虑原铝的生产过程时，产生的截断误差将显著影响碳排放计算结果的准确性。

通过上述分析和例题可以看出，基于过程的碳排放计算方法概念简单，并可针对具体活动环节实现详细的碳足迹分析，因而在碳排放量化计算中得到广泛的应用。需要说明的是，在系统边界定义时，受客观条件、计算成本等诸多限制，不可避免地需要忽略一些次要环节或上游环节。但由于这一系统边界定义的不完备性，基于过程的碳排放计算结果通常具有截断误差。

例如，在上述铝罐的例子中，如果为了简化计算而不考虑原铝生产，计算结果的误差显著。再如，在水泥的生产碳排放计算中，基于过程的方法可根据能源使用和石灰石分解的实测排放因子考虑矿石开采、原料煅烧、粉磨等环节的碳排放量，但通常不会也难以计入上游环节（如生产厂建造、设备损耗等）的碳排放量，这也会造成一定的误差。

考虑到上述完备性与截断误差的问题，在应用基于过程的计算方法时，就要求准确合理地评估哪些是产品系统中不可忽略的主要过程，哪些是可以简化的次要过程，避免对计算结果的可靠性造成不良影响。

2.3　碳排放投入产出分析

2.3.1　投入产出分析介绍

投入产出分析（input-output analysis）是研究经济系统中各部分之间投入与产出的相互依存关系的数量分析方法。具体来说，投入产出分析是在一定经济理论指导下，通过编制

投入产出表，建立相应的投入产出数学模型，综合分析经济系统中各部门、产品或服务之间数量依存关系的一种线性分析方法。这里所指的经济系统既可以是宏观的国民经济、地区经济、部门经济，也可以是公司或企业经济单位。

投入产出分析法是由美国经济学家瓦西里·列昂惕夫创立的。他于1936年发表了关于投入产出法的第一篇论文《美国经济制度中的投入产出分析》，并于1941年出版了专著《美国经济结构1919—1929》，详细地介绍了投入产出分析的基本内容；1942—1944年主持编制了美国投入产出表；1953年出版了专著《美国经济结构研究》，1966年出版《投入产出经济学》，进一步阐述了投入产出分析的基本原理和发展。列昂惕夫由于在投入产出分析领域的相关研究与贡献，于1973年获得了诺贝尔经济学奖。

鉴于研究宏观经济发展情况的需要，我国于1974—1976年编制了第一张实物型投入产出表；1982年试编完成第一张包含23个国民经济部门的价值型投入产出表；1986年开始，我国基本确定了每5年编制一次投入产出表，每3年编制一次延长表（在小规模调查基础上，对上一次发布的投入产出表进行调整与完善）的基本政策。

投入产出分析的基本内容主要是编制投入产出表，并在此基础上建立相应的线性代数方程体系（投入产出模型）。通过建立投入产出表和模型，当分析国民经济问题时，能够清晰地揭示经济系统中各部门、产业结构之间的内在联系；特别是能够反映各部门在生产过程中的直接与间接联系，以及各部门生产与消耗之间的平衡关系；当用于某一部门时，能够反映该部门各类产品之间的内在联系；当用于公司或企业时，能够反映其内部各工序之间的内在联系。

近年来，通过在投入产出模型中引入能源或环境流量，使得该方法被广泛应用于行业层面的能源与环境问题分析。由于投入产出分析法可根据投入产出表考虑各部门间的生产联系，从而可捕获整个产业链的碳足迹，避免了基于过程的计算方法存在截断误差的问题。然而，受"纯部门"假定与部门划分数量的限制，该方法仅能以部门平均生产水平估计相应的碳排放量。此外，投入产出法关注的是部门产品的生产关联，无法直接用于估计产品系统全生命周期中使用阶段和废弃处置阶段的碳排放量。

为了更好理解碳排放投入产出分析的原理与方法，本小节将首先对经济投入产出分析的基本概念、原理与分析模型做简明扼要的介绍。关于投入产出分析的更多相关知识，读者可自行查阅相关经济学教材。

📖 延伸阅读：关于投入产出表

投入产出表是根据经济系统各部门生产中的投入来源和使用去向纵横交叉组成的一张棋盘式平衡表。它主要反映各部门产品在生产、分配、消费、使用过程中，以及产品的价值形成过程中各部门经济技术的相互依存、相互制约的数量关系。当以产品的实物量表示各部门数量依存关系时，称作实物型投入产出表；而当以经济量（货币价值）表示数量依存关系时，则称作价值型投入产出表。在认识投入产出表时，还需注意"投入"和"产出"的基本概念：

1）投入。部门在生产过程中所消耗的各种投入要素，反映了部门的价值形成，包括中间投入（原材料、辅助材料、燃料、动力、各种服务）和初始投入（机器设备、厂房设施等计提的固定资产折旧、劳动力、利润和税金等）。

2）产出。部门生产产品或提供服务总量的分配使用去向，包括中间需求（经济系统各部分在本期生产活动中消耗和使用的非固定资产货物和服务）和最终需求（已退出或暂退出本期生产活动而最终提供的货物和服务，如最终产品、资本形成额和进出口项等）。

2.3.2 投入产出分析的基本原理

1. 基本假定

投入产出分析以"投入=产出"的理想化数量模型为基础，并遵循以下基本假定：

1）"纯部门"假定。每个产业部门只生产一种特定的同质产品，并具有单一的投入结构，只用一种生产技术方式进行生产，且同一部门产品可以相互替代。

2）"稳定性"假定。假定直接消耗系数在一定时期内固定不变，忽略了在制表期内生产技术进步和劳动生产率提高的因素。

3）"比例性"假定。假定国民经济各部门投入与产出成正比例关系，即随着产出的增加，所需的各种消耗（投入）以同样比例增加。

2. 实物型投入产出表

当不考虑进出口项（与其他经济系统之间的输入或输出）时，典型的实物型投入产出表见表2-1。表中 q_{ij} 表示生产单位 j 部门产品所直接消耗的 i 部门产品的量。

表 2-1 实物型投入产出表

投入		中间需求 q_{ij}				最终产品 Y	总产品 Q
		部门 1	部门 2	…	部门 n		
物质消耗	部门 1	q_{11}	q_{12}	…	q_{1n}	Y_1	Q_1
	部门 2	q_{21}	q_{22}	…	q_{2n}	Y_2	Q_2
	…	…	…	…	…	…	…
	部门 n	q_{n1}	q_{n2}	…	q_{nn}	Y_n	Q_n
劳动报酬 q_{0j}		q_{01}	q_{02}		q_{0n}		

实物型投入产出表仅存在行平衡关系：中间需求+最终产品=总产品，即

$$\sum_{j=1}^{n} q_{ij} + y_i = Q_i \qquad (i = 1, 2, \cdots, n) \tag{2-7}$$

3. 价值型投入产出表

当不考虑进出口项时，典型的价值型投入产出表见表2-2，表中中间需求 X_{ij} 代表生产 j 部门产品所直接消耗的 i 部门产品的价值。

价值型投入产出表具有行平衡关系：中间需求+最终产品=总产品，即

$$\sum_{j=1}^{n} X_{ij} + Y_i = X_i \qquad (i = 1, 2, \cdots, n) \tag{2-8}$$

同时具有列平衡关系：中间投入+初始投入=总投入，即

$$\sum_{i=1}^{n} X_{ij} + N_j = X_j \qquad (j = 1, 2, \cdots, n) \tag{2-9}$$

根据投入产出分析模型的均衡性假定，对于第 k 部门有

$$\sum_{i=1}^{n} X_{ik} + N_k = \sum_{j=1}^{n} X_{kj} + Y_k \tag{2-10}$$

对各部门求和可得

$$\sum_{k=1}^{n} \sum_{i=1}^{n} X_{ik} + \sum_{k=1}^{n} N_k = \sum_{k=1}^{n} \sum_{j=1}^{n} X_{kj} + \sum_{k=1}^{n} Y_k$$

即

$$\sum_{k=1}^{n} N_k = \sum_{k=1}^{n} Y_k \tag{2-11}$$

式（2-11）表明，在不考虑进出口项的情况下，整个经济系统中的初始投入与最终产出相平衡。

表 2-2　价值型投入产出表

投入		中间需求 X_{ij}				最终产品 Y	总产品 X
		部门 1	部门 2	…	部门 n		
中间投入	部门 1	X_{11}	X_{12}	…	X_{1n}	Y_1	X_1
	部门 2	X_{21}	X_{22}	…	X_{2n}	Y_2	X_2
	…	…	…	…	…	…	…
	部门 n	X_{n1}	X_{n2}	…	X_{nn}	Y_n	X_n
初始投入	折旧 D	D_1	D_2	…	D_n		
	报酬 V	V_1	V_2	…	V_n		
	生产税 T	T_1	T_2	…	T_n		
	盈余 M	M_1	M_2	…	M_n		
	合计 N	N_1	N_2	…	N_n		
总产品 X		X_1	X_2	…	X_n		

4. 直接消耗系数

直接消耗系数，记为 a_{ij}，表示 j 部门每生产单位产品所直接消耗的 i 部门产品的量。

（1）价值型　对于价值型投入产出表有

$$a_{ij} = \frac{X_{ij}}{X_j} \qquad (i,j = 1,2,\cdots,n) \tag{2-12}$$

定义价值型直接消耗系数矩阵为

$$\boldsymbol{A} = \begin{pmatrix} a_{11} & a_{12} & \cdots & a_{1n} \\ a_{21} & a_{22} & \cdots & a_{2n} \\ \vdots & \vdots & \ddots & \vdots \\ a_{n1} & a_{n2} & \cdots & a_{nn} \end{pmatrix} \qquad (0 \leqslant a_{ij} < 1, \sum_{i=1}^{n} a_{ij} < 1) \tag{2-13}$$

将式（2-12）代入行平衡关系式（2-8）可得

$$\sum_{j=1}^{n} a_{ij} X_j + Y_i = X_i \tag{2-14}$$

写成向量形式即

$$\boldsymbol{A} \cdot \boldsymbol{X} + \boldsymbol{Y} = \boldsymbol{X}$$

整理可得如下关系式

$$X = (I - A)^{-1} \cdot Y \tag{2-15}$$

式中　X——总产品列向量；

　　　Y——最终产品列向量；

　$(I-A)$——列昂惕夫矩阵。

将式（2-12）代入列平衡关系式（2-9）可得

$$\sum_{i=1}^{n} a_{ij} X_j + N_j = X_j \tag{2-16}$$

令 $\hat{a}_{cj} = \sum_{i=1}^{n} a_{ij}$，$\hat{A}_c = \mathrm{diag}(\hat{a}_{c1}, \quad \hat{a}_{c2}, \quad \cdots, \quad \hat{a}_{cn})$，则式（2-16）可写成向量形式

$$\hat{A}_c \cdot X + N = X$$

整理可得

$$X = (I - \hat{A}_c)^{-1} \cdot N \tag{2-17}$$

式中　N——净产值列向量；

　　　$\hat{a}_{cj}$——j 部门每生产单位产品直接消耗其他各部门产品的总和，即中间投入率；

　　　$\hat{A}_c$——物质消耗系数矩阵；

　$(I-\hat{A}_c)$——净产值系数矩阵。

（2）实物型　以 a_{ij}^* 表示每生产单位 j 产品需要直接消耗 i 产品的量，则

$$a_{ij}^* = \frac{q_{ij}}{Q_j} \qquad (i,j = 1,2,\cdots,n) \tag{2-18}$$

定义实物型直接消耗系数矩阵：

$$A^* = \begin{pmatrix} a_{11}^* & a_{12}^* & \cdots & a_{1n}^* \\ a_{21}^* & a_{22}^* & \cdots & a_{2n}^* \\ \vdots & \vdots & \ddots & \vdots \\ a_{n1}^* & a_{n2}^* & \cdots & a_{nn}^* \end{pmatrix} \tag{2-19}$$

（3）换算关系　以 p_i、p_j 表示 i 部门和 j 部门的产品价格，则根据直接消耗系数的定义可知

$$a_{ij} = \frac{X_{ij}}{X_j} = \frac{q_{ij} p_i}{Q_j p_j} = a_{ij}^* \frac{p_i}{p_j} \tag{2-20}$$

式（2-20）表明，价值型直接消耗系数等于实物型直接消耗系数与相对价格的乘积，由式（2-20）可知

$$a_{ii}^* = a_{ii} < 1 \qquad (i = 1,2,\cdots,n) \tag{2-21}$$

5. 完全消耗系数与完全需求系数

完全消耗量指直接消耗量与全部间接消耗量的和，以 b_{ij} 代表生产单位 j 部门最终产品对 i 产品的完全消耗量，构建如下完全消耗系数矩阵：

$$B = \begin{pmatrix} b_{11} & b_{12} & \cdots & b_{1n} \\ b_{21} & b_{22} & \cdots & b_{2n} \\ \vdots & \vdots & \ddots & \vdots \\ b_{n1} & b_{n2} & \cdots & b_{nn} \end{pmatrix} \tag{2-22}$$

根据完全消耗的概念可知

完全消耗＝直接消耗+一次间接消耗+二次间接消耗+…

由此可建立关系式

$$B = A + A^2 + A^3 + \cdots + A^k + \cdots$$

简化可得

$$B = (I - A)^{-1} - I \tag{2-23}$$

与直接消耗系数不同，完全消耗系数与最终产品相对应，一般大于相应的直接消耗系数，且可以大于1。

将式（2-23）代入式（2-15）可得出完全消耗系数表示的投入产出分析模型，即

$$X = (I + B) \cdot Y \tag{2-24}$$

令 $(I+B) = \overline{B}$，则

$$\overline{B} = \begin{pmatrix} \overline{b}_{11} & \overline{b}_{12} & \cdots & \overline{b}_{1n} \\ \overline{b}_{21} & \overline{b}_{22} & \cdots & \overline{b}_{2n} \\ \vdots & \vdots & \ddots & \vdots \\ \overline{b}_{n1} & \overline{b}_{n2} & \cdots & \overline{b}_{nn} \end{pmatrix} = \begin{pmatrix} 1 + b_{11} & b_{12} & \cdots & b_{1n} \\ b_{21} & 1 + b_{22} & \cdots & b_{2n} \\ \vdots & \vdots & \ddots & \vdots \\ b_{n1} & b_{n2} & \cdots & 1 + b_{nn} \end{pmatrix} \tag{2-25}$$

式中 $\overline{b}_{ij}$——完全需求系数或最终产品系数；

$\overline{B}$——完全需求系数矩阵。

【例2-3】 某仅包含工业和农业两个部门的价值型投入产出表见表2-3，计算部门增加值、直接消耗系数和完全需求系数。

表2-3 价值型投入产出表   （单位：万元）

投入		中间需求		最终产品	总产品
		农业部门	工业部门		
中间投入	农业部门	8	5	3	16
	工业部门	4	2	6	12
	增加值	N_1	N_2		

解：首先分析表2-3中各数据的含义：

从分配去向角度来看，对于农业部门，其总产出的货币价值为16万元，其中部门自身消耗的产品价值为8万元，供应工业部门的产品价值为5万元，最终提供社会使用的产品价值为3万元；对于工业部门，其总产出的货币价值为12万元，其中部门自身消耗的产品价值为2万元，供应农业部门的产品价值为4万元，最终提供社会使用的产品价值为6万元。

从投入来源角度来看，对于农业部门，消耗部门自身的产品价值为8万元，消耗工业部门的产品价值为4万元，同时产生了N_1万元部门增加值；对于工业部门，消耗部门自身的产品价值为5万元，消耗工业部门的产品价值为2万元，同时产生了N_2万元部门增加值。

（1）计算部门增加值 根据价值型投入产出的"总投入"＝"总产出"可得

对于农业部门 $N_1 + 8 + 4 = 16$

对于工业部门　　　　　　　　　$N_2+5+2=12$

求得　　　　　　　　　　　　$N_1=4$，$N_2=5$

（2）计算直接消耗系数　根据式（2-12）可得

$$a_{11}=\frac{X_{11}}{X_1}=\frac{8}{16}=\frac{1}{2}; a_{12}=\frac{X_{12}}{X_2}=\frac{5}{12}$$

$$a_{21}=\frac{X_{21}}{X_1}=\frac{4}{16}=\frac{1}{4}; a_{22}=\frac{X_{22}}{X_2}=\frac{2}{12}=\frac{1}{6}$$

则直接消耗系数矩阵为

$$A=\begin{pmatrix} \dfrac{1}{2} & \dfrac{5}{12} \\ \dfrac{1}{4} & \dfrac{1}{6} \end{pmatrix}$$

（3）计算完全需求系数　由式（2-25）可得

$$\overline{B}=(I-A)^{-1}=\begin{pmatrix} \dfrac{8}{3} & \dfrac{4}{3} \\ \dfrac{4}{5} & \dfrac{8}{5} \end{pmatrix}$$

计算完成后可通过式（2-24）验算结果是否正确

$$\overline{B}\cdot Y=\begin{pmatrix} \dfrac{8}{3} & \dfrac{4}{3} \\ \dfrac{4}{5} & \dfrac{8}{5} \end{pmatrix}\cdot\begin{pmatrix} 3 \\ 6 \end{pmatrix}=\begin{pmatrix} 16 \\ 12 \end{pmatrix}=X \quad （计算无误）$$

6. 部门合并法

假定将 t 和 k 部门合并为 j 部门，以简化实际分析过程，则根据中间产品、最终产品、总产品及部门增加值的概念可知新合成 j 部门的基本参数如下

$$X_{ij}=X_{it}+X_{ik} \tag{2-26}$$

$$Y_j=Y_t+Y_k \tag{2-27}$$

$$X_j=X_t+X_k \tag{2-28}$$

$$a_{ij}=\frac{X_{ij}}{X_j}=\frac{X_{it}+X_{ik}}{X_t+X_k}=\frac{a_{it}X_t+a_{ik}X_k}{X_t+X_k} \tag{2-29}$$

$$N_j=N_t+N_k \tag{2-30}$$

2.3.3　碳排放投入产出分析

1. 基本概念

碳排放投入产出分析以价值型投入产出模型为基础，通过引入部门碳排放强度指标，对经济活动中的碳足迹进行分析。碳排放投入产出分析需满足传统投入产出分析模型的一般假设，并认为部门产品的碳排放因子具有相对稳定性，即在一定研究时期内，生产单位部门产品的碳排放量是平均化的和恒定的。

在碳排放投入产出分析中，需注意直接碳排放与间接碳排放的概念。一般来说，直接碳

排放指化石燃料与工业、农业过程中直接产生的温室气体；间接碳排放指由于消耗产品或服务而间接计入的碳排放。进一步地，为与经济投入产出模型相协调，同时便于碳排放的计算分析，对投入产出分析中的碳排放做如下拆分：

1）部门自身生产的直接碳排放，即部门生产中化石燃料燃烧与工业、农业生产过程中的直接碳排放。

2）中间生产过程中由经济投入产出分析的"直接消耗"对应产生的碳排放，即部门生产过程中由于直接消耗其他部门产品而引起的其他部门碳排放。

3）中间生产过程中由经济投入产出分析的"一次间接消耗""二次间接消耗"等部分对应产生的间接碳排放。

4）部门最终产品的隐含碳排放（embodied carbon），即考虑所有直接碳排放和间接碳排放后，部门单位最终产品所隐含的碳排放量。

在第 1 章绪论中已讨论过，碳排放主要是由于利用化石燃料和部分特定工业、农业生产过程产生的。在碳排放投入产出模型中需要注意对上述不同碳源的处理：

1）对于电力、热力等二次能源，其碳排放主要在热电厂产生，而实际使用过程中并未产生任何的碳排放。与投入产出表中"直接消耗"的概念相对应，这一部分由于加工转化过程产生的碳排放在电力、热力的生产与供应部门中予以考虑，而在电力、热力的使用部门中不予重复计入，但可通过中间消耗的形式在部门产品的"完全消耗"中予以体现。

2）对于汽油、柴油、焦炭等二次能源，在加工转换和使用过程中均会产生碳排放。可采用碳排放与部门相对应的方式，在能源供应部门中考虑加工转换过程的碳排放，在能源使用部门中，以净发热值和碳含量确定的碳排放因子考虑使用过程的碳排放。

3）对于煤炭、石油和天然气等一次能源，将碳排放过程拆分为能源采选和能源使用两部分，能源采选的碳排放在相应的一次能源生产与供应部门中考虑，而能源使用的碳排放计入相应的消耗部门。

4）工业、农业生产过程的直接碳排放，计入相应生产部门的直接碳排放中。

2. 投入产出表

碳排放投入产出表的基本形式见表 2-4，表中各符号的定义如下。

1）X_i 为价值型经济投入产出表的总产品。

2）Y_i 为价值型经济投入产出表的最终产品。

3）X_{ij} 为价值型经济投入产出表的中间投入。

4）d_{ij} 为 j 部门生产所直接引起的 i 部门碳排放量。

5）F_i 为 i 部门最终产品对应的本部门直接碳排放量，可按下式计算

$$F_i = \varepsilon_i Y_i \tag{2-31}$$

6）ε_i 为 i 部门单位产值的直接碳排放量，即直接碳排放强度，可按下式计算

$$\varepsilon_i = \frac{D_i}{X_i} \neq 0 \tag{2-32}$$

7）D_i 为 i 部门总产品对应的本部门直接碳排放量，可按下式计算

$$D_i = \sum_{k_1=1}^{m_1} (EC_{k_1 i} \cdot f_{k_1}) + \sum_{k_2=1}^{m_2} (EN_{k_2 i} \cdot f_{k_2}) \tag{2-33}$$

式中　m_1——i 部门所消耗能源的类型数；

EC_{k_1i}——i 部门对第 k_1 种能源的消耗量；

f_{k_1}——第 k_1 种能源的碳排放因子；

m_2——i 部门的非能源碳排放类型数；

EN_{k_2i}——i 部门所含可产生非能源直接碳排放的生产过程 k_2 的活动水平；

f_{k_2}——第 k_2 种生产过程的直接碳排放强度。

表 2-4 碳排放投入产出表

投入		中间需求				最终产品	总产品
		部门 1	部门 2	…	部门 n		
经济投入	部门 1	X_{11}	X_{12}	…	X_{1n}	Y_1	X_1
	部门 2	X_{21}	X_{22}	…	X_{2n}	Y_2	X_2
	…	…	…	…	…	…	…
	部门 n	X_{n1}	X_{n2}	…	X_{nn}	Y_n	X_n
碳排放投入	部门 1	d_{11}	d_{12}	…	d_{1n}	F_1	D_1
	部门 2	d_{21}	d_{22}	…	d_{2n}	F_2	D_2
	…	…	…	…	…	…	…
	部门 n	d_{n1}	d_{n2}	…	d_{nn}	F_n	D_n

上述模型的碳排放投入部分，行表示各部门引起的某部门直接碳排放量，列表示某部门生产引起的其他各部门直接碳排放量。与实物型投入产出表类似，该碳排放模型仅满足行平衡，且行列模型之间没有明确意义的总量关系。此外，总排放量 D_i 表示该部门生产环节中由于直接利用碳源而产生的碳排放，相应的直接碳排放强度 ε_i 为单位产值的直接碳排放量。需要注意的是，以炼铁过程为例说明，ε_i 仅涵盖铁矿石在冶炼过程中由化石能源消耗和工业过程中的直接碳排放，而不包含铁矿石开采、能源生产和供应等过程的碳排放，这部分碳排放将在后续介绍的隐含碳排放强度中考虑。

3. 行平衡关系

定义最终产品的直接碳排放列向量为

$$\boldsymbol{F} = (F_1, F_2, \cdots, F_n)^{\mathrm{T}}$$

总产品的直接碳排放列向量为

$$\boldsymbol{D} = (D_1, D_2, \cdots, D_n)^{\mathrm{T}}$$

最终产品价值列向量为

$$\boldsymbol{Y} = (Y_1, Y_2, \cdots, Y_n)^{\mathrm{T}}$$

由投入产出分析的一般概念，可知

$$\begin{cases} D_1 = d_{11} + d_{12} + \cdots + d_{1n} + F_1 \\ D_2 = d_{21} + d_{22} + \cdots + d_{2n} + F_2 \\ \qquad\qquad\vdots \\ D_n = d_{n1} + d_{n2} + \cdots + d_{nn} + F_n \end{cases} \qquad (2\text{-}34)$$

以 $P_{ij}(i, j = 1, 2, \cdots, n)$ 表示生产单位 j 部门总产品所引起的 i 部门直接碳排放量（常用单位 tCO_{2e}/万元、$kgCO_{2e}$/元等），构建碳排放中间需求系数矩阵 $\boldsymbol{P} = (P_{ij})_{nn}$，可得

$$P_{ij} = \frac{d_{ij}}{X_j} = \frac{x_{ij}\varepsilon_i}{X_j} = a_{ij}\varepsilon_i \tag{2-35}$$

由式（2-35）可得

$$d_{ij} = P_{ij}X_j \tag{2-36}$$

根据直接碳排放的基本定义有

$$X_j = \frac{D_j}{\varepsilon_j} \tag{2-37}$$

联立式（2-36）和式（2-37）可得

$$d_{ij} = \frac{P_{ij}}{\varepsilon_j}D_j \quad (i, j = 1, 2, \cdots, n) \tag{2-38}$$

构建无量纲系数矩阵 $\boldsymbol{\Phi} = (\phi_{ij})_{nn}$，其中元素 ϕ_{ij} 的定义如下

$$\phi_{ij} = \frac{P_{ij}}{\varepsilon_j} = a_{ij}\frac{\varepsilon_i}{\varepsilon_j} \quad (i, j = 1, 2, \cdots, n) \tag{2-39}$$

实际上，矩阵 $\boldsymbol{\Phi}$ 建立了中间生产过程直接碳排放投入与总产品直接碳排放之间的比例关系。将式（2-38）和式（2-39）代入式（2-34）可得

$$\begin{cases} D_1 = \phi_{11}D_1 + \phi_{12}D_2 + \cdots + \phi_{1n}D_n + F_1 \\ D_2 = \phi_{21}D_1 + \phi_{22}D_2 + \cdots + \phi_{2n}D_n + F_2 \\ \quad\quad\quad\quad\quad\quad \vdots \\ D_n = \phi_{n1}D_1 + \phi_{n2}D_2 + \cdots + \phi_{nn}D_n + F_n \end{cases} \tag{2-40}$$

写成向量形式有

$$\boldsymbol{D} = \boldsymbol{\Phi} \cdot \boldsymbol{D} + \boldsymbol{F}$$

整理可得

$$\boldsymbol{D} = (\boldsymbol{I} - \boldsymbol{\Phi})^{-1} \cdot \boldsymbol{F} \tag{2-41}$$

式（2-41）即碳排放投入产出模型的行平衡关系式。与经济投入产出模型类似，式（2-41）中的矩阵 $(\boldsymbol{I}-\boldsymbol{\Phi})^{-1}$ 建立了最终产品的碳排放和部门总产品的直接碳排放之间的联系。为方便分析与讨论，分别定义直接碳排放强度行向量 $\boldsymbol{\varepsilon}$ 与直接碳排放强度对角矩阵 $\hat{\boldsymbol{\varepsilon}}$

$$\boldsymbol{\varepsilon} = (\varepsilon_1, \varepsilon_2, \cdots, \varepsilon_n) \tag{2-42}$$

$$\hat{\boldsymbol{\varepsilon}} = \begin{pmatrix} \varepsilon_1 & 0 & \cdots & 0 \\ 0 & \varepsilon_2 & \cdots & 0 \\ \vdots & \vdots & \ddots & \vdots \\ 0 & 0 & \cdots & \varepsilon_n \end{pmatrix} \tag{2-43}$$

根据直接碳排放的基本定义有

$$\boldsymbol{F} = \hat{\boldsymbol{\varepsilon}} \cdot \boldsymbol{Y} \tag{2-44}$$

将式（2-44）代入式（2-39）可得

$$\boldsymbol{D} = (\boldsymbol{I} - \boldsymbol{\Phi})^{-1} \cdot \hat{\boldsymbol{\varepsilon}} \cdot \boldsymbol{Y} \tag{2-45}$$

式（2-45）将碳排放投入产出模型的部门碳排放总投入和价值型的部门最终产品联系起来，从而可根据部门最终产品的货币价值计算相应的部门碳排放总投入。定义碳排放完全需求系数矩阵 $\boldsymbol{G} = (g_{ij})_{nn}$，并令

$$G = (I - \Phi)^{-1} \cdot \hat{\varepsilon} \tag{2-46}$$

则其中的元素 g_{ij} 表示为获得 j 部门单位最终产品，i 部门所产生的碳排放总量（包括中间生产过程的直接碳排放与各级间接碳排放）。

4. 矩阵 P、G 与 A、B 的关系推导

1）矩阵 P 与 A 的关系推导。将式（2-35）以矩阵形式表示为

$$P = \begin{pmatrix} a_{11}\varepsilon_1 & a_{12}\varepsilon_1 & \cdots & a_{1n}\varepsilon_1 \\ a_{21}\varepsilon_2 & a_{22}\varepsilon_2 & \cdots & a_{2n}\varepsilon_2 \\ \vdots & \vdots & \ddots & \vdots \\ a_{n1}\varepsilon_n & a_{n2}\varepsilon_n & \cdots & a_{nn}\varepsilon_n \end{pmatrix} = \begin{pmatrix} \varepsilon_1 & 0 & \cdots & 0 \\ 0 & \varepsilon_2 & \cdots & 0 \\ \vdots & \vdots & \ddots & \vdots \\ 0 & 0 & \cdots & \varepsilon_n \end{pmatrix} \cdot \begin{pmatrix} a_{11} & a_{12} & \cdots & a_{1n} \\ a_{21} & a_{22} & \cdots & a_{2n} \\ \vdots & \vdots & \ddots & \vdots \\ a_{n1} & a_{n2} & \cdots & a_{nn} \end{pmatrix}$$

即

$$P = \hat{\varepsilon} \cdot A \tag{2-47}$$

2）矩阵 G 与 B 的关系推导。由式（2-39）可得

$$\Phi = \begin{pmatrix} \dfrac{P_{11}}{\varepsilon_1} & \dfrac{P_{12}}{\varepsilon_2} & \cdots & \dfrac{P_{1n}}{\varepsilon_n} \\ \dfrac{P_{21}}{\varepsilon_1} & \dfrac{P_{22}}{\varepsilon_2} & \cdots & \dfrac{P_{2n}}{\varepsilon_n} \\ \vdots & \vdots & \ddots & \vdots \\ \dfrac{P_{n1}}{\varepsilon_1} & \dfrac{P_{n2}}{\varepsilon_2} & \cdots & \dfrac{P_{nn}}{\varepsilon_n} \end{pmatrix} = \begin{pmatrix} P_{11} & P_{12} & \cdots & P_{1n} \\ P_{21} & P_{22} & \cdots & P_{2n} \\ \vdots & \vdots & \ddots & \vdots \\ P_{n1} & P_{n2} & \cdots & P_{nn} \end{pmatrix} \cdot \begin{pmatrix} \dfrac{1}{\varepsilon_1} & 0 & \cdots & 0 \\ 0 & \dfrac{1}{\varepsilon_2} & \cdots & 0 \\ \vdots & \vdots & \ddots & \vdots \\ 0 & 0 & \cdots & \dfrac{1}{\varepsilon_n} \end{pmatrix}$$

即

$$\Phi = \hat{\varepsilon} \cdot A \cdot \hat{\varepsilon}^{-1} \tag{2-48}$$

由此可得

$$(I - \Phi)^{-1} = (I - \hat{\varepsilon} \cdot A \cdot \hat{\varepsilon}^{-1})^{-1} = [\hat{\varepsilon} \cdot (I - A) \cdot \hat{\varepsilon}^{-1}]^{-1} = \hat{\varepsilon} \cdot (I - A)^{-1} \cdot \hat{\varepsilon}^{-1}$$

即

$$(I - \Phi)^{-1} = \hat{\varepsilon} \cdot \overline{B} \cdot \hat{\varepsilon}^{-1} \tag{2-49}$$

将式（2-49）代入式（2-46）可得

$$G = \hat{\varepsilon} \cdot \overline{B} \cdot \hat{\varepsilon}^{-1} \cdot \hat{\varepsilon} = \hat{\varepsilon} \cdot \overline{B} \tag{2-50}$$

5. 碳排放量的构成与分解

联立式（2-45）、式（2-46）和式（2-50）可得

$$D = G \cdot Y = \hat{\varepsilon} \cdot (B + I) \cdot Y = \hat{\varepsilon} \cdot Y + \hat{\varepsilon} \cdot B \cdot Y \tag{2-51}$$

前面已经定义最终产品的直接碳排放列向量 $F = \hat{\varepsilon} \cdot Y$。这里再补充定义中间生产的碳排放列向量 H

$$H = \hat{\varepsilon} \cdot B \cdot Y \tag{2-52}$$

在式（2-51）和式（2-52）中，各元素含义分别如下

D_i——i 部门总产品对应的本部门直接碳排放量，$D_i = \varepsilon_i \sum\limits_{j=1}^{n} (\overline{b}_{ij} Y_j)$；

F_i——i 部门最终产品对应的本部门直接碳排放量，$F_i = \varepsilon_i Y_i$；

H_i——各部门中间生产环节对 i 部门产品完全消耗所对应的碳排放量，H_i $= \varepsilon_i \sum_{j=1}^{n} (b_{ij} Y_j)$ 。

特别地，根据价值型投入产出模型，完全消耗系数矩阵和直接消耗系数矩阵之间存在如下关系

$$B = A + A^2 + \cdots + A^k + \cdots$$

进而有

$$H = \hat{\varepsilon} \cdot (A + A^2 + \cdots + A^k + \cdots) \cdot Y = P \cdot Y + P \cdot A \cdot Y + P \cdot A^2 \cdot Y + \cdots \quad (2\text{-}53)$$

上式中各项的含义解释如下：

$H^{(0)} = P \cdot Y$ 是由部门"直接消耗"对应产生的碳排放列向量，$H_i^{(0)} = \sum_{j=1}^{n} (P_{ij} Y_j)$ 表示各部门中间生产环节对 i 部门产品"直接消耗"对应产生的碳排放量；

$H^{(k)} = P \cdot A^k \cdot Y$（$k \geq 1$）为中间生产环节第 k 次"间接消耗"对应产生的碳排放列向量，$H_i^{(k)}$ 表示各部门中间生产环节对 i 部门产品第 k 次"间接消耗"对应产生的碳排放量。

由以上定义与分析，易知

$$D_i = F_i + H_i = F_i + H_i^{(0)} + \sum_{k=1}^{\infty} H_i^{(k)} \quad (2\text{-}54)$$

写成矩阵形式有

$$D = F + H = F + H^{(0)} + \sum_{k=1}^{\infty} H^{(k)} \quad (2\text{-}55)$$

6. 隐含碳排放强度

以 c_{ij} 表示获得 j 部门最终产品，对 i 部门碳排放的完全需求量，可知

$$c_{ij} = \varepsilon_i \bar{b}_{ij} Y_j = g_{ij} Y_j \quad (2\text{-}56)$$

从最终产品的角度出发，以 C 表示部门隐含碳排放列向量，由定义可得出

$$C_j = \sum_{i=1}^{n} c_{ij} = \sum_{i=1}^{n} g_{ij} Y_j \quad (2\text{-}57)$$

其中 C_j 表示 j 部门最终产品的隐含碳排放量，即获得 j 部门最终产品对各部门碳排放的完全需求量总和。由此 j 部门最终产品的隐含碳排放强度 ζ_j 为

$$\zeta_j = \frac{C_j}{Y_j} = \frac{\sum_{i=1}^{n} g_{ij} Y_j}{Y_j} = \sum_{i=1}^{n} g_{ij} = \sum_{i=1}^{n} \varepsilon_i \bar{b}_{ij} \quad (2\text{-}58)$$

写成矩阵形式有

$$\zeta = \varepsilon \cdot \bar{B} \quad (2\text{-}59)$$

进一步分析部门隐含碳排放量的构成，将式（2-57）改写为

$$C_j = \sum_{i=1, i \neq j}^{n} g_{ij} Y_j + g_{jj} Y_j \quad (2\text{-}60)$$

式中 $\sum_{i=1, i \neq j}^{n} g_{ij} Y_j$ ——获得 j 部门最终产品对其他各部门碳排放的完全需求量之和；

$g_{jj} Y_j$ ——j 部门最终产品对 j 部门碳排放的完全需求量，由以下三部分组成：

1）j 部门最终产品对应的本部门直接碳排放，即 $\varepsilon_j Y_j$。

2）j 部门中间生产环节对本部门产品"直接消耗"对应产生的碳排放，即 $\varepsilon_j a_{jj} Y_j$。

3）j 部门中间生产环节对本部门产品各级"间接消耗"对应产生的碳排放，即 $\varepsilon_j (b_{jj} - a_{jj}) Y_j$。

【例 2-4】 条件同例 2-3，且已知农业部门的直接碳排放量为 9.6tCO_{2e}，工业部门的直接碳排放量为 18tCO_{2e}，计算部门产品的隐含碳排放强度及隐含碳排放量。

解： 根据题目已知条件，农业部门的直接碳排放量为 9.6tCO_{2e}，总产出为 16 万元，故农业部门的直接碳排放强度为

$$\varepsilon_1 = 9.6 \text{tCO}_{2e} \div 16 \text{ 万元} = 0.6 \text{tCO}_{2e}/\text{万元}$$

工业部门的直接碳排放量为 18tCO_{2e}，总产出为 12 万元，故工业部门的直接碳排放强度为

$$\varepsilon_2 = 18 \text{tCO}_{2e} \div 12 \text{ 万元} = 1.5 \text{tCO}_{2e}/\text{万元}$$

则部门碳排放强度向量为

$$\boldsymbol{\varepsilon} = (0.6 \quad 1.5) \text{tCO}_{2e}/\text{万元}$$

在例 2-3 中，计算得到的完全需求系数矩阵为

$$\overline{\boldsymbol{B}} = \begin{pmatrix} \dfrac{8}{3} & \dfrac{4}{3} \\ \dfrac{4}{5} & \dfrac{8}{5} \end{pmatrix}$$

利用式（2-59）计算可得隐含碳排放强度

$$\boldsymbol{\zeta} = \boldsymbol{\varepsilon} \cdot \overline{\boldsymbol{B}} = (0.6 \quad 1.5) \begin{pmatrix} \dfrac{8}{3} & \dfrac{4}{3} \\ \dfrac{4}{5} & \dfrac{8}{5} \end{pmatrix} \text{tCO}_{2e}/\text{万元} = (2.8 \quad 3.2) \text{tCO}_{2e}/\text{万元}$$

部门产品的隐含碳排放量为

$$C_1 = \zeta_1 Y_1 = 2.8 \text{tCO}_{2e}/\text{万元} \times 3 \text{ 万元} = 8.4 \text{tCO}_{2e}$$
$$C_2 = \zeta_2 Y_2 = 3.2 \text{tCO}_{2e}/\text{万元} \times 6 \text{ 万元} = 19.2 \text{tCO}_{2e}$$

验算发现，部门产品的隐含碳排放量之和为 $8.4 \text{tCO}_{2e} + 19.2 \text{tCO}_{2e} = 27.6 \text{tCO}_{2e}$，部门的直接碳排放量之和为 $9.6 \text{tCO}_{2e} + 18 \text{tCO}_{2e} = 27.6 \text{ tCO}_{2e}$，两者相等，说明计算无误。

2.4 碳排放的混合式计算方法

基于过程的碳排放计算方法可依据详细的产品系统流程进行分析，得到各环节的碳排放水平，在微观系统的分析方面具有突出优势，但基于过程的方法存在截断误差等问题，特别是当系统边界简化得不合理时，会显著影响计算结果的准确性。而基于投入产出分析的碳排放计算方法通过在价值型投入产出表中引入碳排放强度指标，在考虑部门生产关联的基础上，可实现全产业链的碳排放计算分析。但受该方法基本假设条件所限，一般难以针对具体

工艺流程进行分解，且无法考虑产品使用及废弃处置阶段的碳排放情况。为此，结合上述两类方法的优点，混合式计算方法近年来得到了快速的发展，形成了分层混合法（tiered hybrid method）、投入产出混合法（input-output-based hybrid method）和整合的混合法（integrated hybrid）等方法体系。

2.4.1 分层混合法

分层混合法指利用基于过程的计算方法对产品系统中的主要生产流程及运行、处置阶段进行研究，而对于其他次要流程及上游环节采用投入产出分析实现碳排放量的估计，最终以两者代数和作为产品系统的碳排放总量。该方法的基本模型为

$$E_{TH} = \boldsymbol{\varepsilon}^{P} \cdot (\boldsymbol{A}^{P})^{-1} \cdot \boldsymbol{Q}^{P} + \boldsymbol{\varepsilon}^{IO} \cdot (\boldsymbol{I} - \boldsymbol{A}^{IO})^{-1} \cdot \boldsymbol{Q}^{IO} \tag{2-61}$$

式中　E_{TH}——按分层混合法计算的碳排放量；

$\boldsymbol{\varepsilon}^{P}$——采用基于过程的计算方法时的碳排放因子向量；

$\boldsymbol{A}^{P}$——采用基于过程的计算方法时的技术矩阵；

$\boldsymbol{Q}^{P}$——采用基于过程的计算方法时的活动水平向量；

$\boldsymbol{\varepsilon}^{IO}$——投入产出分析中部门的直接碳排放强度向量；

$\boldsymbol{A}^{IO}$——投入产出分析中的直接消耗系数矩阵；

$\boldsymbol{Q}^{IO}$——投入产出分析中的部门产品最终需求向量。

一般情况下，上述矩阵形式的分层混合法计算模型，可简化为以下代数表达式

$$E_{TH} = \sum_{k} \varepsilon_{k}^{P} Q_{k}^{P} + \sum_{k'} \zeta_{k'}^{IO} Q_{k'}^{IO} \tag{2-62}$$

式中　ε_{k}^{P}——采用基于过程的计算方法时，第 k 种主要流程或产品的碳排放因子；

Q_{k}^{P}——采用基于过程的计算方法时，第 k 种主要流程或产品的活动水平；

$\zeta_{k'}^{IO}$——第 k' 种次要流程或产品所属部门的隐含碳排放强度；

$Q_{k'}^{IO}$——第 k' 种次要流程或产品的活动水平，以所属部门最终需求的货币价值表示。

上述公式中，第一项为采用基于过程的计算方法核算的产品系统中主要流程碳排放量，第二项为采用投入产出分析方法估计的次要流程碳排放量。若对次要流程的碳排放估计做进一步简化，则上述公式可改写为

$$E_{TH} = \sum_{k} \varepsilon_{k}^{P} Q_{k}^{P} + (\zeta_{j}^{IO} - \sum_{k} g_{kj}) Q_{j}^{IO} \tag{2-63}$$

式中　ζ_{j}^{IO}——产品系统所属部门 j 的隐含碳排放强度；

g_{kj}——获得 j 部门单位最终产品，第 k 种流程或产品所属部门的碳排放量；

Q_{j}^{IO}——产品系统活动水平，以所属部门 j 最终需求的货币价值表示。

分层混合法通过对基于过程的计算方法和投入产出分析方法的碳排放计算结果做线性叠加，得到产品系统的碳排放总量，在一定程度上拓展了原有基于过程的计算方法的系统边界，且概念清晰，计算相对容易，因此是目前最为常用的混合式计算方法。需要说明的是，该方法有以下两点不足：

1）本质上，分层混合法是建立在基于过程的计算方法基础上的，尽管系统边界定义的

完整性要优于基于过程的计算方法，但仍在一定程度上存在截断误差的问题。

2）分层混合法需对利用基于过程的计算方法和投入产出分析方法进行碳排放分析的流程或产品进行系统边界的拆分。在这一过程中，由于采用线性叠加的方式完成计算，不能考虑两部分边界之间的交互性，容易产生重复计算的问题。

【例 2-5】 某产品系统中，主要流程模块为 S4 和 S5，其中 S5 模块利用 S4 模块的产出，并生产目标产品，S4 模块的投入来自部门 S3，部门 S3 在经济系统中与另外两个部门 S1 和 S2 具有生产关联。

如图 2-9 所示，S5 模块单位活动水平产出 6 个单位的目标产品，需投入 2.5 个单位的产品 4，1.75 个单位的产品 1，1.75 个单位的产品 2，同时产生碳排放 $9kgCO_{2e}$；S4 模块单位活动水平产出 5.4 个单位的产品 4，并需投入 0.25 个单位的产品 1，0.25 个单位的产品 2，5 个单位的产品 3，同时产生碳排放 $12kgCO_{2e}$。

部门 S1、S2 和 S3 的价值型投入产出流量表见表 2-5，各部门产品的单价及直接碳排放强度见表 2-6。采用分层混合法计算生产 1 个功能单位的目标产品所产生的碳排放总量。

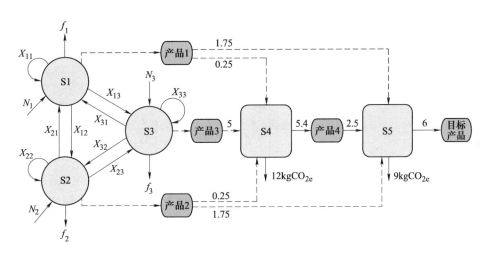

图 2-9 某产品系统流程

表 2-5 投入产出流量表 （单位：元）

投入		中间需求			最终产品	总产品
		部门 S1	部门 S2	部门 S3		
中间投入	部门 S1	150	250	150	220	770
	部门 S2	300	210	220	140	870
	部门 S3	250	222	295	243	1010
增加值		70	188	345		
总投入		770	870	1010		

表2-6　部门产品单价及直接碳排放强度

指标	部门S1	部门S2	部门S3
产品单价/(元/个)	1	1	2
直接碳排放强度（kgCO₂ₑ/元）	0.039	0.032	0.041

解： 采用分层混合法的基本模型和简化模型做对比计算。

方法1：采用分层混合法的基本模型，即式（2-61）计算。

（1）计算方法的系统边界确定　题目中已知，S4和S5为主要流程模块，采用基于过程的计算方法进行碳排放分析；而S1、S2和S3为次要环节，通过投入产出分析法进行碳排放分析，最终将两部分结果进行叠加，作为产品系统的碳排放总量。

（2）S4和S5模块的碳排放计算

1）确定技术矩阵。根据题目已知条件，取各流程输出为正、输入为负，可得到以下技术矩阵

$$\boldsymbol{A}^{\mathrm{P}} = \begin{matrix} \\ 产品4 \\ 产品5 \end{matrix} \begin{matrix} 模块S4 \quad 模块S5 \\ \begin{pmatrix} 5.4 & -2.5 \\ 0 & 6 \end{pmatrix} \end{matrix}$$

2）确定活动水平向量。本题的目标产品是模块5的输出，以1个目标产品为功能单位，则活动水平向量即为边界向量

$$\boldsymbol{Q}^{\mathrm{P}} = \begin{pmatrix} 0 \\ 1 \end{pmatrix}$$

3）计算模块S4和S5的规模向量。

$$\boldsymbol{p} = (\boldsymbol{A}^{\mathrm{P}})^{-1} \cdot \boldsymbol{Q}^{\mathrm{P}} = \begin{pmatrix} \dfrac{1}{5.4} & \dfrac{2.5}{32.4} \\ 0 & \dfrac{1}{6} \end{pmatrix} \begin{pmatrix} 0 \\ 1 \end{pmatrix} = \begin{pmatrix} \dfrac{2.5}{32.4} \\ \dfrac{1}{6} \end{pmatrix}$$

上述规模向量的含义是，为获得1个功能单位的目标产品，需要模块S4的活动水平为2.5/32.4，模块S5的活动水平为1/6。

4）确定碳排放强度向量。根据已知条件，碳排放强度向量为

$$\boldsymbol{\varepsilon}^{\mathrm{P}} = (12 \quad 9) \, \mathrm{kgCO_{2e}}$$

5）计算S4和S5的碳排放量。由式（2-61），可计算获得1个单位的目标产品，S4和S5模块产生的碳排放量为

$$E^{\mathrm{P}} = \boldsymbol{\varepsilon}^{\mathrm{P}} \cdot (\boldsymbol{A}^{\mathrm{P}})^{-1} \cdot \boldsymbol{Q}^{\mathrm{P}} = \boldsymbol{\varepsilon}^{\mathrm{P}} \cdot \boldsymbol{p} = (12 \quad 9) \cdot \begin{pmatrix} \dfrac{2.5}{32.4} \\ \dfrac{1}{6} \end{pmatrix} \mathrm{kgCO_{2e}} = 2.426 \mathrm{kgCO_{2e}}$$

（3）S1、S2和S3部门的碳排放计算

1）计算部门的最终需求。根据题目已知条件，S5模块单位活动水平需投入2.5个单位的产品4，1.75个单位的产品1，1.75个单位的产品2；S4模块单位活动水平需投入0.25个单位的产品1，0.25个单位的产品2，5个单位的产品3。依此构建S4和S5模块单位活动

水平对 S1、S2 和 S3 部门产品 1~3 的需求矩阵如下

$$\begin{matrix} & & 模块 S4 \quad 模块 S5 \end{matrix}$$

$$\boldsymbol{D} = \begin{matrix} 产品1 \\ 产品2 \\ 产品3 \end{matrix} \begin{pmatrix} 0.25 & 1.75 \\ 0.25 & 1.75 \\ 5 & 0 \end{pmatrix}$$

因此，结合 S4 和 S5 模块的规模向量可计算为获得单位目标产品时，对 S1、S2 和 S3 部门的最终需求的实物量为

$$\boldsymbol{Q}^{IO实物} = \boldsymbol{D} \cdot \boldsymbol{p} = \begin{pmatrix} 0.25 & 1.75 \\ 0.25 & 1.75 \\ 5 & 0 \end{pmatrix} \cdot \begin{pmatrix} \dfrac{2.5}{32.4} \\ \dfrac{1}{6} \end{pmatrix} = \begin{pmatrix} 0.311 \\ 0.311 \\ 0.386 \end{pmatrix}$$

结合表 2-6 给出的部门产品单价可得，部门最终需求的价值量为

$$\boldsymbol{Q}^{IO} = \begin{pmatrix} 1 & 0 & 0 \\ 0 & 1 & 0 \\ 0 & 0 & 2 \end{pmatrix} \cdot \begin{pmatrix} 0.311 \\ 0.311 \\ 0.386 \end{pmatrix} 元 = \begin{pmatrix} 0.311 \\ 0.311 \\ 0.772 \end{pmatrix} 元$$

2）确定部门的直接碳排放强度。根据表 2-6 数据可知，部门的直接碳排放强度向量为

$$\boldsymbol{\varepsilon}^{IO} = \begin{pmatrix} 0.039 & 0.032 & 0.041 \end{pmatrix} kgCO_{2e}/元$$

3）确定部门的直接消耗系数矩阵。根据表 2-5 的投入产出流量表，根据式（2-12）计算直接消耗系数

$$a_{11} = \frac{X_{11}}{X_1} = \frac{150}{770} \approx 0.1948 ; \quad a_{12} = \frac{X_{12}}{X_2} = \frac{250}{870} \approx 0.2874 ; \quad a_{13} = \frac{X_{13}}{X_3} = \frac{150}{1010} \approx 0.1485 ;$$

$$a_{21} = \frac{X_{21}}{X_1} = \frac{300}{770} \approx 0.3896 ; \quad a_{22} = \frac{X_{22}}{X_2} = \frac{210}{870} \approx 0.2414 ; \quad a_{23} = \frac{X_{23}}{X_3} = \frac{220}{1010} \approx 0.2178 ;$$

$$a_{31} = \frac{X_{31}}{X_1} = \frac{250}{770} \approx 0.3247 ; \quad a_{32} = \frac{X_{32}}{X_2} = \frac{222}{870} \approx 0.2552 ; \quad a_{23} = \frac{X_{23}}{X_3} = \frac{295}{1010} \approx 0.2921 。$$

则直接消耗系数矩阵为

$$\boldsymbol{A}^{IO} = \begin{pmatrix} 0.1948 & 0.2874 & 0.1485 \\ 0.3896 & 0.2414 & 0.2178 \\ 0.3247 & 0.2552 & 0.2921 \end{pmatrix}$$

4）计算完全需求系数矩阵。

$$\overline{\boldsymbol{B}}^{IO} = (\boldsymbol{I} - \boldsymbol{A}^{IO})^{-1} = \begin{pmatrix} 2.0338 & 1.0196 & 0.7403 \\ 1.4639 & 2.2043 & 0.9853 \\ 1.4606 & 1.2623 & 2.1074 \end{pmatrix}$$

5）计算 S1、S2 和 S3 部门的碳排放量。由式（2-61），可计算获得 1 个单位的目标产品，S1、S2 和 S3 部门的碳排放量为

$$E^{IO} = \boldsymbol{\varepsilon}^{IO} \cdot (\boldsymbol{I} - \boldsymbol{A}^{IO})^{-1} \cdot \boldsymbol{Q}^{IO}$$

$$= \begin{pmatrix} 0.039 & 0.032 & 0.041 \end{pmatrix} \cdot \begin{pmatrix} 2.0338 & 1.0196 & 0.7403 \\ 1.4639 & 2.2043 & 0.9853 \\ 1.4606 & 1.2623 & 2.1074 \end{pmatrix} \cdot \begin{pmatrix} 0.311 \\ 0.311 \\ 0.772 \end{pmatrix} kgCO_{2e}$$

$$= 0.222 kgCO_{2e}$$

（4）产品系统的碳排放总量　将模块 S4、S5 基于过程的碳排放计算量与部门 S1、S2 和 S3 基于投入产出分析的碳排放计算量相加可得，每生产 1 个功能单位的目标产品，碳排放总量为

$$E^{TH} = E^{P} + E^{IO} = 2.426 kgCO_{2e} + 0.222 kgCO_{2e} = 2.648 kgCO_{2e}$$

方法 2：采用分层混合法的简化模型，即式（2-62）计算。

（1）计算方法的系统边界确定　系统边界与方法 1 相同，此处不再重复。

（2）S4 和 S5 模块的碳排放计算　分析题目条件可知，模块 S5 单位活动水平的目标产品产出量为 6 个单位，因此，为获得 1 个功能单位的目标产品，S5 模块的活动水平为 $Q_5^P = \dfrac{1}{6}$。

根据已知条件，模块 S5 的单位活动水平的碳排放量（碳排放因子）为 $\varepsilon_5^P = 9 kgCO_{2e}$，因此为获得 1 个功能单位的目标产品，模块 S5 的碳排放量为

$$E_5^P = \varepsilon_5^P \cdot Q_5^P = 9 kgCO_{2e} \times \frac{1}{6} = 1.5 kgCO_{2e}$$

S5 模块单位活动水平需要 2.5 个单位的产品 4，而 S4 模块单位活动水平可产出 5.4 个单位产品 4，因此，为获得 1 个功能单位的目标产品，S4 模块的活动水平为

$$Q_4^P = \frac{1}{6} \times 2.5 \times \frac{1}{5.4} = \frac{2.5}{32.4}$$

根据已知条件，模块 S4 的单位活动水平的碳排放量（碳排放因子）为 $\varepsilon_4^P = 12 kgCO_{2e}$，因此为获得 1 个功能单位的目标产品，模块 S4 的碳排放量为

$$E_4^P = \varepsilon_4^P \cdot Q_4^P = 12 kgCO_{2e} \times \frac{2.5}{32.4} \approx 0.926 kgCO_{2e}$$

因此，S4 和 S5 模块的碳排放量为

$$E^P = E_4^P + E_5^P = (1.5 + 0.926) kgCO_{2e} = 2.426 kgCO_{2e}$$

（3）S1、S2 和 S3 部门的碳排放计算　根据题目已知条件，S4 和 S5 模块单位活动水平分别需 0.25 个和 1.75 个单位的产品 1，上面分析得出为获得 1 个单位的目标产品，S4 和 S5 模块的活动水平为 $Q_4^P = \dfrac{2.5}{32.4}$ 和 $Q_5^P = \dfrac{1}{6}$，因此产品 1 的最终需求实物量为

$$Q_1^{IO,实物} = 0.25 \times \frac{2.5}{32.4} + 1.75 \times \frac{1}{6} \approx 0.311$$

根据产品 1 单价（1 元）计算可得其价值量为

$$Q_1^{IO} = 0.311 \times 1 元 \approx 0.311 元$$

同理，S4 和 S5 模块单位活动水平分别需 0.25 个和 1.75 个单位的产品 2，单价为 1 元，因此产品 2 的最终需求价值量为

$$Q_2^{IO} = \left(0.25 \times \frac{2.5}{32.4} + 1.75 \times \frac{1}{6} \right) \times 1 元 \approx 0.311 元$$

此外，S4 模块单位活动水平需 5 个单位的产品 3，单价为 2 元，因此产品 3 的最终需求价值量为

$$Q_3^{IO} = 5 \times \frac{2.5}{32.4} \times 2 \, 元 \approx 0.772 \, 元$$

前面已经计算得到了完全需求系数矩阵 $\overline{\boldsymbol{B}}^{IO}$，由式（2-58）可计算部门产品的隐含碳排放强度：

$$\zeta_1^{IO} = \sum_{i=1}^{3} g_{i1} = \sum_{i=1}^{3} \varepsilon_i \overline{b}_{i1} = (0.039 \times 2.0338 + 0.032 \times 1.4639 + 0.041 \times 1.4606) kgCO_{2e}/元 \approx 0.186 kgCO_{2e}/元$$

$$\zeta_2^{IO} = \sum_{i=1}^{3} g_{i2} = \sum_{i=1}^{3} \varepsilon_i \overline{b}_{i2} = (0.039 \times 1.0196 + 0.032 \times 2.2043 + 0.041 \times 1.2623) kgCO_{2e}/元 \approx 0.162 kgCO_{2e}/元$$

$$\zeta_3^{IO} = \sum_{i=1}^{3} g_{i3} = \sum_{i=1}^{3} \varepsilon_i \overline{b}_{i3} = (0.039 \times 0.7403 + 0.032 \times 0.9853 + 0.041 \times 2.1074) kgCO_{2e}/元 \approx 0.147 kgCO_{2e}/元$$

由此根据式（2-62）计算可得

$$E^{IO} = \sum_{k'} \zeta_{k'}^{IO} Q_{k'}^{IO} = (0.186 \times 0.311 + 0.162 \times 0.311 + 0.147 \times 0.772) kgCO_{2e} \approx 0.222 kgCO_{2e}$$

（4）产品系统的碳排放总量 将模块 S4、S5 基于过程的碳排放计算量与部门 S1、S2 和 S3 基于投入产出分析的碳排放计算量相加可得，每生产 1 个功能单位的目标产品，碳排放总量为

$$E^{TH} = E^P + E^{IO} = 2.426 kgCO_{2e} + 0.222 kgCO_{2e} = 2.648 kgCO_{2e}$$

显然，简化计算模型与基本模型得到的产品系统碳排放量结果是一致的。

2.4.2 投入产出混合法

传统的投入产出法由于纯部门假定、部门数量受限、无法分析使用和处置阶段等原因，用于微观问题的计算精度较差。为此，投入产出混合法应运而生。它利用一定的科学方法对投入产出表进行部门细分后，再按照碳排放投入产出分析的基本原理进行计算，并对使用和处置阶段进行补充分析，以提高计算结果的准确性与适用性。

例如，根据计算需要，按能源消耗与产品产出比例将部门 j 拆分为 r 个子部门，则原有 n 阶直接消耗系数矩阵 $\boldsymbol{A}_{nn}$ 将扩展为 $(n+r-1)$ 阶系数矩阵 $\boldsymbol{A}'$。此时，碳排放量可按下式计算

$$E' = \boldsymbol{\varepsilon}'^{IO} \cdot (\boldsymbol{I} - \boldsymbol{A}'^{IO})^{-1} \cdot \boldsymbol{Q}'^{IO} \tag{2-64}$$

在此基础上，采用基于过程的计算方法补充分析产品系统在使用和废弃处置阶段的碳排放量，则投入产出混合法的计算模型可表示为

$$E_{IOH} = \boldsymbol{\varepsilon}'^P \cdot (\boldsymbol{A}'^P)^{-1} \cdot \boldsymbol{Q}'^P + \boldsymbol{\varepsilon}'^{IO} \cdot (\boldsymbol{I} - \boldsymbol{A}'^{IO})^{-1} \cdot \boldsymbol{Q}'^{IO} \tag{2-65}$$

式中　E_{IOH}——按投入产出混合法计算的碳排放量；

　　　$\boldsymbol{\varepsilon}'^{IO}$——扩展后的部门直接碳排放强度向量；

　　　$\boldsymbol{A}'^{IO}$——扩展后的直接消耗系数矩阵；

　　　$\boldsymbol{Q}'^{IO}$——扩展后的部门产品最终需求向量；

　　　$\boldsymbol{\varepsilon}'^P$——产品系统使用及处置阶段的碳排放因子向量；

　　　$\boldsymbol{A}'^P$——产品系统使用及处置阶段的技术矩阵；

　　　$\boldsymbol{Q}'^P$——产品系统使用及处置阶段的活动水平。

需要注意的是，投入产出混合法以详细的产品与环境流量数据为基础，通过部门拆分提

高原有投入产出表的数据详细度，但也显著地增加了计算难度。其主要原因如下：

1）部门拆分需要整理分析大量的附加产品流数据，数据处理复杂。

2）投入产出表拓展的成功与否及精度如何，高度依赖于附加数据的准确性与详实度，导致该方法的可靠性通常难于准确评估，为计算结果的应用造成了阻碍。

2.4.3 整合的混合法

整合的混合法指利用基可过程的方法进行产品系统中主要流程的碳排放计算，而利用投入产出法进行上下游过程的附加分析。定义上游截断误差矩阵 $\boldsymbol{C}^{\mathrm{u}} = |C_{ij}^{\mathrm{u}}|$，其中 C_{ij}^{u} 代表 j 产品基于过程的分析中被忽略的产品 i 的价值量，以及下游截断误差矩阵 $\boldsymbol{C}^{\mathrm{d}} = |C_{ij}^{\mathrm{d}}|$，其中 C_{ij}^{d} 代表 j 产品投入产出分析中被忽略的产品 i 的实物量。据此按分块矩阵将过程分析和投入产出分析模型进行整合，得到新的技术矩阵 $\boldsymbol{A}_{\mathrm{IH}}$：

$$\boldsymbol{A}_{\mathrm{IH}} = \begin{pmatrix} \boldsymbol{A}^{\mathrm{P}} & \boldsymbol{C}^{\mathrm{d}} \\ \boldsymbol{C}^{\mathrm{u}} & (\boldsymbol{I} - \boldsymbol{A}^{\mathrm{IO}}) \end{pmatrix} \qquad (2\text{-}66)$$

并采用 $\boldsymbol{A}_{\mathrm{IH}}$ 替换式（2-6）中的技术矩阵 $\boldsymbol{A}$，完成碳排放计算。

理论上，分层混合法通过投入产出分析，附加计算主要流程活动水平 $\boldsymbol{Q}^{\mathrm{IO}}$ 对应的碳排放量以拓展系统边界；投入产出混合法通过附加计算使用及废弃处置过程活动水平 $\boldsymbol{Q}^{\prime\mathrm{P}}$ 对应的碳排放量以拓展系统边界；而整合的混合法通过考虑上下游过程，建立统一的技术矩阵，系统边界定义是完备的，计算结果也应更为可靠。但对于实际问题，由于按式（2-66）建立统一的技术矩阵极为烦琐与复杂，限制了该方法的工程应用。

2.5 碳排放的实测法

实测法（direct measurement）或称直接测量法，指采用标准计量仪器（见图 2-10）和实验手段对碳排放源进行直接监测而获得碳排放量化数据（如浓度、流量、质量等）的方法。理论上，实测法的基础数据要通过科学、合理地收集、分析代表性样品得到，计量结果来源于对碳排放源的直接监测，可代表真实的碳排放量水平，因而精度高、数据准确。但实际上，由于受监测条件、计量仪器、成本投入等多方面因素的限制，实测法难以全面地应用于一般性的碳排放量化。在宏观层面上，实测法主要应用于地域性的逐时 CO_2 含量监测；而在微观层面上，实测法主要应用于特定生产过程的碳排放因子测量，如化石能源燃烧及含碳化合物化学反应过程的碳排放计量等。采用实测法获

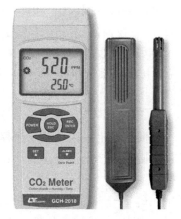

图 2-10 CO_2 浓度计

得的能源碳排放因子是碳排放计量的基础性数据，直接影响着各类产品碳排放量化结果的准确性，因而通过技术手段改善实测法的计量精度具有重要意义。

【例 2-6】 将某生产过程中的 CO_2 通入足量的澄清石灰水中，发生下列化学反应：

$$\mathrm{Ca(OH)_2} + CO_2 = CaCO_3 \downarrow + H_2O$$

通过试验测量得出生成的沉淀物质量为 100g，计算该生产过程释放的 CO_2 质量。

解：$CaCO_3$ 的相对分子质量为 100，CO_2 的相对分子质量为 44，根据质量守恒定律，可计算 CO_2 的质量为

$$m_{CO_2} = \frac{44}{100} \cdot m_{CaCO_3} = 44g$$

2.6 本章习题

2.6.1 知识考查

1. 简述生命周期评价的基本步骤。

2. 某面包机的产品系统简化流程如图 2-11 所示，以 1 个"用过的面包机"为功能单位，采用基于过程的方法进行碳排放量分析。

1）将整个生命周期分为原材料制备、面包机生产、面包机运行和面包机废弃处置四个阶段，采用基本模型分别计算每一阶段的碳排放量。

2）采用拓展模型计算面包机的生命周期碳排放量。

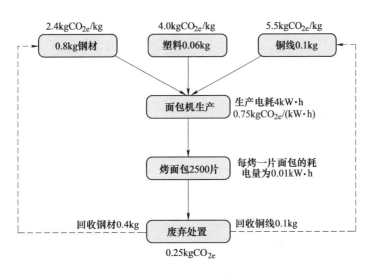

图 2-11 面包机的产品系统简化流程

3. 某仅包含三个部门的价值型投入产出表见表 2-7，且已知部门 1~3 的直接碳排放量分别为 $12tCO_2e$、$12tCO_2e$ 和 $24tCO_2e$，计算各部门最终产品的隐含碳排放强度及隐含碳排放量。

4. 结合课程所学，总结基于过程的计算方法和投入产出分析方法用于碳排放计算的优缺点。

5. 结合式（2-61）和式（2-65）讨论分层混合法和投入产出混合法的区别。

表 2-7　价值型投入产出表　　　　　　　　（单位：万元）

投入		中间需求			最终产品	总产品
		部门 1	部门 2	部门 3		
中间投入	部门 1	8	5	4	3	20
	部门 2	3	3	2	4	12
	部门 3	4	2	4	6	16
增加值		5	2	6		

2.6.2　拓展讨论

1. 结合课程所学，思考采用生命周期评价方法用于建筑碳排放核算，对实现全社会、全行业低碳发展有何意义？

2. 查阅资料，了解我国编制投入产出表的背景与发展现状。

碳排放因子核算方法 第3章

 **本章导读：**

第2章介绍了生命周期评价的基本概念与评价程序，并重点介绍了产品系统碳排放计算的三种方法：基于过程的计算方法、投入产出分析法及混合式方法（特别是分层混合法）。通过第2章的学习可以发现，无论采用哪种方法进行碳排放计算，产品系统或部门的碳排放因子都是不可或缺的基础数据。为此，围绕单体建筑和建筑碳排放核算的目标，本章将介绍如何采用第2章的方法实现能源、材料、机械、运输及其他产业服务等的碳排放因子核算，为后续内容的奠定基础。

学习要点：

- 掌握碳排放因子的基本概念与数据核算的一般方法。
- 掌握能源碳排放因子的核算方法。
- 掌握建筑材料碳排放因子的核算方法。
- 掌握机械设备碳排放因子的核算方法。
- 了解不同运输方式及其他服务碳排放因子的核算方法。

3.1 理论框架

3.1.1 基本概念

从产品系统的角度来说，碳排放因子（carbon emission factor）指某一流程（过程）单位活动水平的碳排放量，即将活动水平数据与碳排放量相对应的系数。从最终产出的角度来说，碳排放因子可定义为在设定的系统边界范围内，为获得1个功能单位目标产品所产生的碳排放量。碳排放因子在实际应用中，也有碳排放强度（carbon emission intensity）、碳排放系数（carbon emission coefficient）等多种表述方式。

3.1.2 一般程序

碳排放因子核算的一般程序如图3-1所示。

1）目标确定。绘制核算对象的系统流程图，确定关键类别，明确碳排放因子核算的系统边界、功能单位与适用方法。

2）数据搜集。通过现场调研、理论分析、资料整理等多种手段结合，确定产品流（服务流）与主要流程的活动水平数据。作为碳排放因子核算的基础性工作，数据搜集活动应制定适当的验证、归档和核查程序。

3）清单分析。依据系统流程图与活动水平数据，采用第2章介绍的碳排放计算方法，进行清单数据分析，获得各流程的碳足迹。

4）数据标定。根据清单分析结果，标定产品或服务的碳排放因子。

5）质量控制。对碳排放因子核算结果的透明性、完整性、一致性、可比性和准确性等进行评价。

图 3-1　碳排放因子核算的一般程序

3.1.3　关键类别

关键类别指从碳排放贡献和不确定性角度，对碳排放因子核算结果有重要影响的系统流程、产品流、服务流、温室气体种类等。在识别关键类别的基础上，采用更准确的清单数据与方法进行碳排放核算，对提高碳排放因子的数据质量具有重要作用。确定关键类别可采用以下累计排放贡献、累计不确定性贡献等指标。

1. 累计排放贡献

使用预先设定的累计排放贡献阈值确定关键类别，即将各流程或产品（服务）流的碳排放量贡献按降序排列时，其总和达到系统碳排放总量一定比例（阈值）的类别作为关键类别。一般来说，累计排放贡献阈值选用 90% 或 95%。具体步骤如下：

1）按下式确定类别 x 的碳排放贡献 L_x

$$L_x = \frac{|E_x|}{\sum\limits_{x=1}^{n} |E_x|} \tag{3-1}$$

式中　E_x——类别 $x(x=1,2,\cdots,n)$ 的碳排放量。

2）将类别 x 依据 L_x 降序排列。

3）计算前 k 个类别的累计碳排放贡献 $\sum\limits_{x=1}^{k} L_x$。

4）若 $\sum\limits_{x=1}^{k} L_x / \sum\limits_{x=1}^{n} L_x$ 大于设定的累计排放阈值，则前 k 个类别为关键类别。

2. 累计不确定性贡献

使用预先设定的不确定性贡献阈值确定关键类别，即将各流程或产品（服务）流对碳排放因子不确定性的贡献按降序排列时，其总和达到总体不确定性水平一定比例（阈值）的类别作为关键类别。一般来说，具体步骤如下：

1）按下式确定类别 x 的不确定性贡献 LU_x

$$LU_x = \frac{|L_x U_x|}{\sum_{x=1}^{n} |L_x U_x|}$$

(3-2)

式中　U_x——类别 x 碳排放量的不确定性百分比。

2）将类别 x 依据 LU_x 降序排列。

3）计算前 k 个类别的累计不确定性贡献 $\sum_{x=1}^{k} LU_x$。

4）若 $\sum_{x=1}^{k} LU_x / \sum_{x=1}^{n} LU_x$ 大于设定的累计阈值，则前 k 个类别为关键类别。

3.1.4 系统边界

严格来说，按照生命周期评价理论，各种能源、材料、机械、运输及其他服务的碳排放因子核算应完整考虑生产、使用与处置的全过程。但受实际条件所限，一般需在一定程度上牺牲系统边界的完备性，在保证数据可靠性满足要求的前提下，降低核算难度与工作量。

1. 能源

（1）化石能源　化石能源产生碳排放的途径主要有能源开采过程的 CH_4 等气体逸散、能源运输及存储消耗、燃烧过程的 CO_2 等温室气体排放。在终端用能碳排放的核算中，一般不计入能源开采、运输及存储等上游过程产生的碳排放，仅计入化石能源燃烧过程的碳排放。需要注意的是，当化石能源用于除燃烧供能外的其他用途时，要视具体情况考虑是否产生碳排放。例如，当煤炭作为钢铁冶炼中的还原剂使用时，会产生 CO_2 等气体；而当油品作为有机溶剂使用时，一般不会产生温室气体。

（2）汽油、柴油、液化石油气　石油制品等二次能源产生碳排放的途径主要有能源生产、加工与转换、能源运输及存储消耗、燃烧过程的 CO_2 等温室气体排放。与化石能源类似，一般在终端用能碳排放核算中仅计入能源燃烧过程的碳排放。

（3）电力与热力　电力与热力的碳排放主要来自能源生产、加工与转换过程，而在实际使用过程并不产生碳排放。一般来说，从"消费者负责"的视角，终端用电、用热需计入电力、热力生产与供应过程的碳排放（间接碳排放）。

（4）生物质能　一般来说，生物质能用于制取沼气或直接燃烧供能时会产生 CO_2、CH_4、N_2O 等温室气体。然而，在建筑等产品系统终端用能的碳排放计算中一般可不计入生物质能利用的碳排放。其主要原因是，生物质能来自植物光合作用转化的太阳能，产生的碳排放来自植物生长过程的固碳，这种固碳作用需在整个地球生态系统的碳循环中考虑。

（5）其他清洁能源　太阳能、风能、水能、核能等清洁能源利用的碳排放主要来自设备生产、运行维护等上游产业过程，在能源使用过程中不会产生碳排放。一般来说，在终端用能碳排放的计算中可不计入清洁能源利用的碳排放。

📖 **延伸阅读：关于能源的一些专用名词解释**

● 一次能源：自然界中以原有形式存在的、未经加工转换的能量资源，又称天然能源，如煤炭、石油、天然气、水能等。一次能源可分为可再生能源和不可再生能源。

● 不可再生能源：在自然界中经过亿万年形成，短期内无法恢复且随着大规模开发利用，储量越来越少、并可能枯竭的能源，包括煤、原油、天然气、油页岩、核能等。

- 可再生能源：在自然界中可以不断再生、永续利用、取之不尽、用之不竭的能源资源，包括太阳能、风能、水能、生物质能、地热能、海洋能等。
- 二次能源：由一次能源加工转换而成的能源产品，如电力、煤气、蒸汽、汽油、柴油、其他石油制品、氢能等。
- 清洁能源：即绿色能源，指不排放污染物、能够直接用于生产与生活的能源，包括核能和可再生能源等。
- 化石能源：碳氢化合物或其衍生物，可分为煤炭、石油和天然气。目前的主流观点认为，化石能源是由古代生物的化石沉积而来，属于不可再生能源。
- 生物质能：从太阳能转化而来，通过植物的光合作用将太阳能转化为化学能，储存在生物质内部。生物质能利用的主要方式包括作为燃料使用和制取沼气、酒精等。
- 上网电量：发电厂在计量点向供电企业（电网）输入的电量，即发电厂向供电企业出售的电量。发电企业向市场出售的电量称为净上网电量或落地电量。
- 终端用电量：终端用电设备入口得到的电能。
- 标准煤：也称煤当量，由于煤炭、石油、天然气、电力及其他能源的发热量不同，为了使它们能够进行比较，以便计算、考察国民经济各部门的能源消费量及其利用效果，通常采用标准煤这一标准折算单位。因此，标准煤是一种具有标准含热量的假想能源，作为不同品种能源按含热量折算时的统一计算单位。标准煤的热值定义为7000kcal/kgce，约29.3MJ/kgce。
- 标准油：也称油当量，与标准煤的概念相近，也是一种具有标准含热量（10000kcal/kg）的假想能源。我国当前化石能源消费仍以煤炭为主，因此标准煤在我国能源统计中使用较多，而标准油在国际上使用较多。
- 净热值：以总热值减去水的汽化热后所得到的热值。

2. 材料

材料产生碳排放的主要途径包括原料获取与加工、材料生产制造、材料使用及废弃处置的全生命周期过程。材料碳排放因子核算应结合材料性质、特点与工艺流程确定系统边界。以混凝土为例，原料获取与加工阶段，由于利用了水泥、砂、石、水、外加剂等原料，会在原料生产、运输及加工流程中产生碳排放；材料生产制造阶段，混凝土的搅拌、养护需消耗电能，产生间接碳排放；使用阶段，混凝土内的碱性物质会吸收并固定环境中的 CO_2（混凝土的碳化，一般不考虑）；废弃处置阶段，若利用废弃混凝土生产再生混凝土，则可考虑材料循环再生的间接减排。

3. 机械

机械产生碳排放的主要途径包括机械运行耗能、机械折旧与维护。目前，包括《建筑碳排放计算标准》（GB/T 51366—2019）在内的相关标准，一般仅考虑机械运行能耗产生的碳排放。

4. 运输及其他服务

运输过程一般仅计入运输载具消耗能源而产生的碳排放。

其他各类产业服务的碳排放来源复杂，一般情况下不再具体定义其系统边界，而是通过所属经济部门进行碳排放的核算，相当于考虑了全产业链的生产关联。

3.1.5 功能单位与计量单位

1. 能源

（1）化石能源与生物质能 煤炭、石油、天然气等化石能源与有机垃圾、农作物秸秆、禽畜粪便等生物质能的碳排放计算常以"净热值""质量"或"体积"作为功能单位，相应碳排放因子的计量单位常分别取"$kgCO_{2e}/MJ$""$kgCO_{2e}/kg$"和"$kgCO_{2e}/m^3$"等。

（2）电力、热力等二次能源 从生产者角度来说，电力（包括化石能源发电及清洁发电）、热力的碳排放计算常以"发电量""净上网电量""供热量"等作为功能单位；而从消费角度来说，电力、热力的碳排放计算常以"终端用电量""终端用热量"作为功能单位，相应碳排放因子的计量单位常采用"$kgCO_{2e}/(kW \cdot h)$"和"$kgCO_{2e}/MJ$"等。

（3）标准煤、标准油 有些情况下，若仅掌握能源消耗的总体情况，则在能源碳排放计算时常以"标准煤""标准油"作为功能单位，相应的碳排放因子计量单位常采用"$kgCO_{2e}/kgce$"等。

2. 材料

材料的碳排放计量常以"质量""体积""面积"或"长度"等作为功能单位，相应碳排放因子的计量单位常采用"$kgCO_{2e}/kg$""$kgCO_{2e}/m^3$""$kgCO_{2e}/m^2$"和"$kgCO_{2e}/m$"等。具体来说，常见的建筑材料的碳排放计量的功能单位如下：

1）水、砂石、木材等采用"质量"和"体积"作为功能单位，相应的碳排放因子可根据材料的密度进行换算。

2）黏土、石灰、石膏、粉煤灰、滑石粉等建材原料常以"质量"作为功能单位。

3）钢、铁等金属材料常以"质量"作为功能单位，型钢等也经常采用"长度"作为功能单位。

4）砖与砌块等块体材料，常采用"体积"或"数量"作为功能单位，两者可通过单块块体材料的体积进行换算。

5）混凝土、砂浆等混合材料、建筑保温材料等，常采用"体积"作为功能单位。

6）木模板、石膏板等板材类，墙地面瓷砖、建筑玻璃、防水卷材等常以"面积"作为功能单位，可根据其厚度进行碳排放因子的换算。

3. 机械

工程机械的碳排放计算常以"工作时间"作为功能单位，相应碳排放因子的计量单位采用"$kgCO_{2e}/台班$"等。其中，台班指机器设备单位时间利用情况的一种复合计量单位，"台"指机械设备的单位，"班"指"工作按时间分成的段落"。一般来说，8 个小时为一班。

4. 运输

运输过程的碳排放计算常以"货运量"（货物重量与运输距离的乘积）作为功能单位，相应碳排放因子的计量单位常采用"$kgCO_{2e}/(t \cdot km)$"等。

5. 服务

各种其他服务通常不能以实物量表示，而常采用货币价值描述，因此其碳排放计算常以"货币价值"为功能单位，相应碳排放因子的计量单位采用"$kgCO_{2e}/元$""$tCO_{2e}/万元$"等。

3.1.6 数据搜集

1. 数据来源

理论上，各类能源、材料等的碳排放因子具有显著的地域性差异，并受到技术、管理等多方面因素的影响，因此不同地区或企业、不同生产批次的能源或材料碳排放因子不尽相同。为方便计算与应用，一般情况下可在充分考虑数据来源、核算手段、地域特点、技术相关性与时效性等因素的前提下，采用权威机构、部门及科研单位等公布的碳排放因子，以及企业自行核算并经认证的碳排放因子。碳排放因子及相关基础数据的常用来源如下：

（1）我国相关部门公布的数据 如国家统计局每年发布的统计年鉴资料中，给出了常用能源的净发热值、钢材和水泥的综合生产能耗数据；国家发展和改革委员会近年来公布了区域电网基准线排放因子数据，而《省级温室气体清单编制指南（试行）》给出主要工业产品生产的直接碳排放因子推荐值；国务院机关事务管理局发布的《公共机构能源资源消费统计制度》对能源热值、氧化率等进行了统一规定。这些数据，一部分可直接作为碳排放因子的基准值，另一部分可作为碳排放因子核算的重要基础资料。关于这些数据的具体应用将在本章后续内容及例题中逐步介绍。

（2）相关规范、标准的指导性数据 我国 2019 年颁布实施了《建筑碳排放计算标准》（GB/T 51366—2019），给出了部分常用化石能源、运输方式，以及水泥、钢材等大宗建材的碳排放因子取值；有关建材产品生产能耗限值、绿色建材评价的国家及行业协会标准对材料生产用能情况作了规定，也可作为碳排放因子核算的参考依据。

（3）国内专项、专题研究的成果 如中国工程院和国家环境局的温室气体控制项目、国家科学技术委员会的气候变化项目，以及绿色奥运建筑研究项目等。

（4）国际机构发布的报告与数据库 如政府间气候变化专门委员会发布的《国家温室气体清单指南》（简称 IPCC 2006）、IPCC 在线排放因子数据查询系统、Ecoinvent 生命周期清单数据、各国生命周期评价的清单数据库等。

（5）其他科研单位及个人的成果 如英国巴斯大学的 ICE 数据报告、Athena Institute 和加泰罗尼亚建筑技术研究院的相关研究资料，以及国内外众多科技工作者的长期科研成果。

2. 数据选择

在"双碳"目标背景下，我国在 2021 年 7 月已正式上线运行了全国碳排放权交易平台。目前在能源与工业生产领域已逐步开展碳排放权配额与交易管理，相应的能源及工业产品的碳排放核算工作也在有序开展。在尚未形成统一数据库的情况下，考虑到数据权威性、准确性与有效性等因素，在选择碳排放因子数据时应注意以下要求：

1）优先采用我国相关部门发布的权威数据，以及各级、各类规范、标准提供的强制性或推荐性数据。

2）选用国际机构、科研单位及相关研究人员发布的数据时，应注意与我国生产技术、工艺、工法的相关性，避免产生较大数据误差。

3）根据已有资料进行碳排放因子核算时，应保障数据来源可靠，合理选择功能单位与系统边界，并科学利用生命周期评价的相关理论。

3.1.7　核算方法

产品或服务的碳排放因子核算可采用第 2 章介绍的生命周期评价方法，即基于过程的计算方法、投入产出分析法、混合式方法和实测法。然而，考虑到不同产品或服务的自身特点，在数据搜集与方法选用上应注意其差异性。图 3-2 总结了一次能源、二次能源、建筑材料、机械设备、运输方式与其他服务碳排放因子核算的主要方法与数据要求，具体内容将在后续章节中逐步介绍。

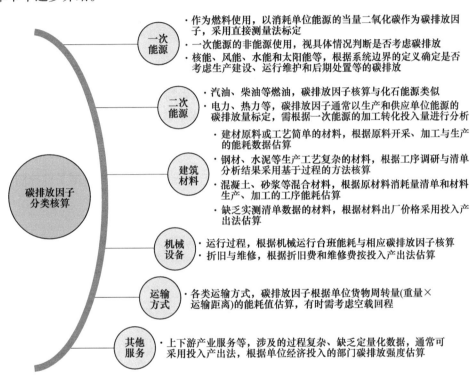

图 3-2　碳排放因子分类核算的一般方法

3.1.8　质量控制

1. 工作内容

质量控制（quality control）指为达到质量要求所采取的作业技术和活动。在碳排放因子核算中，质量控制的主要目的是评估与保证数据质量，具体来说包括以下内容：

1）分析并评价方法的适用性，数据的一致性、准确性和完整性。

2）确认并解决数据误差及疏漏问题。

3）数据归档记录，记录质量控制活动，便于后续分析或更新。

2. 主要指标

质量控制的主要指标包括以下五项：

1）透明性。有充足且清晰的核算过程，保证核算过程与数据的可信度。

2）完整性。在定义的系统边界内，完成所有类别，特别是关键类别的碳排放核算。

3）一致性。碳排放因子核算中保持数据来源与计算方法的统一。

4）可比性。依据标准化方法进行数据核算，保证数据可比。

5）准确性。采用适当方法与措施降低核算数据与实际数据的偏差。

3.1.9 不确定性分析

1. 基本概念与来源

碳排放因子核算的不确定性（uncertainty）指由于缺乏对客观真实数据的了解，导致在核算数据与真实数据之间出现的差异性，这一差异可以采用概率密度函数来描述。核算结果的不确定性可通过概念与经验、统计分析、专家判断等方法予以评价或处理，其产生原因主要包括以下方面：

1）完整性不足。由于系统边界或计量方法所限，导致无法进行相应的数据核算。

2）模型简化。对真实产品系统或理论计算方法所做简化引起的数据偏差。

3）数据缺失。部分流程或产品（服务）的活动水平数据无法获取或估计。

4）代表性不足。所收集数据不能准确地反映实际生产或使用过程与碳排放水平的相关性（如地域相关性、技术相关性、时间相关性等）。

5）随机抽样误差。数据样本搜集时的随机误差，可通过增加样本数据予以控制。

6）测量误差。来自数据与信息测量、记录和处理过程中的误差。

7）人为错误。在数据搜集、分析与核算过程中产生的人为错误。

8）丢失数据。受测量手段与工具精度、量程所限，而无法测量数据或信息。

📖 延伸阅读：关于数据的准度与精度（见图3-3）

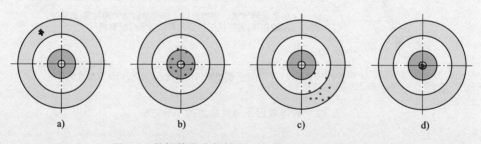

图3-3 数据的准度与精度（引自 IPCC 2006 报告）

a）准度低、精度高　b）准度高、精度低　c）准度低、精度低　d）准度高、精度高

● 准度（accuracy）：真实值与重复测量的观测值或核算结果平均值的一致性。准度越高，说明数据的系统误差越小。

● 精度（precision）：同一个变量在多次重复测量或核算时结果的一致性。精度越高，说明数据的随机误差越小。

2. 不确定性控制方法

碳排放因子核算时应尽量降低不确定性，并可重点考虑对整个清单分析结果不确定性有重要影响的流程或产品流。根据不确定性的产生原因，可从以下方面进行控制：

1）改进模型。改进模型结构和参数，以更好地了解和描述系统误差和随机误差。

2）提高数据的代表性。如对于燃料燃烧的碳排放因子测定，可使用连续排放监测系统得到不同燃烧阶段的数据，从而更准确地描述其碳排放属性。

3）使用更精确的测量与计算方法，包括提高测量、计算方法的准确度和考虑使用特定的数据校准技术、措施等。

4）增加数据样本。增加样本容量以降低与随机取样误差相关的不确定性，填补数据漏缺减少偏差和随机误差。

5）消除已知偏差。确保量测工具可靠校准，核算模型及过程准确且具有代表性。

6）降低人为错误。增加核算人员的专业能力，及时纠正问题与错误，适时、适当引入专家判断或人工智能判断机制。

3. 不确定性估计

通常来说，不确定性可通过统计学上估算置信区间的方式，将数据平均值以"±百分比"的区间来表示，如 $100(1\pm5\%)t$。其主要步骤如下：

1）选择置信度，一般来说可取 95%。

2）根据选择的置信度确定 t 值，样本数与 t 值的对应关系可参考表 3-1。

表 3-1　样本数与 t 值的对应关系

测量样本数	3	5	8	10	50	100	$+\infty$
95%置信度下 t 值	4.30	2.78	2.37	2.26	2.01	1.98	1.96

3）计算样本平均值 $\overline{X}$ 与标准偏差 S：

$$\overline{X} = \frac{1}{n}\sum_{k=1}^{n} X_k ; S = \sqrt{\frac{1}{n-1}\sum_{k=1}^{n}\left(X_k - \overline{X}\right)^2}。$$

4）计算置信区间：$\left[\overline{X}-\dfrac{St}{\sqrt{n}};\ \overline{X}+\dfrac{St}{\sqrt{n}}\right]$。

5）将以上置信区间以百分比形式表示为：$\overline{X}\pm\dfrac{St}{\overline{X}\sqrt{n}}\times100\%$。

6）对多个因素或来源的不确定性进行合并，可采用蒙特卡洛模拟方法或简单误差传递公式。采用后者时，对于碳排放因子核算的不确定性分析，主要应用加减运算的误差传递公式（3-3）和乘除运算的误差传递公式（3-4）。

$$U_c = \frac{\sqrt{\left(U_{s1}\mu_{s1}\right)^2 + \left(U_{s2}\mu_{s2}\right)^2 + \cdots + \left(U_{sn}\mu_{sn}\right)^2}}{|\mu_{s1} + \mu_{s2} + \cdots + \mu_{sn}|} = \frac{\sqrt{\sum_{n=1}^{N}\left(U_{sn}\mu_{sn}\right)^2}}{\left|\sum_{n=1}^{N}\mu_{sn}\right|} \tag{3-3}$$

$$U_m = \sqrt{U_{s1}^2 + U_{s2}^2 + \cdots + U_{sn}^2} = \sqrt{\sum_{n=1}^{N} U_{sn}^2} \tag{3-4}$$

式中　U_c——N 个估计值之和或差的不确定性（%）；

U_m——N 个估计值之积的不确定性（%）；

μ_{s1}——参数 s1 的估计值；

U_{s1}——参数 s1 估计值的不确定性（%）。

【例 3-1】　某产品系统包含 s1 和 s2 两个流程，每产出 1 个功能单位目标产品时，流程 s1 和流程 s2 的碳排放量分别为 10kgCO$_{2e}$ 和 5kgCO$_{2e}$，不确定性水平分别为±6% 和±20%。

1）根据误差传递公式计算目标产品碳排放因子的不确定性。

2）已知某生产线每小时可产出的目标产品数量为 500 个功能单位，不确定性水平为 ±5%，计算每小时产出品的隐含碳排放总量及不确定性。

解：1）根据加减运算的误差传递公式（3-3），可得目标产品碳排放因子的不确定性为

$$U_c = \frac{\sqrt{\sum\limits_{n=1}^{N}(U_{sn}\mu_{sn})^2}}{|\sum\limits_{n=1}^{N}\mu_{sn}|} = \frac{\sqrt{(0.06\times10)^2+(0.2\times5)^2}}{|10+5|} \approx 7.8\%$$

2）由已知条件可得每小时产出品的隐含碳排放总量，可根据单位产品的碳排放因子与目标产品数量计算，结果为

$$E = (10+5)\,\mathrm{kgCO_{2e}} \times 500 = 7500\,\mathrm{kgCO_{2e}}$$

利用乘除运算的误差传递公式（3-4），可得碳排放总量的不确定性为

$$U_m = \sqrt{0.078^2 + 0.05^2} \approx 9.3\%$$

3.2 能源碳排放因子核算

3.2.1 燃料燃烧

1. 核算方法

燃料燃烧产生的碳排放是全球人为碳排放的主要来源，其碳排放因子核算是各类产品系统碳排放量计算的基础性数据。依据 IPCC 2006 报告，燃料燃烧的碳排放因子可根据碳含量、氧化率等数据按下式核算

$$EF^{e'} = C_C R_0 \times \frac{44}{12} + C_{CH_4}\mathrm{GWP}_{CH_4} + C_{N_2O}\mathrm{GWP}_{N_2O} \tag{3-5}$$

式中 $EF^{e'}$——以"热值"为功能单位时能源的碳排放因子（$\mathrm{tCO_{2e}/TJ}$）；

$\quad C_C$——单位热值的碳含量（tC/TJ）；

$\quad R_0$——燃料燃烧过程中碳的氧化率；

$\quad C_{CH_4}$——CH_4 排放因子，即单位热值的 CH_4 排放量（$\mathrm{tCH_4/TJ}$）；

$\quad C_{N_2O}$——N_2O 排放因子，即单位热值的 N_2O 排放量（$\mathrm{tN_2O/TJ}$）；

$\quad \mathrm{GWP}_{CH_4}$——$CH_4$ 气体的全球变暖潜势值；

$\quad \mathrm{GWP}_{N_2O}$——$N_2O$ 气体的全球变暖潜势值。

当以质量或体积作为功能单位时，在式（3-5）的基础上，考虑燃料的热值可得

$$EF^e = 10^{-6}EF^{e'}q_v \tag{3-6}$$

式中 EF^e——以"质量"或"体积"为功能单位时能源的碳排放因子（$\mathrm{kgCO_{2e}/kg}$ 或 $\mathrm{kgCO_{2e}/m^3}$）；

$\quad q_v$——单位质量或体积燃料的净热值（低位发热值）（$\mathrm{kJ/kg}$ 或 $\mathrm{kJ/m^3}$）。

2. 数据获取

燃料燃烧碳排放因子的计算数据原则上需要通过实际测试获得，以便正确反映当地燃烧

设备的技术水平和排放特点，并应按用途区分移动源燃烧和固定源燃烧。无实测数据时，碳含量、氧化率、热值的默认数据可从《省级温室气体清单编制指南（试行）》（以下简称"省级指南"）、IPCC 2006 报告、《建筑碳排放计算标准》（GB/T 51366—2019）、《综合能耗计算通则》（GB/T 2589—2020）、《中国能源统计年鉴》《公共机构能源资源消费统计制度》等国际、国内相关机构发布的权威报告、资料与标准中获得。

（1）碳含量和氧化率　省级指南、IPCC 2006 报告等给出的常用燃料碳含量与氧化率数据见表 3-2。我国《建筑碳排放计算标准》（GB/T 51366—2019）采用省级指南的数据核算了单位热值的能源碳排放因子取值。

值得注意的是，表中所列碳含量与氧化率数据仅代表平均化的水平，实际根据燃料来源和终端用途的不同，上述指标会有一定差异。以燃煤的氧化率为例，对于能源生产、加工转换部门碳氧化率为 90%~98%，钢铁工业高炉的碳氧化率约为 90%，化工行业合成氨造气炉的碳氧化率为 90%~96%，水泥窑的碳氧化率可达 99%，而居民生活、农业、服务业等所用燃煤设备的碳氧化率仅为 72%~90%。

表 3-2　常用燃料的碳含量与氧化率

燃料类型	省级指南		IPCC 2006 报告		燃料类型	省级指南		IPCC 2006 报告	
	碳含量/（t/TJ）	氧化率（%）	碳含量/（t/TJ）	氧化率（%）		碳含量/（t/TJ）	氧化率（%）	碳含量/（t/TJ）	氧化率（%）
原煤	26.37				液化石油气	17.2	98	17.2	100
无烟煤	27.4	94	26.8	100	液化天然气	17.2	98	17.5	100
烟煤	26.1	93			炼厂干气	18.2	98		
褐煤	28.0	96	27.6	100	石脑油	20.0	98		
炼焦煤	25.4	98	25.8	100	沥青	22.0	98	22.0	100
型煤	33.6	90			润滑油	20.0	98	20.0	100
焦炭	29.5	93	29.2	100	石油焦	27.5	98	26.6	100
其他焦化产品	29.5	93			石化原料油	20.0	98	20.0	100
原油	20.1	98	20.0	100	其他油品	20.0	98	20.0	100
燃料油	21.1	98	21.1	100	焦炉煤气			12.1	100
汽油	18.9	98	18.9	100	高炉煤气			70.8	100
柴油	20.2	98	20.2	100	转炉煤气			49.6	100
航空汽油	19.5	98	19.1	100	天然气	15.3	99	15.3	100
煤油	19.6	98	19.5	100	其他石油制品			20.0	100

（2）CH_4 和 N_2O 排放因子　CH_4 和 N_2O 排放因子可以参考 IPCC 2006 报告（见表 3-3），并一般按 100 周期的 GWP 折算为当量二氧化碳排放量。值得注意的是，燃料燃烧产生的 CH_4、N_2O 气体量很少，《建筑碳排放计算标准》（GB/T 51366—2019）等在计量碳排放因子时，常忽略以上两类温室气体。

表 3-3　常用燃料的 CH₄ 和 N₂O 排放因子　　　（单位：kg/TJ）

燃料类型	CH_4 排放因子	N_2O 排放因子	燃料类型	CH_4 排放因子	N_2O 排放因子
无烟煤	1	1.5	液化石油气	1	0.1
褐煤	1	1.5	液化天然气	3	0.6
炼焦煤	1	1.5	沥青	3	0.6
焦炭	1	1.5	润滑油	3	0.6
原油	3	0.6	石油焦	3	0.6
燃料油	3	0.6	焦炉煤气	1	0.1
汽油	3	0.6	高炉煤气	1	0.1
柴油	3	0.6	转炉煤气	1	0.1
航空汽油	3	0.6	天然气	1	0.1
煤油	3	0.6	其他石油制品	3	0.3

（3）燃料的净热值　《综合能耗计算通则》（GB/T 2589—2020）、《中国能源统计年鉴》《公共机构能源资源消费统计制度》、IPCC 2006 报告中均给出了常用燃料的净热值（见表 3-4）。然而不同来源的数据存在一定差异，在进行碳排放因子核算时，需结合碳排放因子的应用场景综合判断燃料净热值的取值。

表 3-4　常用燃料的净热值　　　（单位：kJ/计量单位）

燃料类型	计量单位	综合能耗计算通则	中国能源统计年鉴	公共机构能源资源消费统计制度	IPCC 2006 报告
原煤	kg	20934	20908		
无烟煤	kg			25090	26700
褐煤	kg			10454~14636	11900
炼焦煤	kg			25090	28200
焦炭	kg	28470	28435	28435	28200
原油	kg	41868	41816	41816	42300
燃料油	kg	41868	41816	41816	40400
汽油	kg	43124	43070	43070	44300
柴油	kg	42705	42652	42652	43000
煤油	kg	43124	43070	43070	44100
液化石油气	kg	50242	50179	50179	47300
液化天然气	kg	51498		51434	44200
炼厂干气	kg	46055	45998	45998	
石脑油	kg			43907	
沥青	kg			38931	40200
润滑油	kg			41398	40200
石油焦	kg			31947	32500
焦炉煤气	m³	16747~18003	16726~17981	16726~17981	38700
高炉煤气	m³	3768		3763	2470
转炉煤气	m³			7945	7060
天然气	m³	32238~38979	32238~38931	32198~38889	48000

【例3-2】 已知某地区焦炭的实测碳含量为29.4t/TJ，燃烧炉的氧化率为92%，平均低位发热值为28500kJ/kg，CH_4 和 N_2O 排放因子按表3-2取值，GWP分别取29.8和273，核算焦炭的碳排放因子。

解：将题目已知条件代入式（3-5）可得以热值为功能单位的碳排放因子为

$$EF^{e'} = C_C R_O \times \frac{44}{12} + C_{CH_4} GWP_{CH_4} + C_{N_2O} GWP_{N_2O}$$

$$= (29.4 \times 0.92 \times \frac{44}{12} + 10^{-3} \times 29.8 + 1.5 \times 10^{-3} \times 273) tCO_{2e}/TJ \approx 99.62 tCO_{2e}/TJ$$

将上述结果与焦炭的平均低位发热值代入式（3-6）可得以质量为功能单位的碳排放因子为

$$EF^e = 10^{-6} EF^{e'} q_v = (10^{-6} \times 99.62 \times 28500) kgCO_{2e}/kg \approx 2.839 kgCO_{2e}/kg$$

3.2.2 电力

1. 电网碳排放因子

目前，我国相关部门、机构公布了关于电网碳排放因子的多种数据，包括中国区域电网基准线排放因子、中国区域电网平均二氧化碳排放因子、省级电网平均二氧化碳排放因子、中国低碳技术化石燃料并网发电自愿减排项目区域电网基准线排放因子等。

（1）中国区域电网基准线排放因子 自2006年以来，国家发展和改革委员会应对气候变化司（2017年开始，调整为生态环境部应对气候变化司）每年均公布中国区域电网基准线排放因子，用于清洁发展机制（clean development mechanism，CDM）项目和中国温室气体自愿减排（China certified emission reductions，CCER）项目的减排量计算。表3-5所示为2019年的数据。该基准线排放因子将国内电网划分为华北、东北、华东、华中、西北和南方六个区域电网，并提供了电量边际（OM）和容量边际（BM）两种计算方式。

OM法以近三年可获得的电量数据为基础，而BM法取最近年份的历史数据，数据通常要滞后（如2019年公布的碳排放因子，OM法实为2015—2017年的加权平均值，BM法为截至2017年的计算值）。减排量核算时可根据项目类型取两种算法的加权平均值，具体权数选择上，一般的CDM项目可同时取0.50，光伏和风电项目可分别取0.75和0.25。

表3-5 2019年中国区域电网基准线排放因子［单位：$tCO_{2e}/(MW \cdot h)$］

电网名称	覆盖区域	OM法	BM法
华北区域电网	北京、天津、河北、山西、山东、内蒙古	0.9419	0.4819
东北区域电网	辽宁、吉林、黑龙江	1.0826	0.2399
华东区域电网	上海、江苏、浙江、安徽、福建	0.7921	0.3870
华中区域电网	河南、湖北、湖南、江西、四川、重庆	0.8587	0.2854
西北区域电网	陕西、甘肃、青海、宁夏、新疆	0.8922	0.4407
南方区域电网	广东、广西、云南、贵州、海南	0.8042	0.2153

值得注意的是，采用OM法的电网基准线排放因子用于非CDM项目的用电碳排放核算

并不准确。首先，基准线因子是为了核定采用先进能源电力设施发电时可能产生的减排效益，其遵循减排保守性的原则，燃料 CO_2 排放因子取 IPCC 2006 报告中的 95% 置信区间下限值，且忽略了 CH_4 和 N_2O。其次，基准线因子属发电排放因子，未考虑电力输送时的线损。此外，从时效性方面来说，基准线因子取近三年的平均数据，是对 CDM 和 CCER 项目减排效益的预期；而用电碳排放核算时一般要采用当年数据或最新年份的数据。

（2）中国区域电网平均二氧化碳排放因子　区域电网平均二氧化碳排放因子可用于地区、行业、企业及其他单位核算电力消费隐含的二氧化碳排放量，如建筑的终端用电碳排放核算即可采用该数据。但该数据计算时，采用的是包含电力调入量之后的年度总发电量，属于发电碳排放因子，而非考虑线损后的用电碳排放因子。区域电网平均二氧化碳排放因子由国家发展和改革委员会发布，但目前仅有 2010—2012 年的数据（见表 3-6），后续年份未再发布相关数据。

表 3-6　2010—2012 年中国区域电网平均二氧化碳排放因子

［单位：$tCO_{2e}/(MW \cdot h)$］

电网名称	覆盖区域	2010 年	2011 年	2012 年
华北区域电网	北京、天津、河北、山西、山东、蒙西	0.8845	0.8967	0.8843
东北区域电网	辽宁、吉林、黑龙江、蒙东	0.8045	0.8189	0.7769
华东区域电网	上海、江苏、浙江、安徽、福建	0.7182	0.7129	0.7035
华中区域电网	河南、湖北、湖南、江西、四川、重庆	0.5676	0.5955	0.5257
西北区域电网	陕西、甘肃、青海、宁夏、新疆	0.6958	0.6860	0.6671
南方区域电网	广东、广西、云南、贵州、海南	0.5960	0.5748	0.5271

注：蒙东指内蒙古赤峰、通辽、呼伦贝尔和兴安盟，蒙西为除蒙东外的内蒙古其他地区。

（3）省级电网平均二氧化碳排放因子　相较于中国区域电网平均二氧化碳排放因子，省级电网平均二氧化碳排放因子细分到每一个省份，主要用于计算各省调入电量和调出电量的碳排放，也有部分省份用于计算企业级别的碳排放。2010 年，国家发展和改革委员会发布中国区域电网平均二氧化碳排放因子的同时，还进一步分解为省级电网平均二氧化碳排放因子，但此后该数据未再更新。

（4）中国低碳技术化石燃料并网发电自愿减排项目区域电网基准线排放因子　该排放因子适用于"低碳技术化石燃料并网发电"项目的减排量计算。其取值采用区域电网内效率排名前 15% 电厂的平均碳排放因子。该数据也由国家发展和改革委员会发布，电网划分与中国区域电网基准线排放因子一致，最近一次数据更新是在 2015 年（见表 3-7）。

表 3-7　适用于各类装机项目的 2015 年排放因子

［单位：$tCO_{2e}/(MW \cdot h)$］

电网名称	60 万 $kW \cdot h$	66 万 $kW \cdot h$	100 万 $kW \cdot h$
华北区域电网	0.7570	0.7544	0.7308
东北区域电网	0.7715	0.7715	0.7658
华东区域电网	0.7357	0.7351	0.7242
华中区域电网	0.7538	0.7538	0.7413
西北区域电网	0.8078	0.8078	0.7800
南方区域电网	0.7839	0.7839	0.7372

2. 用电碳排放因子核算

尽管目前我国相关部门公布了多种电网碳排放因子，但上面分析中已经提到，这些数据用于建筑等终端用电碳排放核算时在适用性方面仍存在一定问题。为此，在区域电网基准线和平均碳排放因子的基础上，可考虑线损比例按如下方式核算用电碳排放因子：

1）依据中国区域电网基准线排放因子的核算方法，将全国划分为六大区域电网，便于后续数据整理与汇总。

2）根据火力发电的燃料消耗量，按式（3-7）计算各区域电网的火力发电碳排放量，非火力发电（核电、水电、风电、光伏电等）近似认为"零排放"。

$$E_i^{\mathrm{p}} = EF_p^{\mathrm{e}} \sum_{m=1}^{i} Q_{pm} \tag{3-7}$$

式中　E_i^{p}——区域电网 i 覆盖范围内发电产生的直接碳排放量（$\mathrm{tCO_{2e}}$）；

　　　EF_p^{e}——燃料 p 燃烧的碳排放因子（$\mathrm{kgCO_{2e}/kg}$ 或 $\mathrm{kgCO_{2e}/m^3}$），按 3.2.1 小节的方法核算；

　　　Q_{pm}——区域电网 i 范围内地区 m 用于发电的燃料消耗量（t 或 $10^3\mathrm{m^3}$）。

3）查阅相关统计年鉴资料获得区域电网的上网电量数据，按式（3-8）计算区域电网单位上网电量的发电碳排放因子。

$$EF_i^{\mathrm{p}} = \frac{E_i^{\mathrm{p}}}{P_i} \tag{3-8}$$

式中　EF_i^{p}——区域电网 i 的发电碳排放因子 $[\mathrm{tCO_{2e}/(MW \cdot h)}]$；

　　　P_i——区域电网 i 的上网电量，即发电总量扣除厂用电量的净值（$\mathrm{MW \cdot h}$）。

4）查阅统计年鉴资料获得区域电网的电力调入及调出量，并按式（3-9）计算区域电网的供电碳排放因子。

$$EF_i^{\mathrm{p}'} = \frac{EF_i^{\mathrm{p}}\left(P_i - \sum_{j=1,j\neq i} P_{ji}^{\mathrm{out}} - \sum_q P_{qi}^{\mathrm{ex}}\right) + \sum_{j=1,j\neq i} EF_j^{\mathrm{p}} P_{ij}^{\mathrm{in}} + \sum_q EF_q^{\mathrm{im}} P_{iq}^{\mathrm{im}}}{P_i + \sum_{j=1,j\neq i}\left(P_{ij}^{\mathrm{in}} - P_{ji}^{\mathrm{out}}\right) + \sum_q \left(P_{iq}^{\mathrm{im}} - P_{qi}^{\mathrm{ex}}\right)} \tag{3-9}$$

式中　　　　$EF_i^{\mathrm{p}'}$——区域电网 i 的供电碳排放因子 $[\mathrm{tCO_{2e}/(MW \cdot h)}]$；

　　　　　　P_{ji}^{out}——区域电网 i 调出到区域电网 j 的电量（$\mathrm{MW \cdot h}$）；

　　　　　　P_{ij}^{in}——区域电网 j 调入到区域电网 i 的电量（$\mathrm{MW \cdot h}$）；

$\sum_{j=1,j\neq i}\left(P_{ij}^{\mathrm{in}} - P_{ji}^{\mathrm{out}}\right)$——区域电网 i 的国内净调入电量（$\mathrm{MW \cdot h}$）；

　　　　　　EF_q^{im}——境外 q 地区的电力碳排放因子 $[\mathrm{tCO_{2e}/(MW \cdot h)}]$；

　　　　　　P_{qi}^{ex}——区域电网 i 出口到境外 q 地区的电量（$\mathrm{MW \cdot h}$）；

　　　　　　P_{iq}^{im}——境外 q 地区进口到区域电网 i 的电量（$\mathrm{MW \cdot h}$）；

$\sum_q\left(P_{iq}^{\mathrm{im}} - P_{qi}^{\mathrm{ex}}\right)$——区域电网 i 的净进口电量（$\mathrm{MW \cdot h}$）。

5）计算区域电网的线损比例，即

$$\lambda_i = \frac{P_i^{\text{loss}}}{P_i + \sum\limits_{j=1, j\neq i} \left(P_{ij}^{\text{in}} - P_{ji}^{\text{out}} \right) + \sum\limits_{q} \left(P_{iq}^{\text{im}} - P_{qi}^{\text{ex}} \right)} \qquad (3\text{-}10)$$

式中 λ_i——区域电网 i 的线损比例；

    P_i^{loss}——区域电网 i 在电力输配过程中损失的电量（$\text{MW} \cdot \text{h}$）。

6）在供电碳排放因子的基础上，考虑线损修正得到用电碳排放因子，即

$$EF_i^{\text{eu}} = \frac{EF_i^{\text{p}'}}{1 - \lambda_i} \qquad (3\text{-}11)$$

式中 EF_i^{eu}——区域电网 i 的用电碳排放因子 $\left[\text{tCO}_{2\text{e}} / (\text{MW} \cdot \text{h}) \right]$。

3. 数据获取

1）电量数据。区域电网的发电量、用电量和线损数据可从《中国电力年鉴》《中国电力统计年鉴》《中国能源统计年鉴》获得，跨省电量交换和进出口电量可从《电力工业统计资料汇编》获得。

2）发电燃料消耗量。区域电网发电燃料消耗量可从《中国能源统计年鉴》的地区能源平衡表获得。

3）燃料的碳排放因子。可按 3.2.1 小节提供的方法核算。其中，燃料的平均低位发热值建议按《中国能源统计年鉴》取值，数据不足时可参考《公共机构能源资源消耗统计制度》；燃料的碳含量和氧化率数据建议按省级指南取值，煤矸石的热值可取 25.8tC/TJ。

4）其他国家和地区的电力碳排放因子。可参考国际能源署（International Energy Agency，IEA）发布的数据。

📖 **延伸阅读：关于绿电交易**

2021 年，国家发展和改革委员会、国家能源局正式函复《绿色电力交易试点工作方案》，同意国家电网公司、南方电网公司开展绿色电力交易试点。

绿色电力（green power）指利用特定的发电设备，如风机、太阳能光伏电池等，将风能、太阳能等可再生的能源转化成电能。近年来，我国新能源实现了跨越式发展，开发利用规模稳居世界第一，有效利用水平不断提高。在积极推动新一轮电力体制改革的大背景下，新能源市场化交易电量占新能源总发电量比重已趋近 30%，我国面临着新能源持续高速发展和电力市场建设的双重机遇。

绿色电力交易是实现我国碳达峰、碳中和目标的重要抓手。以前，新能源发电主要由电网企业保障性收购、由可再生能源消纳责任权重机制去强制推动消纳。如今我国正式启动绿色电力交易，以市场化方式引导绿色电力消费，将从供需双侧发力促进新能源产业发展，极大地助推能源绿色低碳转型和发展。

绿色电力交易立足能源生产到能源利用的全生命周期，在机制上为风、光为主的绿色能源开辟了优先交易、优先执行和优先结算的渠道，精准化匹配绿色电力消费意愿，旨在支撑绿色能源提高有效利用水平，引领能源结构向绿色低碳转型，全面系统地推动能源结构调整优化。

【例 3-3】 已知某电力系统的发电量、发电燃料消耗产生的碳排放量、电力输送的线损、区域电网间的电力交换量等数据见表 3-8 和表 3-9，不考虑电力的进出口，计算各区域

电网的用电碳排放因子。

表3-8　区域电网发电量、线损及发电燃料碳排放量

数据指标	计量单位	区域电网1	区域电网2	区域电网3	区域电网4	区域电网5	区域电网6
火电发电量	10^4MW·h	119051.6	25950.2	99879.3	57089.4	47029.0	49786.5
其他发电量	10^4MW·h	9208.3	5224.4	15627.5	49663.9	15214.9	44944.1
损失量	10^4MW·h	4135.6	1586.0	6294.9	7080.0	2375.3	5855.1
发电碳排放量	10^4tCO_{2e}	124453.7	31804.6	84837.7	56216.5	46652.9	45342.6

表3-9　各区域电网间的电力交换量

调出区域	调入区域					
	区域电网1	区域电网2	区域电网3	区域电网4	区域电网5	区域电网6
区域电网1			1620.3	753.5		
区域电网2	2145.9					
区域电网3						1.7
区域电网4			12660.8			1229.6
区域电网5	2434.1			2213.7		
区域电网6						

解:

1）按式（3-8）计算区域电网单位上网电量的发电碳排放因子，见表3-10。

表3-10　区域电网单位上网电量的发电碳排放因子

数据指标	计量单位	区域电网1	区域电网2	区域电网3	区域电网4	区域电网5	区域电网6
总发电量	10^4MW·h	128259.9	31174.6	115506.8	106753.3	62243.9	94730.6
发电碳排放量	10^4tCO_{2e}	124453.7	31804.6	84837.7	56216.5	46652.9	45342.6
发电碳排放因子	tCO_{2e}/(MW·h)	0.970	1.020	0.734	0.527	0.750	0.479

2）根据题目已知数据，计算区域电网用于本区域内的发电量（扣除电力调出量），以及考虑电力调入量的各区域电网总供电量（即终端用电量+输送损失量），见表3-11。

表3-11　区域电网供电量组成

数据指标	计量单位	区域电网1	区域电网2	区域电网3	区域电网4	区域电网5	区域电网6
总发电量	10^4MW·h	128259.9	31174.6	115506.8	106753.3	62243.9	94730.6
电力调出量	10^4MW·h	2373.8	2145.9	1.7	13890.4	4647.8	0
用于本地区的电量	10^4MW·h	125886.1	29028.7	115505.1	92862.9	57596.1	94730.6
电力调入量	10^4MW·h	4580.0	0	14281.1	2967.2	0	1231.3
本区域总供电量	10^4MW·h	130466.1	29028.7	129786.2	95830.1	57596.1	95961.9

3）按式（3-9）计算区域电网的供电碳排放因子，或采用以下矩阵形式计算。

构造各区域电网发电碳排放因子向量：

$$EF^p = (0.970 \quad 1.020 \quad 0.734 \quad 0.527 \quad 0.750 \quad 0.479) \, tCO_{2e}/(MW \cdot h)$$

构造以下各区域电网的供电量矩阵，其中对角线上的元素为区域电网用于本区域内的发电量，其他元素为区域电网由其他区域调入的电量：

$$P = \begin{pmatrix} 125886.1 & 0 & 1620.3 & 753.5 & 0 & 0 \\ 2145.9 & 29028.7 & 0 & 0 & 0 & 0 \\ 0 & 0 & 115505.1 & 0 & 0 & 1.7 \\ 0 & 0 & 12660.8 & 92862.9 & 0 & 1229.6 \\ 2434.1 & 0 & 0 & 2213.7 & 57596.1 & 0 \\ 0 & 0 & 0 & 0 & 0 & 94730.6 \end{pmatrix} \times 10^4 MW \cdot h$$

构造各区域电网总供电量的对角矩阵：

$$P' = diag(130466.1 \quad 29028.7 \quad 129786.2 \quad 95830.1 \quad 57596.1 \quad 95961.9) \times 10^4 MW \cdot h$$

则区域电网的供电碳排放因子为

$$EF^{p'} = EF^p \cdot P \cdot (P')^{-1} = (0.967 \quad 1.020 \quad 0.717 \quad 0.535 \quad 0.750 \quad 0.479) \, tCO_{2e}/(MW \cdot h)$$

4）按式（3-10）计算区域电网的线损比例，见表3-12。

表3-12　区域电网的线损比例

数据指标	计量单位	区域电网1	区域电网2	区域电网3	区域电网4	区域电网5	区域电网6
损失量	$10^4 MW \cdot h$	4135.6	1586.0	6294.9	7080.0	2375.3	5855.1
本区域总供电量	$10^4 MW \cdot h$	130466.1	29028.7	129786.2	95830.1	57596.1	95961.9
线损比例(%)		3.17	5.46	4.85	7.39	4.12	6.10

5）按式（3-11）考虑线损修正得到用电碳排放因子，见表3-13。

表3-13　考虑线损修正的区域电网用电碳排放因子

数据指标	计量单位	区域电网1	区域电网2	区域电网3	区域电网4	区域电网5	区域电网6
供电碳排放因子	$tCO_{2e}/(MW \cdot h)$	0.967	1.020	0.717	0.535	0.750	0.479
线损比例（%）		3.17	5.46	4.85	7.39	4.12	6.10
用电碳排放因子	$tCO_{2e}/(MW \cdot h)$	0.999	1.079	0.754	0.578	0.782	0.510

3.2.3　热力

1. 核算方法

热力碳排放因子可利用供热的燃料消费量和供热量计算：

1）根据供热的燃料消费量参考公式（3-7）计算供热的碳排放总量 E^h。

2）根据供热量 P^h 按下式计算供热的碳排放因子 EF^h。

$$EF^h = \frac{E^h}{P^h} \tag{3-12}$$

2. 数据获取

1）地区供热的平均碳排放因子。可根据《中国能源统计年鉴》分地区能源平衡表（实物量），加工转换投入产出量中的"供热"项获得燃料的消耗量及热力生产量。

2）用热单位自供热的碳排放因子。根据用热单位的实际燃料消耗量和热力使用量计算用热碳排放因子。

此外，热力碳排放因子的取值也可参考国内一些相关资料。例如，浙江省生态环境厅发布的《浙江省市级二氧化碳排放达峰行动方案编制指南》中，规定热力的碳排放因子可近似取 $0.11tCO_{2e}/GJ$。

【例3-4】　已知某地区全年供热量为 $50537.79 \times 10^{10}kJ$，热力生产的燃料投入量及参数见表3-14，计算地区供热的平均碳排放因子。

表3-14　供热的燃料投入量

燃料	种类	原煤	其他洗煤	柴油	燃料油	石油焦	天然气	LNG
	计量单位	t	t	t	t	t	10^4m^3	t
消耗量/10^4		2868.42	4.29	0.09	0.04	36.77	3.83	2.24
碳含量/（tC/TJ）		26.37	25.41	20.20	21.10	20.00	15.32	17.20
碳氧化率（%）		98	98	98	98	98	99	98
净热值/（MJ/计量单位）		20908	10454	42652	41816	31947	389310	51434
CH_4 排放因子/（kg/TJ）		1	1	3	3	3	1	1
N_2O 排放因子/（kg/TJ）		1.5	1.5	0.6	0.6	0.6	0.1	0.1

解：

1）根据式（3-5）和式（3-6）计算燃料的碳排放因子：

$$EF^{e'}_{原煤} = \left(26.37 \times 0.98 \times \frac{44}{12} + 1 \times 10^{-3} \times 29.8 + 1.5 \times 10^{-3} \times 273\right)tCO_{2e}/TJ \approx 95.20tCO_{2e}/TJ$$

$$EF^{e}_{原煤} = (10^{-6} \times 95.20 \times 20908)tCO_{2e}/t \approx 1.990tCO_{2e}/t$$

$$EF^{e'}_{其他洗煤} = \left(25.41 \times 0.98 \times \frac{44}{12} + 1 \times 10^{-3} \times 29.8 + 1.5 \times 10^{-3} \times 273\right)tCO_{2e}/TJ \approx 91.75tCO_{2e}/TJ$$

$$EF^{e}_{其他洗煤} = (10^{-6} \times 91.75 \times 10454)tCO_{2e}/t \approx 0.959tCO_{2e}/t$$

$$EF^{e'}_{柴油} = \left(20.20 \times 0.98 \times \frac{44}{12} + 3 \times 10^{-3} \times 29.8 + 0.6 \times 10^{-3} \times 273\right)tCO_{2e}/TJ \approx 72.84tCO_{2e}/TJ$$

$$EF^{e}_{柴油} = (10^{-6} \times 72.84 \times 42652)tCO_{2e}/t \approx 3.107tCO_{2e}/t$$

$$EF^{e'}_{燃料油} = \left(21.10 \times 0.98 \times \frac{44}{12} + 3 \times 10^{-3} \times 29.8 + 0.6 \times 10^{-3} \times 273\right)tCO_{2e}/TJ \approx 76.07tCO_{2e}/TJ$$

$$EF^{e}_{燃料油} = (10^{-6} \times 76.07 \times 41816)tCO_{2e}/t \approx 3.181tCO_{2e}/t$$

$$EF^{e'}_{石油焦} = \left(20.00 \times 0.98 \times \frac{44}{12} + 3 \times 10^{-3} \times 29.8 + 0.6 \times 10^{-3} \times 273\right)tCO_{2e}/TJ \approx 72.12tCO_{2e}/TJ$$

$$EF^{e}_{石油焦} = (10^{-6} \times 72.12 \times 31947)tCO_{2e}/t \approx 2.304tCO_{2e}/t$$

$$EF^{e'}_{天然气} = \left(15.32 \times 0.99 \times \frac{44}{12} + 1 \times 10^{-3} \times 29.8 + 0.1 \times 10^{-3} \times 273\right)tCO_{2e}/TJ \approx 55.67tCO_{2e}/TJ$$

$$EF^{e}_{天然气} = (10^{-6} \times 55.67 \times 389310)tCO_{2e}/10^4m^3 \approx 21.673tCO_{2e}/10^4m^3$$

$$EF^{e'}_{LNG} = \left(17.20 \times 0.98 \times \frac{44}{12} + 1 \times 10^{-3} \times 29.8 + 0.1 \times 10^{-3} \times 273\right)tCO_{2e}/TJ \approx 61.86tCO_{2e}/TJ$$

$$EF_{\text{LNG}}^{\text{e}} = (10^{-6} \times 61.86 \times 51434)\,tCO_{2e}/t \approx 3.182\,tCO_{2e}/t$$

2）计算燃料投入的碳排放：

$$E_{\text{原煤}}^{\text{h}} = (1.990 \times 2868.42)\,tCO_{2e} \times 10^4 \approx 5708.2\ \text{万}\ tCO_{2e}$$

$$E_{\text{其他洗煤}}^{\text{h}} = (0.959 \times 4.29)\,tCO_{2e} \times 10^4 \approx 4.1\ \text{万}\ tCO_{2e}$$

$$E_{\text{柴油}}^{\text{h}} = (3.107 \times 0.09)\,tCO_{2e} \times 10^4 \approx 0.3\ \text{万}\ tCO_{2e}$$

$$E_{\text{燃料油}}^{\text{h}} = (3.181 \times 0.04)\,tCO_{2e} \times 10^4 \approx 0.1\ \text{万}\ tCO_{2e}$$

$$E_{\text{石油焦}}^{\text{h}} = (2.304 \times 36.77)\,tCO_{2e} \times 10^4 \approx 84.7\ \text{万}\ tCO_{2e}$$

$$E_{\text{天然气}}^{\text{h}} = (21.673 \times 3.83)\,tCO_{2e} \times 10^4 \approx 83.0\ \text{万}\ tCO_{2e}$$

$$E_{\text{LNG}}^{\text{h}} = (3.182 \times 2.24)\,tCO_{2e} \times 10^4 \approx 7.1\ \text{万}\ tCO_{2e}$$

$$E^{\text{h}} = E_{\text{原煤}}^{\text{h}} + E_{\text{其他洗煤}}^{\text{h}} + E_{\text{柴油}}^{\text{h}} + E_{\text{燃料油}}^{\text{h}} + E_{\text{石油焦}}^{\text{h}} + E_{\text{天然气}}^{\text{h}} + E_{\text{LNG}}^{\text{h}} = 5887.5\ \text{万}\ tCO_{2e}$$

3）按式（3-12）计算供热的碳排放因子：

$$EF^{\text{h}} = (5887.5/50537.79)\,tCO_{2e}/GJ = 0.117\,tCO_{2e}/GJ$$

3.2.4 标准煤的折算碳排放因子

为便于能耗统计分析，常将各类能源按低位发热值折算成标准煤，相应的折算系数（见表3-15）可以查阅《中国能源统计年鉴》和《综合能耗计算通则》（GB/T 2589—2020）等资料。在节能减排的管理与实施中，有时希望根据节能量（标煤量）直接估计减排量，这就需要了解标准煤的折算碳排放因子如何取值。根据所掌握数据情况的不同，实际核算中可选用以下两种方法之一。

（1）能源类型已知　当能源类型已知时，以标准煤表示的该种能源的碳排放因子为

$$EF_p^{\text{ce}} = \frac{EF^{\text{e}}}{\lambda_{\text{ce}}} \tag{3-13}$$

式中　EF_p^{ce} ——以标准煤表示的能源 p 的碳排放因子（$kgCO_{2e}/kgce$）；

　　　　λ_{ce} ——能源折标准煤系数（$kgce/kg$ 或 $kgce/m^3$）。

表 3-15　常用能源折标准煤参考系数

能源类型	计量单位	折标系数/（kgce/计量单位）	能源类型	计量单位	折标系数/（kgce/计量单位）
原煤	kg	0.7143	柴油	kg	1.4571
洗精煤	kg	0.9000	液化石油气	kg	1.7143
焦炭	kg	0.9714	炼厂干气	kg	1.5714
原油	kg	1.4286	焦炉煤气	m^3	0.5714~0.6143
燃料油	kg	1.4286	天然气	m^3	1.100~1.3300
汽油	kg	1.4714	热力（当量）	MJ	0.03412
煤油	kg	1.4714	电力（当量）	kW·h	0.1229

（2）能源类型未知　当能源类型未知时，可按如下步骤得出我国单位综合能耗的碳排放因子：①整理在所研究时间范围内，我国能源的消耗总量及构成；②确定以标准煤表示的能源消耗总量；③根据各类能源的消耗量与碳排放因子计算总体碳排放量；④根据以上能耗与碳排放总量，计算标准煤的折算碳排放因子。国内一些研究人员依据相关统计数据测算得

到我国标准煤的折算碳排放因子为 $2.4 \sim 2.8 \mathrm{kgCO_{2e}/kgce}$。

3.3 材料碳排放因子核算

3.3.1 核算方法

对于生产工艺简单的原材料，可根据开采、加工能耗及直接温室气体排放，按下式核算碳排放因子：

$$EF^m = \sum_p q_p^e EF_p^e + e^d \tag{3-14}$$

式中　EF^m——单位原材料的碳排放因子（$\mathrm{kgCO_{2e}}$/计量单位）；

　　　EF_p^e——能源 p 的碳排放因子（$\mathrm{kgCO_{2e}/kg}$ 或 $\mathrm{kgCO_{2e}/m^3}$）；

　　　q_p^e——单位原材料开采、加工过程中对第 p 种能源的消耗量（kg 或 $\mathrm{m^3}$/计量单位）；

　　　e^d——单位原材料开采、加工过程中的直接温室气体排放（$\mathrm{kgCO_{2e}}$/计量单位）。

对于生产工艺复杂的原材料，可根据流程图按生命周期评价理论进行碳排放因子核算。对于各生产流程没有交互关系的建筑材料，可按以下公式简化计算

$$EF^m = \sum_g \left(\sum_p q_{gp}^e EF_p^e + \sum_r q_{gr}^m EF_r^m + e_g^d \right) \tag{3-15}$$

式中　EF_r^m——单位原材料 r 的碳排放因子（$\mathrm{kgCO_{2e}}$/计量单位）；

　　　q_{gp}^e——单位材料生产流程 g 中能源 p 的消耗量（$\mathrm{kgCO_{2e}/kg}$ 或 $\mathrm{kgCO_{2e}/m^3}$）；

　　　q_{gr}^m——单位材料生产流程 g 中原材料 r 的消耗量（kg）；

　　　e_g^d——单位材料生产流程 g 的直接温室气体排放（$\mathrm{kgCO_{2e}}$/计量单位）。

对于缺少详细生产工艺与清单数据的原材料，可采用投入产出分析方法，按部门隐含碳排放强度估算碳排放因子：

$$EF^m = EF_l^s p^m \tag{3-16}$$

式中　p^m——材料的出厂单价（元）；

　　　EF_l^s——材料所属部门 l 的隐含碳排放强度（$\mathrm{kgCO_{2e}}$/元）。

3.3.2 数据获取

材料的碳排放因子与材料种类、生产工艺、技术水平、原材料获取途径、地域特点等多方面因素相关，理论上应根据各生产企业的实际清单数据单独进行碳排放因子的核算分析。但实际上，碳排放因子核算的专业性较强、数据分析工作量较大，全面开展碳排放因子核算工作难度及工作量均较大。

为此，现阶段为实现建筑等领域的碳排放量核算，可先采用行业平均水平下的材料碳排放因子。本小节将总结并介绍碳排放因子核算所需基础数据资料的来源及主要数据指标的已有成果。具体的材料碳排放因子取值可由 3.1.6 小节介绍的途径获得，或参考本书附录。

1. 原材料

（1）水　水是建材生产与建筑施工活动中的重要资源。Ecoinvent 数据库推荐水的碳排放因子采用 $0.42\mathrm{kgCO_{2e}/t}$；国内相关研究根据生产能耗计算出水的碳排放因子为 $0.10 \sim$

0.30kgCO$_{2e}$/t，《建筑碳排放计算标准》（GB/T 51366—2019）给出水的碳排放因子为 0.168kgCO$_{2e}$/t。此外，由清华大学等单位主编的《中国绿色低碳住区技术评估手册》给出污水二级处理的碳排放因子为 0.8～1.2kgCO$_{2e}$/t，采用绿色水处理技术时为 0.2～0.8kgCO$_{2e}$/t。

（2）**黏土** 黏土作为天然存在的矿物原料，可广泛应用于砖材与陶瓷制品的生产。黏土的碳排放主要来源于其开采过程。参考《建筑碳排放计算标准》（GB/T 51366—2019），黏土的碳排放因子可取 2.69kgCO$_{2e}$/kg。

（3）**砂石** 砂子和碎石是建筑中最常用的基本建材，广泛应用于混凝土与砌体工程。图 3-4 总结了砂石碳排放因子的部分研究数据，取值范围为 2.0～24.0kgCO$_{2e}$/t。平均值分别为 6.6kgCO$_{2e}$/t 和 4.4kgCO$_{2e}$/t。《建筑碳排放计算标准》（GB/T 51366—2019）给出的砂子和碎石碳排放因子分别为 2.51kgCO$_{2e}$/t 和 2.18kgCO$_{2e}$/t。

（4）**木材** 木材是基本建材之一，在欧美发达国家作为少层房屋的主要材料。木材的碳排放来源主要有森林资源获取、加工成可供建筑使用的木材或木材制品时消耗能源产生碳排放，以及森林树木在生长过程中通过光合作用固定 CO$_2$。对于木材碳排放因子是否考虑固碳部分有多种观点，大多数学者认为植物固碳应从生态系统整体考虑，而不计入木材及木材制品的碳排放因子。图 3-5 总结了木材碳排放因子的部分研究数据，原木、胶合板材和刨花板的碳排放因子平均值分别为 178kgCO$_{2e}$/t、487kgCO$_{2e}$/t 和 336kgCO$_{2e}$/t。

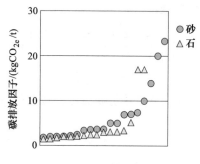

图 3-4　砂石碳排放因子统计

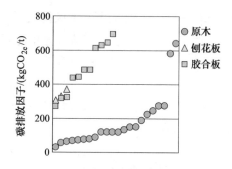

图 3-5　木材碳排放因子统计

（5）**石灰石和白云石** 石灰石的主要成分为碳酸钙（CaCO$_3$），是生产水泥、石灰及钢材等的重要原料。白云石的主要成分为钙镁碳酸盐矿物[CaMg(CO$_3$)$_2$]，可用于生产陶瓷、玻璃、耐火材料等。理论上，根据化学分子式可知每吨石灰石和白云石分解产生的 CO$_2$ 分别为 0.440t 和 0.478t。考虑矿石中存在其他杂质，省级指南推荐采用 430kgCO$_{2e}$/t 和 474kgCO$_{2e}$/t 作为两种碳酸盐矿物分解的碳排放因子。矿物开采过程的碳排放根据国内学者的研究，可取 17.2kgCO$_{2e}$/t。

（6）**粉煤灰** 粉煤灰是燃煤发电等工业生产过程的副产品，近年来在砌体、混凝土等建筑材料中得到广泛应用。作为工业副产品，粉煤灰的碳排放因子核算一般应考虑其收集、磨细、储存、运输等过程。欧洲 ICE 数据库建议粉煤灰的碳排放因子取 7.5kgCO$_{2e}$/t；国内研究考虑粉煤灰收集与储运过程，得出粉煤灰的碳排放因子为 8.77kgCO$_{2e}$/t。

（7）**矿渣** 矿渣是有色金属冶炼和精炼过程的副产物，在水泥、混凝土的制备，以及屋面保温等方面具有广泛的应用。ICE 报告和 Ecoinvent 数据库考虑矿渣收集与储运过程，得出的碳排放因子分别为 70kgCO$_{2e}$/t 和 443kgCO$_{2e}$/t。根据 ICE 报告给出的生产能耗（1.3MJ/t），按折标准煤系数估计的碳排放因子为 109kgCO$_{2e}$/t。

（8）珍珠岩　珍珠岩是酸性火山熔岩经急剧冷却而形成的玻璃质岩石，可广泛应用于化工产品生产或作为填充料。此外，珍珠岩经膨胀而形成的新型材料适用于建筑的保温隔热。ICE 报告建议天然珍珠岩开采的碳排放因子取 30kgCO$_{2e}$/t，Ecoinvent 数据库给出膨胀珍珠岩的生产碳排放因子为 995kgCO$_{2e}$/t；根据国内相关数据，每吨膨胀珍珠岩生产需消耗电力 8.0kW·h 和其他能源 1.17tce，据此估计其碳排放因子约为 2880kgCO$_{2e}$/t。

（9）双飞粉、滑石粉和腻子粉　双飞粉（大白粉）、滑石粉和腻子粉均为墙面基层找平的常用材料。双飞粉是采用机械方法直接粉碎方解石、石灰石等制成的重质碳酸钙；滑石粉的主要成分为含水硅酸镁，由滑石直接粉碎制成；腻子粉主要由双飞粉（或滑石粉）配以纤维素、淀粉胶等制成。目前，三种材料的生产碳排放鲜有研究。大白粉、滑石粉的生产能耗约为 200kW·h/t，相应碳排放因子约为 150kgCO$_{2e}$/t。

（10）生石灰　石灰是碳酸盐经高温煅烧而成的气硬性无机胶凝材料，主要成分为氧化钙（CaO）。石灰可用于制作石灰膏、石灰砂浆、三合土、砌块等，在土木工程中应用广泛。石灰的生产碳排放来源于碳酸盐煅烧过程的化学分解及能源消耗两方面。化学分解方面，省级指南推荐采用 683kgCO$_{2e}$/t 作为石灰的生产过程碳排放因子；IPCC 2006 给出高钙石灰、白云石石灰和水硬石灰的碳排放因子分别为 750kgCO$_{2e}$/t、770kgCO$_{2e}$/t 和 590kgCO$_{2e}$/t，并假定高钙石灰与白云石石灰分别占比 85% 和 15% 计算出平均碳排放为 753kgCO$_{2e}$/t。能源消耗方面，国内学者研究得出的生产能耗为 120~200kgce/t，相应碳排放为 295~490kgCO$_{2e}$/t。综合以上两方面，《建筑碳排放计算标准》（GB/T 51366—2019）建议取生石灰的碳排放因子为 1190kgCO$_{2e}$/t，熟石灰 747kgCO$_{2e}$/t。

（11）石膏　生石膏经煅烧、磨细可得 β 型半水石膏，即建筑石膏（CaSO$_4$·0.5H$_2$O），其具有凝结硬化快、调湿和防火等性能，主要用于墙面涂刷和生产石膏板材。ICE 报告给出石膏的生产能耗为 1.8MJ/kg，生产碳排放为 120~130kgCO$_{2e}$/t；国内有关石膏碳排放因子的研究集中在 2009—2012 年，生产平均耗电约 55kW·h，耗煤约 61kgce，碳排放因子约为 200kgCO$_{2e}$/t。此后，建材行业标准《建筑石膏单位产品能源消耗限额》（JC/T 2276—2014）颁布，规定了既有石膏生产线的能耗限定值为电耗 33kW·h/t、煤耗 39kgce/t；新建生产线的能耗准入值为电耗 28kW·h/t、煤耗 36kgce/t；能耗先进值为电耗 24kW·h/t、煤耗 32kgce/t。据此可估算石膏碳排放因子限定值、准入值和先进值分别约为 125kgCO$_{2e}$/t、114kgCO$_{2e}$/t 和 100kgCO$_{2e}$/t。目前，《建筑碳排放计算标准》（GB/T 51366—2019）给出天然石膏的碳排放因子为 32.8kgCO$_{2e}$/t。

2. 金属材料

（1）钢铁　钢材以铁为主要元素，碳的质量分数为 0.02%~2.06%，并含有少量其他元素。钢材具有强度高、延性好、可焊接、易装配等优点，可加工成各类型材、板材和线材等，是目前土木工程中应用量最大的金属材料。钢材的冶炼方式主要有平炉法、转炉法和电炉法。平炉法由于冶炼时间长、效率低、成本高而逐渐被淘汰；转炉法以精炼时间短、钢材质量好等优点成为主流；电炉法以精矿或较纯的氧化物为主要原料，依靠电弧放热和硅氧化反应热完成冶炼过程，适合生产优质钢与特种钢。《建筑碳排放计算标准》（GB/T 51366—2019）给出了多种钢铁材料的碳排放因子，取值为 2000~4000kgCO$_{2e}$/t，可供计算参考。

图 3-6 所示为转炉法炼钢的主要工艺流程，其生产过程的碳排放主要来自原材料采选与制备、溶剂（石灰石和白云石）分解、炼钢降碳（生铁中碳的氧化），以及冶炼过程能源消耗。各生产过程的主要技术经济指标可从《中国钢铁工业年鉴》（以下简称《钢铁年鉴》）等资料获得，具体如下：

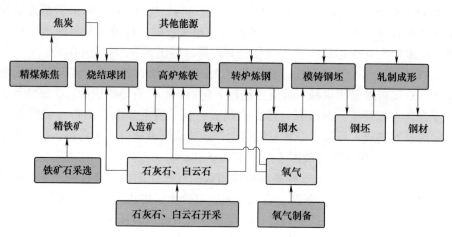

图 3-6 转炉法炼钢的主要工艺流程

1）铁矿石采选。根据《钢铁年鉴》，2019 年我国露天采矿的电力和柴油消耗量约为 0.93kW·h/t 和 0.21kg/t；地下采矿的电力消耗量约为 11.94kW·h/t；实际选矿比为 2.92，选矿工序电力和水的消耗量为 31.19kW·h/t 和 4.3m³。值得注意的是，我国铁矿石进口量较大，2019 年全国铁矿石产量为 8.44 亿 t，而进口量为 10.69 亿 t（主要来自澳大利亚和巴西）。在考虑铁矿石采选工序碳排放时，应考虑进口来源地的采选能耗及铁矿石的跨国运输能耗。

2）粗钢生产。

① 烧结球团工序，2019 年我国每吨烧结矿需铁矿石 892.57kg、电力 46.31kW·h、固体燃料 52.66kgce；每吨球团矿需铁矿石 984.15kg、溶剂 17.95kg、水 0.46m³、电力 35.62kW·h、固体燃料 11.13kgce、煤气 58.24m³。

② 炼铁工序，每吨生铁冶炼需人造矿 1477.5kg、天然矿 146.39kg、焦炭 360.78kg、煤粉 144.17kg、水 15.88m³，工序综合能耗 387.35kgce，其中电力 24.15kW·h（扣除余压发电）。

③ 炼钢工序，转炉炼钢需金属料 1086.27kg（其中生铁 934.37kg、废钢 133.93kg）、水 6.67m³、氧气 52.37m³，工序综合能耗 -15.04kgce，其中电力 50.12kW·h。炼钢降碳的碳排放可根据生铁与粗钢碳含量差值，乘以转化系数 44/12 计算，生铁和粗钢的平均碳的质量分数可参考省级指南取 4.1% 和 0.248%。

④ 连铸工序，转炉钢连铸比为 99.88%。

3）轧制成型。成型工序需根据不同品种钢材成型过程的粗钢投入量与能耗计算相应碳排放。钢铁年鉴给出的 2019 年钢材热压延加工、冷压延加工和镀层、涂层加工的技术经济指标如下：

① 热压延加工。热轧材一次成材率为 96.95%，每吨热压延钢材消耗轧辊 0.57kg，燃气

198.92m³，电力 90.79kW·h 和水 10.79m³。

② 冷压延加工。每吨冷压延钢材消耗轧辊 0.44kg，燃气 72.09m³，电力 147.2kW·h 和水 25.04m³。

③ 镀层、涂层加工。每吨钢材加工消耗锌 19.21kg/t，锡 2.34kg/t，涂料 19.63kg/t，每吨钢材镀层加工消耗燃气 81.31m³，电力 101.88kW·h 和水 26.49m³；每吨钢材涂层加工消耗燃气 70.22m³，电力 83.45kW·h 和水 7.49m³。

4）水的重复利用。钢材冶炼过程中需消耗大量的水，根据《中国钢铁工业年鉴—2021》，2019 年我国钢材冶炼的水重复利用率已达 97.98%，每吨钢材的实际新水消耗量仅为 2.56m³。

（2）有色金属　有色金属生产主要包括原矿采选、金属冶炼和材料加工三个过程，其碳排放主要来自生产工序能耗。对于电解铝工序过程，氧化铝还原时还会消耗炭阳极而产生直接 CO_2 排放。《中国有色金属工业年鉴—2019》对各种有色金属生产的技术指标进行了统计（见表 3-16），可作为碳排放因子的计算依据。

铝和铜是建筑中最常用的两种有色金属，铝可用于生产门窗框、铝板和型材等，而铜可用于生产铜管、导线和五金件等。图 3-7 总结了铝和铜碳排放因子的部分研究数据，《建筑碳排放计算标准》（GB/T 51366—2019）给出电解铝和铝板带的碳排放因子分别为 20300kgCO₂ₑ/t 和 28500kgCO₂ₑ/t。此外，金属材料的回收利用率对碳排放因子有显著影响，应合理考虑。

表 3-16　铝和铜生产的主要技术指标

（引自《中国有色金属工业年鉴—2019》）

有色金属	工序	主要技术指标	计量单位	指标
铜	露采	铜露采出矿品位（%）		0.47
		铜露采综合能源消耗	kg/t	0.58
	选矿	铜原矿品位（%）		0.57
		铜精矿品位（%）		21.82
		铜选矿实际回收（%）		86.03
		铜选矿综合能源消耗	kg/t	3.38
		铜选矿用新水单耗	m³/t	0.81
	冶炼	铜冶炼总回收率（%）		98.46
		粗铜焦耗	kg/t	146.92
		粗铜煤耗	kg/t	236.83
		粗铜电耗	kW·h/t	757.42
		铜电解直流电单耗	kW·h/t	313.91
		铜冶炼新水单耗	m³/t	8.99
	加工	铜加工材金属消耗	kg/t	1011.23
		铜加工材综合电耗	kW·h/t	996.4
		铜材新水单耗	m³/t	6.53

（续）

有色金属	工序	主要技术指标	计量单位	指标
铝	铝露采	铝露采出矿品位（%）		54.41
		铝露采综合能源消耗	kg/t	5.34
	冶炼	氧化铝总回收率（%）		78.26
		氧化铝纯碱消耗	kg/t	172.33
		氧化铝综合能耗	kg/t	415.34
		电解铝综合交流电耗	kW·h/t	13532.68
		原铝液消耗氧化铝单耗	kg/t	1911.81
		原铝液消耗炭阳极（毛耗）	kg/t	477.64
		氧化铝新水单耗	m³/t	1.57
		电解铝新水单耗	m³/t	1.02
	加工	铝加工材金属消耗	kg/t	1033.42
		铝加工材综合电耗	kW·h/t	1007.87
		铝材新水单耗	m³/t	4.1

3. 非金属材料

（1）水泥

水泥属于水硬性无机胶凝材料，是最为重要的基本建材之一。水泥生产过程具有高能耗、高污染的特点，因而其生产碳排放得到了大量研究。图3-8整理了水泥碳排放因子的部分研究结果，取值为 270~1460kgCO$_{2e}$/t，平均值为 825kgCO$_{2e}$/t，《建筑碳排放计算标准》（GB/T 51366—2019）推荐的水泥平均碳排放因子为735kgCO$_{2e}$/t。

水泥生产的碳排放主要来自原料开采与运输、水泥熟料生产、水泥粉磨和包装过程。

1）原料开采与运输过程。水泥生产的主要原料为石灰石。根据省级指南，每生产1t熟料的石灰石投入量约为1.538t，即水泥熟料的烧失量为0.538/1.538＝35%。此外，水泥粉磨包装时，常掺入一定量的石膏及矿渣、火山灰、粉煤灰等。

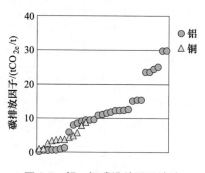

图3-7 铝、铜碳排放因子统计

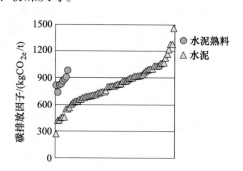

图3-8 水泥碳排放因子统计

2）水泥熟料生产过程。水泥熟料生产可分解为生料制备和熟料烧成两个过程，碳排放主要来源于碳酸盐分解、原料中有机碳燃烧和能源消耗等。碳酸盐分解的碳排放可根据熟料中 CaO 和 MgO 含量按化学相对分子质量计算，即煅烧原料生成每千克 CaO 和 MgO 将分别产

生碳排放 $44/56\text{kgCO}_{2\text{e}}$ 和 $44/40\text{kgCO}_{2\text{e}}$。有机碳燃烧的碳排放可根据生料中有机碳的含量计算，每千克有机碳可生成 $44/12\text{kgCO}_{2\text{e}}$。按照上述方法，省级指南、IPCC 2006 报告和《水泥行业二氧化碳减排议定书》给出的水泥生产非能源碳排放参考值分别为 $538\text{kgCO}_{2\text{e}}/\text{t}$、$520\text{kgCO}_{2\text{e}}/\text{t}$ 和 $532\text{kgCO}_{2\text{e}}/\text{t}$。耗能碳排放方面，《水泥单位产品能源消耗限额》（GB 16780—2012）规定了熟料生产的能耗限值，对于既有生产线为电耗 $64\text{kW}\cdot\text{h}$、煤耗 112kgce，碳排放约为 $330\text{kgCO}_{2\text{e}}/\text{t}$；对于新建和先进生产线，耗能碳排放的分别约为 $320\text{kgCO}_{2\text{e}}/\text{t}$ 和 $300\text{kgCO}_{2\text{e}}/\text{t}$。上述耗能碳排放适用于强度为 52.5MPa 的水泥熟料，对于 62.5MPa 的熟料，可按强度比的 4 次方根进行修正，即碳排放限值提高约 4.46%。

3）水泥粉磨和包装过程。碳排放可根据各原料投入量和粉磨包装工序能耗计算。《通用硅酸盐水泥》（GB 175—2020）对通用硅酸盐水泥的强度和组分含量做了规定，可作为各投入原料碳排放的计算依据；《水泥单位产品能源消耗限额》（GB 16780—2012）规定 42.5MPa 水泥粉磨及包装的耗电量限定值为 $38\text{kW}\cdot\text{h}/\text{t}$，碳排放约为 $28\text{kgCO}_{2\text{e}}/\text{t}$，其他等级的水泥可根据强度进行修正。

【例 3-5】　某水泥厂生产通用硅酸盐水泥的主要技术指标见表 3-17，其他参数如下。

1）生料运输距离为 150km，采用公路运输，碳排放因子取 $0.18\text{kgCO}_{2\text{e}}/(\text{t}\cdot\text{km})$。

2）水泥中各组分掺量如下：水泥熟料 80%，石膏 5%，粉煤灰 15%，石膏和粉煤灰的碳排放因子取 $32.8\text{kgCO}_{2\text{e}}/\text{t}$ 和 $8\text{kgCO}_{2\text{e}}/\text{t}$。

3）用电碳排放因子取 $0.75\text{kgCO}_{2\text{e}}/(\text{kW}\cdot\text{h})$，燃煤碳排放因子取 $1.99\text{kgCO}_{2\text{e}}/\text{kg}$。

计算水泥的碳排放因子。

表 3-17　水泥生产的主要技术指标

项目	生料有机碳含量	熟料 CaO 含量	熟料 MgO 含量	熟料生产标准煤耗	熟料生产电耗	粉磨包装电耗
计量单位	kg/t	kg/t	kg/t	kg/t	$\text{kW}\cdot\text{h}/\text{t}$	$\text{kW}\cdot\text{h}/\text{t}$
取值	4.65	650	15	113	36	35

解：1）生料开采与运输。每生产 1t 熟料的生料投入量为 1.538t，开产工序碳排放因子为 $17.2\text{kgCO}_{2\text{e}}/\text{t}$，运输距离为 150km，运输碳排放因子为 $0.18\text{kgCO}_{2\text{e}}/(\text{t}\cdot\text{km})$，故每生产 1t 水泥熟料时生料开采与运输的碳排放量为

$$E_1 = (1.538 \times 17.2 + 1.538 \times 150 \times 0.18)\text{kgCO}_{2\text{e}} \approx 68.0\text{kgCO}_{2\text{e}}$$

2）碳酸盐分解。根据熟料中 CaO 和 MgO 含量计算每吨水泥熟料分解产生的 CO_2 为

$$E_2 = \left(\frac{44}{56} \times 650 + \frac{44}{40} \times 15\right)\text{kgCO}_{2\text{e}} \approx 527.2\text{kgCO}_{2\text{e}}$$

3）有机碳燃烧。生料中有机碳含量为 4.65kg/t，则每吨水泥熟料有机碳燃烧的 CO_2 为

$$E_3 = \left(4.65 \times 1.538 \times \frac{44}{12}\right)\text{kgCO}_{2\text{e}} \approx 26.2\text{kgCO}_{2\text{e}}$$

4）熟料生产能耗碳排放。每吨水泥熟料生产的耗电量为 $36\text{kW}\cdot\text{h}$，标准煤耗为 113kg，相应碳排放为

$$E_4 = (36 \times 0.75 + 113 \times 1.99)\text{kgCO}_{2\text{e}} \approx 251.9\text{kgCO}_{2\text{e}}$$

5）熟料的碳排放因子。根据以上分析结果，每吨熟料生产的碳排放因子为

$$E_{熟料} = E_1 + E_2 + E_3 + E_4 = (68.0 + 527.2 + 26.2 + 251.9)kgCO_{2e} = 873.3kgCO_{2e}$$

6）粉磨包装。根据已知条件，每吨普通硅酸盐水泥的熟料、石膏和粉煤灰投入量分别为800kg、50kg 和 150kg，原料生产的碳排放量为

$$E_5 = (873.3 \times 0.8 + 32.8 \times 0.05 + 8 \times 0.15)kgCO_{2e} \approx 701.5kgCO_{2e}$$

粉磨包装电耗的碳排放量为

$$E_6 = (35 \times 0.75)kgCO_{2e} \approx 26.3kgCO_{2e}$$

综上，普通硅酸盐水泥生产的碳排放因子为

$$(701.5 + 26.3)kgCO_{2e}/t = 727.8kgCO_{2e}/t$$

（2）混凝土与砂浆 混凝土是由胶凝材料将骨料胶结而成的固体复合材料，其主要由胶凝材料（水泥）、粗骨料（石子）、细骨料（砂子）、水及其他掺合物与外加剂组成，广泛应用于各类混凝土工程。砂浆主要由胶凝材料、细骨料、水及外加剂构成，并分为砌筑砂浆与抹面砂浆两大类，分别用于砌体工程和装饰工程。混凝土与砂浆的生产碳排放来源于原材料生产、运输及混合搅拌等过程，相应碳排放因子可根据材料配合比与生产制备的能耗数据计算。目前，《建筑碳排放计算标准》（GB/T 51366—2019）仅给出了 C30 和 C50 混凝土的碳排放因子，取值分别为 $295kgCO_{2e}/m^3$ 和 $385kgCO_{2e}/m^3$。

【例3-6】 已知某现拌水泥砂浆的原料投入及生产电耗见表 3-18，各原材料运输距离按 100km 考虑，运输碳排放因子取 $0.18kgCO_{2e}/(t \cdot km)$。计算水泥砂浆生产的碳排放因子。

表 3-18　水泥砂浆生产的物料投入（$1m^3$）

投入物料	水泥	砂子	水	耗电量
计量单位	kg	m^3	m^3	$kW \cdot h$
投入量	288	0.905	0.275	2.5
碳排放因子（$kgCO_{2e}$/计量单位）	0.735	4	0.168	0.65

解：原材料生产的碳排放量为

$$(288 \times 0.735 + 0.905 \times 4 + 0.275 \times 0.168)kgCO_{2e} \approx 215.3kgCO_{2e}$$

砂子的密度按 $1.5t/m^3$ 考虑，则原料运输的碳排放量为

$$[(0.288 + 1.5 \times 0.905) \times 100 \times 0.18]kgCO_{2e} \approx 29.6kgCO_{2e}$$

生产电耗的碳排放量为

$$(2.5 \times 0.65)kgCO_{2e} \approx 1.6kgCO_{2e}$$

因此，砂浆生产的碳排放因子为

$$(215.3 + 29.6 + 1.6)kgCO_{2e}/m^3 = 246.5kgCO_{2e}/m^3$$

📖 延伸阅读：关于"低碳混凝土"

尽管混凝土相比于钢材等金属材料来说，其碳排放因子很低，但由于工程建设中混凝土消耗量大，导致其成为碳排放大户。从来源方面，混凝土的碳排放主要来自所使用的水

泥。据统计，我国 2000 年水泥产量为 8.5 亿 t，2020 年产量达到 23.77 亿 t，约占全球水泥总产量的 55%，位居世界第一且遥遥领先。2020 年，我国水泥生产的碳排放预计将达到全社会碳排放总量的 12% 左右。水泥行业实现碳达峰和减排，既需要生产端的水泥工业企业努力提高工艺技术和装备水平，降低水泥熟料生产能耗，又需要从消费端减小水泥需求量来降低水泥产量，因此需要建材和建筑行业的共同努力。

发展"低碳混凝土"的技术路径可从以下四个方面考虑：

1）科学配制、精细化生产混凝土，提高水泥的使用效率，多元化利用工业副产品，降低单位体积混凝土的水泥用量。

2）开发利用高性能混凝土，建设高质量、节材、低碳、高耐久工程结构。

3）研究可替代水泥的新型低碳胶凝材料。

4）研究并利用混凝土自身的固碳、储碳能力，发展新型建材。

（3）砖与砌块 砖与砌块是重要的基本建材，广泛应用于建筑承重结构与围护结构中。近年来，随着我国墙体材料改革的不断深入，烧结黏土砖制品由于取土毁填、高能耗、高污染等问题而逐步被淘汰，各类新型墙体材料得到快速发展。砖与砌块主要由黏土、砂石、石灰、石膏、粉煤灰和水泥等几种基本材料组成，相应碳排放因子可根据原材料消耗清单与生产、制作工序能耗进行核算。图 3-9 总结了砖与砌块碳排放因子

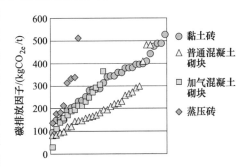

图 3-9　砖与砌块碳排放因子统计

的部分研究成果，其中烧结砖制品、蒸压砖制品和普通砌块制品的平均碳排放因子分别为 320kgCO$_{2e}$/t、248kgCO$_{2e}$/t 和 211kgCO$_{2e}$/t。《建筑碳排放计算标准》（GB/T 51366—2019）给出的几种块体材料碳排放因子见表 3-19。

表 3-19　块体材料碳排放因子取值

品种	规格	碳排放因子/（kgCO$_{2e}$/m³）
混凝土砖	240mm×115mm×90mm	336
蒸压粉煤灰砖	240mm×115mm×53mm	341
烧结粉煤灰实心砖	240mm×115mm×53mm，掺入量 50%	134
页岩实心砖	240mm×115mm×53mm	292
页岩空心砖	240mm×115mm×53mm	204
黏土空心砖	240mm×115mm×53mm	250
煤矸石实心砖	240mm×115mm×53mm，90% 掺入量	22.8
煤矸石空心砖	240mm×115mm×53mm，90% 掺入量	16.0

（4）玻璃与陶瓷 玻璃和陶瓷均属建筑中常用的非金属矿物材料。玻璃主要用于门窗、幕墙，而陶瓷主要用于卫生洁具和墙地面砖等。玻璃和陶瓷碳排放因子的部分研究成果如图 3-10 所示。

瓷砖生产的主要工艺流程包括选料配料、球磨制浆、喷雾造粉、压制成型、干燥印花、烧成磨边、分级包装等。建筑陶瓷砖和卫生陶瓷碳排放因子的平均值分别为 598kgCO$_{2e}$/t 和 1710kgCO$_{2e}$/t。根据《建筑卫生陶瓷单位产品能源消耗限额》（GB 21252—2013）给出的能

耗限定值，可估算吸水率为 $E \leqslant 0.5\%$、$0.5\% < E \leqslant 10\%$ 和 $E > 10\%$ 的陶瓷砖，碳排放因子分别约为 19.2kgCO$_{2e}$/m^2、13.3kgCO$_{2e}$/m^2 和 12.8kgCO$_{2e}$/m^2；卫生陶瓷的能耗（以标准煤计）限定值、准入值和先进值分别为 720kgce/t、630kgce/t 和 300kgce/t，相应的耗能碳排放因子分别约为 1770kgCO$_{2e}$/t、1550kgCO$_{2e}$/t 和 740kgCO$_{2e}$/t。

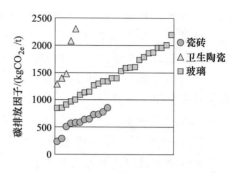

图 3-10　玻璃和陶瓷碳排放因子统计

玻璃生产的碳排放主要来自原料开采、纯碱制备、碳酸盐分解和能源使用。玻璃生产的原材料包括砂岩、长石、白云石、石灰石、纯碱、芒硝等。纯碱制备的碳排放因子可根据《纯碱单位产品能源消耗限额》（GB 29140—2012）规定的能耗限定值（325~480kgce/t）估算。碳酸盐分解的碳排放因子，IPCC 2006 报告推荐采用 200kgCO$_{2e}$/t。能耗方面，《平板玻璃单位产品能源消耗限额》（GB 21340—2013）规定平板玻璃的生产能耗限定值为 12.0~14.0kgce/重量箱，其中电耗约占总能耗的 5%，其余主要为煤和燃油。此外，当生产中采用部分碎玻璃代替原材料时，应根据碎玻璃投入比例进行碳排放因子折减。《建筑碳排放计算标准》（GB/T 51366—2019）推荐平板玻璃的碳排放因子取 1130kgCO$_{2e}$/t。

（5）塑料　塑料是以树脂为基体材料，加入适量填料和添加剂而制得的材料或制品。塑料在建筑中可广泛用于装饰装修、防水保温、门窗地面等。图 3-11 整理了建筑中常用的聚乙烯（PEX）、聚丙烯（PPR）和聚氯乙烯（PVC）管材碳排放因子研究成果，相应平均值分别为 6850kgCO$_{2e}$/t、6020kgCO$_{2e}$/t 和 6790kgCO$_{2e}$/t。《建筑碳排放计算标准》（GB/T 51366—2019）给出 PEX、PPR 和 PVC 管材的碳排放因子分别为 3600kgCO$_{2e}$/t、3720kgCO$_{2e}$/t 和 7930kgCO$_{2e}$/t。

（6）保温材料　保温材料在建筑节能中具有重要作用。图 3-12 整理了常用保温材料的碳排放因子研究成果，其中聚苯乙烯（PS）、挤塑聚苯乙烯（XPS）、聚苯乙烯泡沫（EPS）、聚氨酯和玻璃棉的碳排放因子平均值分别为 3100kgCO$_{2e}$/t、6120kgCO$_{2e}$/t、7855kgCO$_{2e}$/t、4330kgCO$_{2e}$/t 和 2360kgCO$_{2e}$/t。岩棉、矿物棉的碳排放因子平均值为 1460kgCO$_{2e}$/t，根据《岩棉、矿渣棉及其制品单位产品能源消耗限额》（GB 30183—2013）规定的能耗限定值（490kgce/t），估算的能耗碳排放约为 1200kgCO$_{2e}$/t。此外，《建筑碳排放计算标准》（GB/T 51366—2019）给出 EPS 板、岩棉板和聚氨酯板的碳排放因子分别为 5020kgCO$_{2e}$/t、1980kgCO$_{2e}$/t 和 5220kgCO$_{2e}$/t。

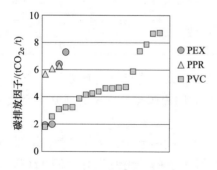

图 3-11　塑料碳排放因子统计

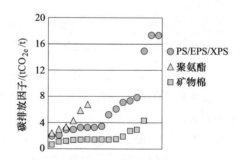

图 3-12　保温材料碳排放因子统计

（7）防水材料 防水材料的种类繁多，目前国内外对其碳排放因子的研究较少。我国相关能耗限额标准对沥青基防水材料的能耗做了规定（见表 3-20），可作为能耗碳排放因子核算的基本依据。

表 3-20 沥青基防水材料的能耗指标

防水材料	能耗指标
沥青	沥青主要来源于炼焦和石油蒸馏的副产物，传统施工中的现场熬制沥青由于环境污染大，现已较少使用
石油沥青油毡	根据《油毡能耗等级定额》（JC 571—94），每卷油毡生产的一级煤耗和电耗分别为 3.8kgce 和 0.85kW·h，每卷油毡的面积一般为 20m^2
ABS 和 APP 改性沥青防水卷材	根据《沥青基防水卷材单位产品能源消耗限额》（GB 30184—2013），3mm 厚改性沥青防水卷材的能耗限定值为 0.22kgce/m^2；厚度为 4mm 和 5mm 时的折算系数分别取 1.33 和 1.67
自粘聚合物改性沥青防水卷材	根据《沥青基防水卷材单位产品能源消耗限额》（GB 30184—2013），有胎和无胎分别以 1.5mm 和 3mm 厚为基准，能耗限定值为 0.13kgce/m^2 和 0.22kgce/m^2；无胎卷材厚度为 1.2mm 和 2.0mm 时，折算系数取 0.8 和 1.33；有胎卷材厚度为 2.0mm 和 4.0mm 时，折算系数取 0.67 和 1.33

3.4 运输碳排放因子核算

3.4.1 核算方法

目前，运输过程碳排放核算一般以"货运量"作为功能单位，并可根据单位货运量的能耗按下式核算运输碳排放因子：

$$EF^t = q_p^t EF_p^e \tag{3-17}$$

式中 EF^t——运输碳排放因子$[kgCO_{2e}/(t·km)]$；

q_p^t——采用某运输方式时，单位货运量运输对能源 p 的消耗量。

然而，运输碳排放因子核算应注意以下三个方面问题：

1）公路运输方面，尽管消耗性材料从生产单位至使用单位一般为单向运输，但部分学者提出，货运车辆空载回程的能耗及碳排放也应计入，并建议对运输碳排放因子乘以 1.67 的修正系数。

2）以货运量作为功能单位时，由于轻质材料（如保温材料）占用的运输空间大、运输工具的载重量利用率低，计算得出的运输碳排放可能偏低。

3）对于上述轻质材料或其他货运量不便估计的材料（如零星使用的瓶装溶剂等），可近似采用运输部门的隐含碳排放强度作为运输碳排放因子，并根据货物运输的运费核算相应的碳排放量。

3.4.2 数据获取

不同运输方式（如铁路、公路、水路等）的能耗水平存在显著差异，同种运输方式不同运输工具的能耗水平也有所不同。《中国统计年鉴》《中国交通年鉴》等资料中给出了全国平均的不同运输方式单位货运量的能耗指标，可作为运输碳排放因子的核算依据。《建筑碳排放计算标准》（GB/T 51366—2019）也给出了常用运输方式碳排放因子的推荐数据（见表 3-21）。

表 3-21 不同运输方式的碳排放因子 ［单位:$kgCO_{2e}/(t \cdot km)$］

运输方式	推荐数据	运输方式	推荐数据
轻型汽油货车运输（载重 2t）	0.334	重型柴油货车运输（载重 46t）	0.057
中型汽油货车运输（载重 8t）	0.115	公路货车运输（平均）	0.170
重型汽油货车运输（载重 10t）	0.104	电力机车运输	0.010
重型汽油货车运输（载重 18t）	0.104	内燃机车运输	0.011
轻型柴油货车运输（载重 2t）	0.286	铁路运输（平均）	0.010
中型汽油货车运输（载重 8t）	0.179	液货船运输（载重 2000t）	0.019
重型柴油货车运输（载重 10t）	0.162	干散货船运输（载重 2500t）	0.015
重型柴油货车运输（载重 18t）	0.129	集装箱船运输（载重 200 TEU）	0.012
重型柴油货车运输（载重 30t）	0.078	航空运输（平均）	0.870

注：公路、铁路及航空运输平均数据来自国内相关研究成果的总结。

3.5 机械碳排放因子核算

3.5.1 核算方法

以"台班"为功能单位，机械运行耗能的碳排放因子可按下式计算

$$EF^{cb} = q_p^c EF_p^e \tag{3-18}$$

式中 EF^{cb}——机械运行耗能的碳排放因子（$kgCO_{2e}$/台班）；

q_p^c——机械运行单位台班对能源 p 的消耗量。

机械折旧与维修的碳排放因子可根据台班折旧费与维修费按下式计算

$$EF^{ca} = EF^{cd} p^{cd} + EF^{cm} p^{cm} \tag{3-19}$$

式中 EF^{ca}——机械维修与折旧的碳排放因子（$kgCO_{2e}$/台班）；

EF^{cd}——机械生产部门的隐含碳排放强度（$kgCO_{2e}$/元）；

EF^{cm}——机械维修部门的隐含碳排放强度（$kgCO_{2e}$/元）；

p^{cd}——机械的台班折旧费（元/台班）；

p^{cm}——机械的台班维修、修理费（元/台班）。

3.5.2 数据获取

机械碳排放因子的核算以台班能耗、折旧费及修理费为计算依据。这些数据可以在《全国统一施工机械台班费用定额》及各地区机械台班定额中获得。

【例 3-7】 已知某型号履带式推土机的台班柴油消耗量为 59.1kg，台班折旧费为 155.2

元，维修、修理费为 160.2 元，计算该机械的碳排放因子。（参考数据：柴油碳排放因子取 3.107kgCO$_{2e}$/kg，机械生产及维修部门的隐含碳排放强度分别取 0.226kgCO$_{2e}$/元和 0.264kgCO$_{2e}$/元。）

解：根据式（3-18）计算机械运行耗能的碳排放因子：

$$EF^{cb} = (59.1 \times 3.107)kgCO_{2e}/台班 \approx 183.6kgCO_{2e}/台班$$

根据式（3-19）计算机械台班折旧与维修的碳排放因子：

$$EF^{ca} = (155.2 \times 0.226 + 160.2 \times 0.264)kgCO_{2e}/台班 \approx 77.4kgCO_{2e}/台班$$

📖 **延伸阅读：关于折旧费**

折旧费（depreciation charge）是定期地计入成本费用中的固定资产的转移价值。折旧费可根据固定资产原值，剔除不计提折旧的因素后，按照规定的残值率和折旧方法提取。折旧费常用的计算方法有使用年限法、工作量法和加速折旧法等。

1）使用年限法：按预计的使用年限平均分摊固定资产价值的一种方法。这种方法若以时间为横坐标，金额为纵坐标，则累计折旧额在图形上呈现为一条上升的直线。这种方法适用于房屋建筑、经常使用的机械设备等。

2）工作量法：按规定的总工作量（总工作小时数、总工作台班数、总行驶里程数等）计提固定资产折旧的一种方法。这种方法适用于某些价值很大，但又不经常使用或生产变化大，磨损又不均匀的生产专用设备和运输设备等的折旧计算。根据设备的用途和特点又可以分别按工作时间、工作台班或行驶里程等不同的方法计算折旧。

3）加速折旧法：包括年限总数法和双倍余额递减法等。年限总数法指将应计折旧总额乘以剩余可用年数（包括计算当年）与可使用年数所有数字总和之比，作为某年的折旧额；双倍余额递减法指根据各年年初固定资产折余价值和双倍的不考虑残值的直线法折旧率计提各年折旧额。加速折旧法适用于电子机械、电子仪器、仪表及配套的计算机等机器设备，避免由于因科技快速发展导致设备提前报废而遭受损失。

例：某机械设备价格为 200 万元，残值率为 3%，折旧年限为 10 年，年平均工作台班为 200 台班，计算台班折旧费。

解：按工作量法，台班折旧费为 [2000000×(1-3%)÷(10×200)]元=970 元。

3.6　经济部门隐含碳排放强度核算

3.6.1　数据来源

经济部门的隐含碳排放强度可按第 2 章介绍的方法进行核算，其主要涉及经济部门的投入产出表、部门的直接能源消耗量，以及工农业部门的直接温室气体排放等数据资料。

（1）经济投入产出表　我国于 1980 年开始编制投入产出表，各省级行政区也编制了地区经济投入产出表，这些数据可从国家及地方统计局、统计年鉴资料获得。此外，世界经济合作与发展组织（OECD）全球投入产出数据库（WIOD）等提供了部分其他国家和地区的经济投入产出表。

（2）部门的直接能源消耗量　能源消耗是碳排放的主要来源，准确获得各经济部门的直接能耗数据对碳排放强度的测算至关重要。经济部门能耗数据可从历年《中国能源统计年鉴》、地方统计年鉴等资料中的"能源消费总量表""工业分行业终端能源消费量表"和"能源平衡表"获得。

（3）工农业部门生产活动的直接温室气体排放　对于工业与农业部门生产活动中的直接温室气体排放，可根据省级指南的相关规定核算。其中，化石能源开采与矿后活动、水泥熟料生产、钢铁冶炼、谷物种植、氮肥施用，以及动物肠道发酵与粪便管理的直接温室气体排放水平可参考表3-22。

表3-22　工农业部门生产活动的直接温室气体排放强度

工农业部门生产活动	计量单位	温室气体类别	温室气体排放强度/（t/计量单位）
重点煤矿开采与矿后活动	万t	CH_4	7.1
地方煤矿开采与矿后活动	万t	CH_4	7.08
乡镇煤矿开采与矿后活动	万t	CH_4	6.07
露天煤矿开采与矿后活动	万t	CH_4	1.79
石油开采、储运与炼制	万t	CH_4	1.46
天然气加工与消费	亿m^3	CH_4	187.2
水泥熟料生产	万t	CO_2	5380
生铁冶炼	万t	CO_2	1200
钢材冶炼	万t	CO_2	764
单季稻	万hm^2	CH_4	1680~2340
双季稻	万hm^2	CH_4	1562~2410
化肥施用	万t	N_2O	56~178
牛肠道发酵及粪便	万头·年	CH_4/N_2O	752.5/11.7
绵羊肠道发酵及粪便	万头·年	CH_4/N_2O	84.8/0.8
山羊肠道发酵及粪便	万头·年	CH_4/N_2O	92.0/0.8
猪肠道发酵及粪便	万头·年	CH_4/N_2O	44.6/2.0
马肠道发酵及粪便	万头·年	CH_4/N_2O	193.7/3.3
驴、骡肠道发酵及粪便	万头·年	CH_4/N_2O	107.5/1.9
骆驼肠道发酵及粪便	万头·年	CH_4/N_2O	476.0/3.3

3.6.2　数据处理

1. 部门拆分与合并

我国能源统计数据的部门划分与投入产出表的经济部门划分方式及数量存在一定差异，导致部门直接能耗强度向量与列昂惕夫系数矩阵不协调，无法按2.3节的方法核算部门的隐含碳排放强度。为此，可采用部门合并或拆分的方式解决上述问题，即将能源消费和投入产出部门缩减或拆分至两者均能符合的程度。其中部门合并法无须获得额外数据即可实现，但部门缩减会导致信息丢失；而部门拆分法按照一定拆分规则对部门能耗数据进行拆分，使其与投入产出表的部门结构一致，可较好地保留投入产出表的结构与信息。

假设投入产出表中的$L(L\geq1)$个部门与能源统计数据中的$T(T\geq1)$个部门对应，则可按式（3-20）对能源消费部门的直接碳排放量进行合并与拆分：

$$E_l^s = \frac{X_l}{\sum\limits_{l=1}^{L} X_l} \cdot \sum\limits_{t=1}^{T} E_t^e \tag{3-20}$$

式中　E_l^s——经济部门 l 的直接碳排放量（tCO_{2e}）；

　　　E_t^e——能源消费部门 t 的直接碳排放量（tCO_{2e}）；

　　　X_l——经济部门 l 的总投入（产出）（万元）。

2. 部门能耗与直接温室气体排放

回顾本书第 2 章的内容，煤炭、石油和天然气等能源采选的碳排放在能源供应部门考虑，而能源利用的碳排放计入相应的消耗部门。电力和热力的碳排放主要来自生产环节，计入电力、热力的生产部门。汽油、柴油、焦炭等在能源供应部门考虑加工转换过程的碳排放，在能源使用部门考虑燃料燃烧的碳排放。工农业过程的直接温室气体排放计入相应经济部门。因此，经济部门的直接碳排放量可按下式计算：

$$E^s = \sum_p (Q_p^{final} - Q_p^{raw}) EF_p^e + E_{other} \tag{3-21}$$

式中　E^s——经济部门的直接碳排放量（tCO_{2e}）；

　　　Q_p^{final}——经济部门对能源 p 的消费总量（tce），对于电力、热力供应部门包含加工转换投入量；

　　　Q_p^{raw}——经济部门中用作原料、材料的能源 p 消费量（tce）；

　　　EF_p^e——能源 p 的碳排放因子（tCO_{2e}/tce）；

　　　E_{other}——工农业活动的直接温室气体排放量（tCO_{2e}）。

（1）能源终端消费量　根据统计年鉴资料中"工业分行业终端能源消费实物量"及"能源平衡表"确定部门的终端能源消费总量，但不计入以下能耗：①电力、热力，由其他能源加工转换后形成，使用过程不产生碳排放；②润滑油、溶剂油等，通常不作为燃料，碳排放计算时不予考虑；③"其他能源"，无法确定具体能源种类，占比很小、予以忽略。

（2）能源加工转换投入量　根据《中国能源统计年鉴》提供的全国及分地区"能源平衡表"确定火力发电和供热的能源加工转换投入量，并计入相应的能源供应部门。

（3）用作原料、材料的能源消费量　由"能源平衡表"获得"用作原料、材料"的能源消费量，其中油品和天然气主要在化工部门作为溶剂或原料使用，予以扣除；煤和焦炭主要用于金属冶炼行业作为还原剂，发生氧化还原反应同样会产生碳排放，不予扣除。

（4）工农业生产活动的直接温室气体排放　根据《中国统计年鉴》《中国煤炭工业年鉴》等统计资料确定煤炭、石油与天然气开采量、水泥熟料与钢铁生产量、稻谷种植及氮肥施用量，以及动物肠道发酵及粪便总量，并依据表 3-22 测算相应的直接温室气体排放量。

3.7　本章习题

3.7.1　知识考查

1. 当用电单位通过绿电交易获得电力供应时，其用电碳排放应如何核算？

2. 通过数据调研，某种能源的综合碳含量为 67%，平均低位发热值为 7000kcal，假定碳氧化率为 100%，计算以标准煤作为计量单位的碳排放因子。

3. 某炼钢企业，铁矿石采购自国内露天矿场，采用铁路运输 1200km，公路转运 80km；烧结矿和球团矿投入比为 2:1，固体燃料碳排放因子按 2.5kgCO$_{2e}$/kgce 估计，铁矿石采选、烧结球团工序的原材料及燃料投入量按 2019 年全国平均水平考虑，核算该炼钢企业生产每吨人造矿石的平均碳排放量。

4. 某企业生产 1m^3 蒸压粉煤灰砖的清单数据见表 3-23，各类原材料运输距离按 100km 考虑，综合能耗（以标准煤计）的碳排放因子取 2.6kgCO$_{2e}$/kgce，计算蒸压粉煤灰砖生产的碳排放因子。

表 3-23　蒸压粉煤灰砖生产清单数据

投入物料	石灰	石膏	粉煤灰	炉渣	砂子	水	综合能耗
计量单位	kg	kg	kg	kg	kg	kg	kgce
消耗量	218	32	821	218	264	308	44.2

5. 已知某单筒慢速卷扬机（额定起重量 5t）的台班耗电量为 33.6kW·h，台班折旧费与维修费分别为 10.76 元和 17.9 元，核算该卷扬机的碳排放因子［参考数据：电力碳排放因子取 0.68kgCO$_{2e}$/(kW·h)，机械生产及维修部门的隐含碳排放强度分别取 0.226kgCO$_{2e}$/元和 0.264kgCO$_{2e}$/元］。

3.7.2　拓展讨论

1. 结合我国碳排放权交易等节能减排机制，谈一谈碳排放因子核算对开展碳排放权分配与交易工作有何意义？

2. 查阅资料了解我国在绿色、低碳建材发展方面的政策要求与规范标准。

建筑碳排放计算方法 第4章

 **本章导读：**

　　建筑碳排放的量化计算分析对实现建筑业绿色、低碳、可持续发展具有重要意义。《建筑碳排放计算标准》（GB/T 51366—2019）对碳排放计算的基本方法做了规定。在落实碳达峰、碳中和决策部署，提高能源资源利用效率，推动可再生能源利用，降低建筑碳排放，满足经济社会高质量发展需要的背景下，《建筑节能与可再生能源利用通用规范》（GB 55015—2021）于2022年4月起实施。该规范为强制性工程建设规范，具有强制性约束力，广泛适用于新建、扩建和改建建筑，以及既有建筑节能改造工程的建筑节能与可再生能源建筑应用系统的设计、施工、验收及运行管理。该规范将建筑碳排放计算作为强制要求，并规定新建的居住和公共建筑碳排放强度应分别在2016年执行的节能设计标准的基础上平均降低40%，碳排放强度平均降低7kgCO$_{2e}$/（m^2·年）以上。

　　前面章节系统地介绍了生命周期评价的基本理论及各类碳排放因子的核算方法。本章将首先结合建筑生命周期的特点，分析建筑碳排放计算的功能单位与系统边界；然后结合生命周期评价理论与现行国家标准，介绍建筑碳排放计算的基本理论与实用方法。

学习要点：

- 掌握建筑生命周期碳排放计算的系统边界。
- 掌握建筑碳排放计算的基本方法。
- 了解现行国家标准对建筑碳排放计算的相关要求。
- 掌握建筑工程综合碳排放指标的编制与应用。
- 了解建筑碳排放的时变效应与方法改进。
- 了解建筑碳排放计算不确定性的来源与分析方法。

4.1　建筑碳排放计算的目标范围

4.1.1　目标定义

1. 基本概念

　　建筑碳排放计算的基本目标是厘清建筑生命周期中碳排放的主要来源，掌握各阶段与过程的碳排放水平、特征，分析建筑减排的潜力与措施。为了便于理解、学习本章内容，下面介绍一些关于建筑碳排放的基本概念。

1）建筑碳排放（building carbon emission）。建筑物在整个生命周期内由于使用资源、能源而产生的直接或间接温室气体排放的总和，以二氧化碳当量表示。

2）建筑物化（building materialization）。涵盖原材料开采与运输，建筑材料及部品部件生产、加工与产品运输，建设现场施工、安装及装饰装修等，至建筑竣工交付的全过程。

3）建筑面积（building construction area）。房屋外墙（柱）勒脚以上各层的外围水平投影面积，包括阳台、挑廊、地下室、室外楼梯等，且具备上盖、结构牢固，层高 2.20m 以上的永久性建筑。

4）建筑碳排放指标（building carbon emission indicator）。按照规范化计算方法与功能单位得到的碳排放量数值。

5）建筑碳排放系统边界（system boundary of building carbon emission）。建筑碳排放量计算的规定考查范围及基本约定条件。

6）建筑物化碳排放（building materialization carbon emission）。建筑物化阶段的直接和间接碳排放总量。

7）建筑运行碳排放（building operational carbon emission）。由建筑日常运行中利用能源而产生的直接或间接碳排放。

8）建筑隐含碳排放（building embodied carbon emission）。建筑生命周期中除运行碳排放外，建筑物在材料生产、建筑施工、维修维护及拆除处置阶段产生的直接或间接碳排放。

9）建筑碳汇（building carbon sink）。在划定的建筑项目范围内，绿化、植被等从空气中吸收及存储的二氧化碳量。

10）碳排放报告主体（entity of carbon emission report）。对建筑全过程或其中某一阶段碳排放行为负责的项目建设单位或运营管理单位。

2. 一般规定

《建筑碳排放计算标准》（GB/T 51366—2019）对建筑碳排放计算有以下基本要求：

1）建筑碳排放计算的目标对象为单栋建筑或建筑群。

2）建筑碳排放计算方法既要适用于建筑设计阶段对碳排放水平的估计，又要适用于建筑物建造完成及运行过程中对实际碳排放水平的核算。

3）建筑碳排放计算应根据不同需求按阶段计算，并将分段计算结果累计为建筑全生命周期碳排放。

4）建筑碳排放计算应包含《IPCC 国家温室气体清单指南》中列出的各类温室气体。

3. 碳排放预算与核算

在学习工程造价的相关知识时，了解到在工程建设的不同阶段分别要开展投资估算、设计概算、施工图预算、竣工结算与决算等工作。那么对于建筑碳排放的计算又应该在工程建设或运营的哪一个时间节点上开展呢？目前，尽管相关国家规范与标准已规定了建筑碳排放计算的基本理论框架，并将碳排放计算作为了强制性要求，但在工程项目实践中碳排放的计算仍处于初步阶段，相关的配套软件、专业人员的技能培训仍相对滞后。在这样的背景下，完全对标工程造价分阶段开展碳排放计算工作具有较大的难度。为此，可先行考虑工程设计阶段的"碳排放预算"及项目建成后的"碳排放核算"。

碳排放预算：依据项目设计文件、建筑功能与运行要求等资料对建筑全过程碳排放量进行预测的系列活动。

碳排放核算：依据采集、处理、统计得到的碳排放源活动水平数据，对建筑物全过程碳排放量进行计算的系列活动。

实际上无论碳排放预算还是核算，本质上采用的方法是一样的，其不同点主要在于：

1）数据来源不同。建筑碳排放预算与核算在数据获取的来源途径上有区别，碳排放预算主要依据工程规划与设计图、预算分析文本及建筑信息模型（BIM）；而碳排放核算主要依据资源、能源实际消耗的计量单据等资料。

2）结果内涵不同。碳排放预算是根据建筑项目特点与设计资料对其碳排放水平的预测值，而碳排放核算是根据项目实际发生的材料、能源、机械等要素消耗而核算的建筑碳排放"实际值"。之所以"实际值"要加引号是由于碳排放核算结果一般是通过资源、能源的消耗量与碳排放因子按一定方法计算得到的，而非采用计量仪器、仪表直接测量得到的。

3）应用范围不同。碳排放预算结果主要用于设计阶段评估建筑碳排放水平与减排潜力，在满足国家规范与标准要求的基础上，对工程建设与运行阶段的碳排放指标提供计划与指导，并为建筑碳排放的优化分析与低碳设计提供基础。碳排放核算结果主要用于量测建筑物实际碳排放量，便于项目碳排放的管理与优化，为碳排放权的分配与交易提供依据。

📖 延伸阅读：关于工程造价的分类

　　工程造价的含义一般有两种理解：一种是工程项目的建设成本，即一个建设项目从筹建到竣工验收所需费用的总和；另一种是建设工程的承发包价格。前者是从工程项目建设的全过程角度对工程造价的理解，可以使人们从总体上了解工程造价的构成；而后者是从市场交易的角度对工程造价的认知。

　　由于建设工程的复杂性、建筑产品的特点和建筑工程造价的特点，工程造价按工程建设阶段可划分为投资估算、设计概算、施工图预算、招投标控制价与投标报价、竣工结算与决算；而按照工程项目的构成又可分为建设项目总造价、单项工程造价和单位工程造价。工程造价的分类及相互关系如图4-1所示。

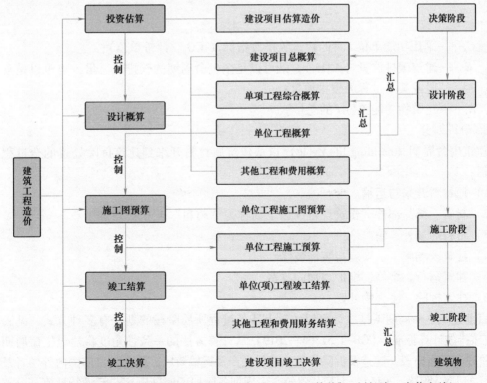

图4-1　工程造价的分类及相互关系（引自《土木工程估价》，刘长滨，李芊主编）

4.1.2 系统边界

1. 功能单位定义

根据计算目标的不同，建筑碳排放量常以"整座建筑""面积"等作为功能单位。具体来说，当估计或核算一幢建筑的碳排放总量时，宜采用整座建筑作为功能单位；而当评估建筑物碳排放强度与减排潜力，对比分析不同设计方法、不同技术方案的碳排放水平时，宜采用面积等作为功能单位。这里的面积既可以是建筑面积，又可以是使用面积、占地面积等，有时也会采用建筑物表面积、容积等物理特性。

1）建筑面积。建筑碳排放计算最常用的功能单位之一，《建筑碳排放计算标准》（GB/T 51366—2019）即采用该指标。

2）使用面积。建筑物中直接供生产或生活使用的净面积，采用使用面积作为功能单位时，可较好地反映建筑物实际可利用空间的碳排放水平。

3）占地面积。以占地面积为功能单位的碳排放指标，可与容积率等指标一样，反映土地的综合利用情况。在实现"双碳"目标的背景下，该指标未来可作为建筑项目规划阶段的重要用地指标之一。

4）表面积或容积。在评估建筑运行碳排放时，耗能及碳排放指标除与建筑物的平面面积有关外，还与建筑物的层高、总高度、体型系数等密切相关。因此，分析建筑运行碳排放水平时，有时也会采用表面积或容积作为功能单位。

在建筑碳排放量的基础上，采用不同功能单位时的建筑碳排放指标可按下式进行换算

$$C_f = \frac{E}{A_f} \tag{4-1}$$

式中　C_f——采用功能单位 f 时的建筑碳排放指标（tCO_{2e}/计量单位）；

E——建筑碳排放量（tCO_{2e}），既可以是全生命周期的碳排放总量，也可以是某一阶段或某一过程的碳排放量；

A_f——建筑物功能单位 f 的总量。

2. 阶段划分

建筑生命周期（building life cycle）指从建筑原材料开采到建筑拆除处置的全过程，一般包括：

1）原材料开采与运输。

2）材料、部品部件、建筑设备（以下简称为"材料"）生产与加工。

3）材料的场外运输。

4）建筑现场施工、安装与装饰装修。

5）建筑运行、维修、维护与加固改造。

6）建筑拆除、废弃物处置。

目前建筑生命周期碳排放计算时，对上述各过程所属阶段的划分有多种方式，见表4-1。《建筑碳排放计算标准》（GB/T 51366—2019）从计算方法的一致性角度将建筑生命周期分为三个阶段：运行阶段、建造及拆除阶段、建材生产及运输阶段。然而，目前国内外学者及国际标准（如 EN 15978：2011），大都从建筑生命周期各阶段的时间顺序与活动特性将其分解为四个阶段：生产阶段、建造阶段、运行阶段及处置阶段。其中，生产与建造阶段是建筑物的诞生

与形成过程，也常统称为物化阶段（materialization stage）；运行阶段是建筑物功能的实际体现，一般认为其是传统建筑碳排放的主体；而处置阶段代表了建筑物寿命的终止。为便于理解建筑生命周期的组成与各阶段之间的联系，以下章节内容将按后者的阶段划分进行安排。

表 4-1　建筑生命周期的阶段划分

阶段总数	阶段划分
2	建筑上游、建筑下游
2	建造阶段、运行阶段
3	材料生产、建筑施工、建筑拆除
3	建筑物化、运营维护、拆除处置
3	建筑建造、建筑运行、建筑拆除
4	生产、建造、运行、处置
5	原料开采、材料生产、建筑施工、使用与维护、拆除与处置
5	材料准备、建筑施工、建筑运行、建筑拆除、废弃物处理与回收

3. 系统边界确定

建筑生命周期是包含多样化产品（服务）流与单元过程的复杂产品系统。受研究目标、数据可获取性与计算复杂度所限，通常来说，建筑碳排放计算不可能完整考虑所有碳排放源与汇。因此，需要在碳排放计算前对系统边界做合理、可靠的简化与决策。

根据碳排放计算目标的不同，建筑生命周期的系统边界可分为"从摇篮到工厂（cradle to gate）""从摇篮到现场（cradle to site）"和"从摇篮到坟墓（cradle to grave）"等几类。"从摇篮到工厂"的系统边界包含原材料开采到建筑材料或部件成品离开工厂为止的上游过程；"从摇篮到现场"的系统边界在前者的基础上，增加了建筑材料与部件运输、建筑现场施工与吊装，以及施工废弃物处理等过程；而"从摇篮到坟墓"的系统边界在前两者的基础上，考虑了后续建筑运行、维护和拆除处置过程，即通常意义上的全生命周期评价。

（1）**生产阶段（production phase）**　首先原材料被开采并运输到材料生产厂，然后工厂进行材料的生产与加工，完成养护、贮存与包装等工作，并将工厂生产的材料与构件运送至施工现场；对于装配式建筑，这一阶段还会在工厂中完成预制构件的制作。该阶段主要的产品流为原材料、能源的输入及材料、构件的输出。值得注意的是，钢材、水泥、木材、玻璃等材料生产的碳排放在相应的生产、加工及运输等环节中产生，并不是在建筑物现场产生，而是由于消耗了材料间接计入了这些材料的生产及运输碳排放，因此，从消费者视角，生产阶段的碳排放对于建筑物来说属于间接碳排放。

（2）**建造阶段（construction phase）**　将运送至施工现场的材料与构件，通过现场加工、施工安装等工程作业，建设形成建筑物。在这一阶段中，除各类复杂施工工艺（如混凝土浇筑、钢筋加工、起重吊装）的能源及服务使用外，临时照明、生活办公等用能也不可忽略。该阶段主要的产品流为材料、构件、能源及服务的输入，以及建筑物与施工废弃物的输出。

（3）**运行阶段（operation phase）**　包括建筑日常使用及建筑的维修、维护和改造等过程，是建筑生命周期中持续时间最长的阶段。建筑日常使用一般涵盖建筑运行所需的供电、照明、采暖、制冷、通风、热水、电梯等系统，以及业主的其他用能活动（如办公及家用电器设备、炊事活动）；而维修、维护和改造既包含维持建筑功能与可靠性要求的"小修小改"，又包括功能与可靠性增强所需的"大修大改"。此外，运行阶段还应考虑可再生能源利用的减碳量与建筑碳汇系统的固碳量。该阶段的主要产品流为能源及维修、维护材料的输入，以及日常使用、维修维护过程的废弃物输出。

（4）处置阶段（disposal phase）　建筑物被拆除并进行大构件的破碎，将拆除废弃物运输至指定位置后，进行建筑场地的平整，而废弃物被进一步分拣，其中可回收材料用于再加工、再利用，不可回收的材料被填埋或焚烧处理。该阶段主要产品流为能源、服务的输入，以及建筑废弃物和再生资源的输出。

需要说明的是，尽管以上四个阶段总体上描述了建筑生命周期的全过程，但仍存在未纳入系统边界的产业上下游环节。例如，上游产业及服务中，能源的生产、储存与配送，施工的人力资源投入，以及市政基础设施利用、交通道路维护等；下游产业及服务中，再生材料与能源的加工与利用、各阶段废弃物的回收处理。此外，即便在所定义的系统边界内，由于建筑产品系统自身的复杂性，也难以毫无遗漏地考查各阶段中所有单元过程与产品流，为建筑碳排放计算的系统边界定义带来困难。

为此，国内外学者提出可以根据建筑碳排放计算的时间范围、空间尺度与技术目标，建立分级式的系统边界（见图4-2）。

1）以时间范围为界，在生产、建造、运行与处置四个基本阶段的基础上，考虑产业上游与产业下游环节扩展为六个阶段。

2）以空间尺度为界，将系统边界分为主体结构、单体建筑、建筑小区，以及城乡建筑群与区域建筑业等尺度。

3）以技术目标为界，将系统边界分为"考虑全部因素""考虑关键因素"和"考虑差异化因素"三个级别，分别适用于全面的建筑碳排放估计与核算、建筑碳排放水平及减排潜力的一般性分析、不同设计与技术方案的碳排放对比与优化。

📖 延伸阅读：国家标准关于系统边界的要求

●建筑材料生产及运输阶段碳排放计算应包括建筑主体结构材料、建筑维护结构材料、建筑构件和部品等，纳入计算范围的主要建筑材料的确定应符合下列规定：①所选主要建筑材料的总重量不应低于建筑中所耗建材总重量的95%；②在符合上述规定的基础上，重量比小于0.1%的建筑材料可不计算。

●建筑建造碳排放应包括完成各分部分项工程施工产生的碳排放和各项措施项目实施过程产生的碳排放。

●建造阶段碳排放计算时间边界应从项目开工起至项目竣工验收止，拆除阶段碳排放计算时间边界应从拆除起至拆除肢解并从楼层运出止。

●建造阶段施工场地区域内的机械设备、小型机具、临时设施等使用过程中消耗能源产生的碳排放应计入。

●建造阶段现场搅拌的混凝土和砂浆、现场制作的构件和部品，其产生的碳排放应计入。

●建造阶段使用的办公用房、生活用房和材料库房等临时设施的施工和拆除可不计入。

●建筑运行阶段碳排放计算范围应包括暖通空调、生活热水、照明及电梯、可再生能源系统、建筑碳汇系统在建筑运行期间的碳排放量。

●建筑运行碳排放计算中采用的建筑设计寿命与设计文件一致，当设计文件不能提供时，应按50年计算。

●建筑拆除阶段的碳排放应包括人工拆除和使用小型机具、机械拆除消耗的各种能源动力产生的碳排放。

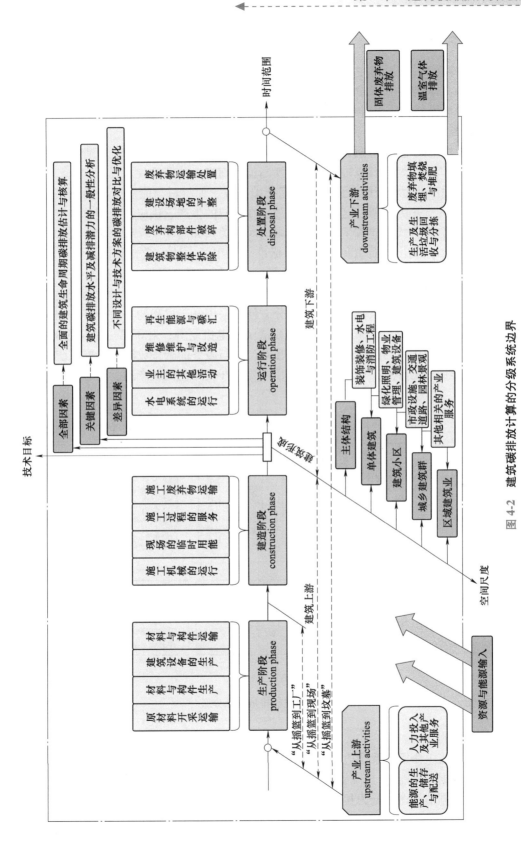

图 4-2　建筑碳排放计算的分级系统边界

4.1.3 清单数据

1. 碳排放来源分级

根据建筑生命周期的产品流，可将建筑碳排放的来源分为以下三个层级：

1）由于现场燃料燃烧而引起的直接碳排放，如建筑建造或运行过程中现场采用柴油、天然气等燃料燃烧供能。

2）由于使用外购电力和热力等，而计入的间接碳排放，实际上相当于消费电力、热力等，导致的热电厂利用燃料燃烧进行能源转换与加工而产生的碳排放。

3）由于其他产业过程及服务所引起的间接碳排放，如材料与能源生产供应、废弃物处置等，与使用电力、热力相似，这部分碳排放也在相应的生产、供应及处理单位产生。

上述碳排放分级方式与建筑生命周期阶段的对应关系如图4-3所示。该分级方式与世界资源研究所（WRI）提出的概念和一些国际标准等采用的方法一致，其优点是可根据碳排放的来源途径对碳排放的产生者与负责者进行区分，便于碳排放权的归属与管理。与此同时，不同层级的碳排放计算可根据排放源的特点采用差异化的方法。对于前两个层级的碳排放，可根据能源的消耗量与碳排放因子，十分方便地采用基于过程的方法计算，相应的减排路径主要是寻求清洁能源替代品、采用高效和清洁发电机制等；对于第三个层级的碳排放，由于涉及复杂的工业生产与服务过程，需要在对产品与服务的碳排放因子开展系统性核算的基础上实现碳排放量的计算，相应的减排路径主要是开发绿色低碳产品、寻求替代技术或优化设计方案等。

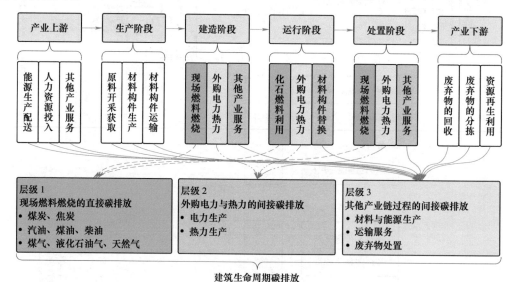

图4-3　建筑碳排放来源分级

2. 清单数据收集

根据上述建筑生命周期系统边界的定义和碳排放来源分级，可将建筑生命周期碳排放计算需要的清单数据分为能源、产品和服务三类。其中，能源可根据生产方式分为一次能源和二次能源，或根据消耗途径分为机械能耗和运行能耗（材料生产能耗一般包含在产品的碳排放因子内）；产品主要包括材料、构件等；而服务包括但不限于运输、废弃物处理、能源生产、人力投入等。根据数据收集的主要目标，建筑生命周期碳排放的清单数据分析应包含图 4-4 所示的主要内容。

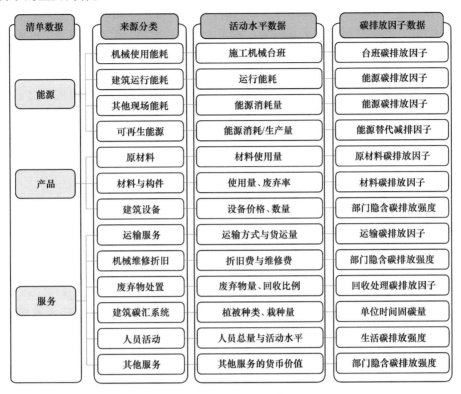

图 4-4　建筑碳排放的清单数据需求

（1）能源清单

1）按生产方式划分，常用的一次能源包括煤炭、石油、天然气、风能、太阳能等；而二次能源包括电力、热力、焦炭、燃油、煤气等，需要搜集的清单数据包括能源使用量及相应的碳排放因子等。一次能源中，煤炭和天然气主要用于建筑供热和炊事活动，石油一般很少直接使用，而在提炼加工成各类燃油后使用；风能和太阳能等可再生能源通常被转化为电力和热力在节能建筑中使用，并可考虑能源替代的减碳量。二次能源中，电力是建筑生命周期各阶段应用最广泛的能源，热力主要用于集中供暖地区，燃油主要用于施工机械的运行，煤气主要用于炊事、生活热水等。

2）按消耗途径划分，机械使用能耗来自现场施工、维修维护及拆除过程，需搜集的清单数据包括施工机械台班、台班能耗强度、能源排放因子等；建筑运行能耗包含维持建筑运行必备的供电、照明、采暖和制冷能耗，以及办公与家用电气设备能耗，所需清单数据包括设备运行能耗总量与能源排放因子等。

（2）材料清单

1）原材料是材料、部品部件生产的基础，包括水、黏土、砂石、木材、石灰石、石灰和石膏等。一般来说，原材料可直接开采获得，或来自工业生产的废料（如粉煤灰、矿渣）。原材料需搜集的清单数据主要包括材料使用量、开采能耗强度及碳排放因子等。

2）建筑材料、构件是建筑的基本组成部分，材料生产是建筑隐含碳排放的主要来源。

材料需搜集的清单数据主要包括材料的使用量、废弃率和碳排放因子等。根据用途不同，可将建筑材料分为主体结构材料、功能性材料、装饰装修材料和辅助性材料等。其中，主体结构材料指构成承重与围护结构体系的材料与构件，如钢材、水泥、混凝土、砖与砌块、木材、预制构件等；功能性材料指实现通风、采光、防水、保温、给水排水、供电照明等建筑基本功能的材料，如门窗、防水卷材、保温材料、水电管材、散热器、电线、灯具等；装饰装修材料指用于实现建筑美学要求的材料，如装饰性石材、各类板材、油漆涂料、抹灰砂浆等；而辅助性材料指主要在运输、施工等过程中起辅助作用的材料，如模板、脚手架、支撑支护、围挡、包装与绑扎材料等。

3）建筑设备指实现建筑基本功能所需的水电与消防设备等，需搜集的清单数据主要包括设备价格、数量和设备生产部门的隐含碳排放因子等。

(3) 服务清单

1）运输服务涉及建筑生命周期的各阶段，包括铁路运输、公路运输、水路运输、航空运输等各种方式。运输服务需搜集的清单数据主要包括运输方式、货运量和运输碳排放因子等。

2）机械设备维修与折旧主要与施工、维修维护及拆除过程有关，需要搜集的清单数据包括机械台班、台班折旧费与维修费，以及机械生产与维修部门的隐含碳排放强度等。

3）废弃物来自建筑生命周期的全过程，相应的处置服务主要包括废弃物分拣、不可再生废料的填埋或焚烧处理，以及可再生材料的回收再利用等。由于可再生材料经生产、加工后被应用于其他工程或生产环节，为避免重复计算，一般来说不计入所研究建筑的系统边界。废弃物处置服务需要搜集的清单数据主要包括废弃物回收量、不可再生废料的比例、废料分拣与回收处理的能耗与碳排放强度等。

4）建筑碳汇系统可通过绿化植被的光合作用实现生物固碳，需要搜集的清单数据包括植被种类、栽种量、单位时间的固碳量等。

5）建筑业是劳动密集型产业，部分学者认为应在建造阶段考虑人员生活的间接碳排放。需要搜集的清单数据包括施工人员数量、工作时间、人均生活碳排放强度等。

6）对于其他上下游产业服务，受限于获取途径与成本，可仅收集相应服务的货币价值与部门隐含碳排放强度等清单数据。

4.2 基于过程的建筑碳排放计算方法

建筑全生命周期碳排放的计算，应根据系统边界与清单数据合理选择计算方法。《建筑碳排放计算标准》（GB/T 51366—2019）采用基于过程的生命周期评价方法建立了碳排放计算的基本框架，可用于工程项目碳排放的一般性分析。当需要全面了解建筑生命周期碳足迹时，可再采用投入产出分析法拓展系统边界，实现补充计算。

根据建筑生命周期的四个基本阶段，采用基于过程的计算方法可得碳排放总量为

$$E^{life} = E^{pro} + E^{con} + E^{ope} + E^{dis} \tag{4-2}$$

式中　　E^{life}——建筑生命周期碳排放总量（tCO_{2e}）；

　　　　E^{pro}——生产阶段的碳排放量（tCO_{2e}）；

　　　　E^{con}——建造阶段的碳排放量（tCO_{2e}）；

　　　　E^{ope}——运行阶段的碳排放量（tCO_{2e}）；

　　　　E^{dis}——处置阶段的碳排放量（tCO_{2e}）。

【例4-1】　已知两幢六层住宅建筑A和B的各阶段碳排放量与面积指标见表4-2，计算两幢建筑的各阶段碳排放占比，并比较两幢建筑的碳排放指标。

表4-2　建筑碳排放量及面积指标

建筑	碳排放量/tCO$_{2e}$				面积指标/m^2	
	生产阶段	建造阶段	运行阶段	处置阶段	建筑面积	使用面积
建筑A	1240.32	48.96	8160.00	19.58	3264	2814
建筑B	1257.46	56.38	8200.80	20.50	3417	2801

解：由式（4-2），两幢建筑的生命周期碳排放总量分别为

$$E^{life,A} = (1240.32 + 48.96 + 8160.00 + 19.58)tCO_{2e} = 9468.86tCO_{2e}$$

$$E^{life,B} = (1257.46 + 56.38 + 8200.80 + 20.50)tCO_{2e} = 9535.14tCO_{2e}$$

各阶段碳排放占比分别见表4-3。

表4-3　各阶段碳排放占比

建筑	生产阶段	建造阶段	运行阶段	处置阶段
建筑A	1240.32÷9468.86≈13.1%	48.96÷9468.86≈0.5%	8160.00÷9468.86≈86.2%	19.58÷9468.86≈0.2%
建筑B	1257.46÷9535.14≈13.2%	56.38÷9535.14≈0.6%	8200.80/9535.14≈86.0%	20.50÷9535.14≈0.2%

计算结果可以看出，两幢建筑各阶段的碳排放占比较为接近，运行阶段贡献最高，其次是生产阶段。根据式（4-1）计算两幢建筑的碳排放指标，见表4-4。

表4-4　两幢建筑的碳排放指标

建筑	单位建筑面积的碳排放指标/(tCO$_{2e}$/m^2)					单位使用面积的碳排放指标/(tCO$_{2e}$/m^2)				
	生产	建造	运行	处置	生命周期	生产	建造	运行	处置	生命周期
建筑A	0.380	0.015	2.500	0.006	2.901	0.441	0.017	2.900	0.007	3.365
建筑B	0.368	0.017	2.400	0.006	2.791	0.449	0.020	2.928	0.007	3.404

对比可知，两幢建筑分别按建筑面积与使用面积核算的碳排放指标，大小关系存在明显不同。建筑B按建筑面积的碳排放指标，除建造阶段外均低于建筑A，但按使用面积的碳排放指标均高于建筑A。因此，在对比分析建筑物碳排放强度高低时，一定要注意选择合适的功能单位。

4.2.1　生产阶段碳排放计算

1. 概述

一般来说，原材料开采、获取的碳排放在材料生产的碳排放计算中考虑，而不单独列出。因此，采用基于过程的计算方法时，生产阶段的碳排放量应为材料生产过程与运输过程碳排放量之和，即

$$E^{pro} = E^{mat} + E^{tra} \tag{4-3}$$

式中　E^{mat}——材料生产过程的碳排放量（tCO$_{2e}$）；

E^{tra}——材料运输过程的碳排放量（tCO$_{2e}$）。

2. 材料生产

材料生产的碳排放量可根据材料（构件）的碳排放因子与消耗量按下式计算

$$E^{\mathrm{mat}} = \sum_i Q_i^{\mathrm{mat}} EF_i^{\mathrm{m}}$$ (4-4)

式中　Q_i^{mat}——材料 i 的消耗量；

　　　EF_i^{m}——材料 i 的碳排放因子（tCO_{2e}/计量单位）。

在碳排放测算阶段，应通过查询设计图、建筑信息模型、工程造价文件等获得材料的消耗量，并应考虑材料利用过程的废弃率。对于可周转使用的辅助性材料，应根据周转次数与损耗率确定均摊消耗量，作为碳排放量计算依据。根据《全国统一建筑工程基础定额编制说明》，工具式钢模板（复合木模板）、钢支撑系统、木模板、木支撑和零星卡具的周转次数分别为 50、120、5、10 和 20，损耗率分别为 1%、1%、5%、5% 和 2%。而在碳排放核算阶段，材料消耗量应根据材料采购清单、材料进场称重记录、工程内业资料等相关技术文件确定，并应与供应商提供的材料销售记录进行交叉验证，以保证数据的准确性。

材料的碳排放因子取值一般应满足以下要求：①优先选用政府管理部门、行业协会发布的数据，相关国家与地方标准、指南与条例等发布的数据，以及经专业第三方机构检测发布的数据；②当上述来源不能覆盖计算所需时，碳排放因子可依据以下资料核算：权威机构连续发布的正式出版文献、经认证的学术机构研究报告、各类统计年鉴和报表、有关基础数据手册、工厂内部的工艺信息调研。

《建筑碳排放计算标准》（GB/T 51366—2019）规定，当使用低价值废料作为原料时，可忽略其上游过程的碳排放。当使用其他再生原料时，应按其所替代的初生原料的碳排放的 50% 计算；建筑建造与处置阶段产生的可再生建材废料，可按其可替代的初生原料的碳排放的 50% 计算，并应从建筑碳排放中扣除。

3. 材料运输

材料运输过程的碳排放量可参考 IPCC 2006 报告，按运输过程总耗能量或货运量计算。采用前一种方法时，需统计运输载具的耗油、耗电等能源利用情况，并按式（4-5）计算耗能的碳排放。该方法的准确性相对较高但数据收集处理相对复杂，适用于碳排放核算阶段。

$$E^{\mathrm{tra}} = \sum_j Q_j^{\mathrm{tra,e}} EF_j^{\mathrm{e}}$$ (4-5)

式中　$Q_j^{\mathrm{tra,e}}$——运输过程中能源 j 的消耗量；

　　　EF_j^{e}——能源 j 的碳排放因子（tCO_{2e}/计量单位）。

采用后一种方法时，货运量可根据材料消耗量与运输距离估算，准确性相对较差但计算简便，适合碳排放预算阶段的分析。我国现行标准即按货运量和单位货运量的运输碳排放因子进行计算，公式如下

$$E^{\mathrm{tra}} = 10^{-3} \sum_k \sum_i Q_{ik}^{\mathrm{tra}} EF_k^{\mathrm{t}}$$ (4-6)

式中　Q_{ik}^{tra}——材料 i 采用运输方式 k 的货运量（t·km），可按材料重量与运输距离的乘积计算；

　　　EF_k^{t}——运输方式 k 单位货运量的碳排放因子 [$kgCO_{2e}$/(t·km)]。

运输距离可根据材料生产地与工程建设地的位置进行合理估算，或取《建筑碳排放计算标准》（GB/T 51366—2019）规定的默认值，即混凝土的默认运输距离取 40km，其他材料的默认运输距离取 500km。此外，一般建筑材料可仅考虑由生产地到工程建设地的单向运

输，可周转使用的模板、脚手架等需考虑双向运输。

建筑全生命周期碳排放计算所需的能源碳排放因子一般应满足以下要求：①化石能源的碳排放因子应选用政府管理部门、行业协会最新发布的数据，相关国家与地方标准、指南与条例等发布的数据；②化石能源的碳排放因子取值一般可不考虑能源生产、储存及运输等上游过程；③外购电力的碳排放因子应采用相关部门最新公布的区域电网平均碳排放因子或咨询当地供电单位；④外购热力的碳排放因子应咨询当地供热单位或由报告主体委托专业第三方机构进行检测；⑤使用核电、风电、水电、太阳能光伏发电等外购清洁电力时，碳排放因子可按0考虑。

【例4-2】 某建筑项目设计阶段，按设计图计算的主要建筑材料消耗量及碳排放因子见表4-5，运输碳排放因子取 $0.2kgCO_{2e}/(t \cdot km)$。计算材料生产和运输的碳排放量。

表4-5 建筑材料消耗量与运距

材料	类型	混凝土	钢材	铝合金	玻璃	滑石粉	聚氨酯	木材
	计量单位	m^3	t	t	t	t	t	m^3
	消耗量	4443.5	761	29.6	86.1	617.7	13.4	82.6
运距/km		40	500	200	200	150	150	500
碳排放因子/(tCO_{2e}/计量单位)		0.261	2.34	14.5	1.13	0.15	5.22	0.487

解：由已知条件可以判断，该题目属于碳排放预算问题。

由式（4-4），材料生产的碳排放量如下：

$$E^{\text{mat}}_{\text{混凝土}} = (4443.5 \times 0.261)tCO_{2e} \approx 1159.8tCO_{2e}$$

$$E^{\text{mat}}_{\text{钢材}} = (761 \times 2.34)tCO_{2e} \approx 1780.7tCO_{2e}$$

$$E^{\text{mat}}_{\text{铝合金}} = (29.6 \times 14.5)tCO_{2e} \approx 429.2tCO_{2e}$$

$$E^{\text{mat}}_{\text{玻璃}} = (86.1 \times 1.13)tCO_{2e} \approx 97.3tCO_{2e}$$

$$E^{\text{mat}}_{\text{滑石粉}} = (617.7 \times 0.15)tCO_{2e} \approx 92.7tCO_{2e}$$

$$E^{\text{mat}}_{\text{聚氨酯}} = (13.4 \times 5.22)tCO_{2e} \approx 69.9tCO_{2e}$$

$$E^{\text{mat}}_{\text{木材}} = (82.6 \times 0.487)tCO_{2e} \approx 40.2tCO_{2e}$$

$$E^{\text{mat}} = E^{\text{mat}}_{\text{混凝土}} + E^{\text{mat}}_{\text{钢材}} + E^{\text{mat}}_{\text{铝合金}} + E^{\text{mat}}_{\text{玻璃}} + E^{\text{mat}}_{\text{滑石粉}} + E^{\text{mat}}_{\text{聚氨酯}} + E^{\text{mat}}_{\text{木材}} = 3669.8tCO_{2e}$$

混凝土和木材的密度分别取 $2.4t/m^3$ 和 $0.5t/m^3$，计算可得货运量为

$$\sum_i Q^{\text{tra}}_i = (4443.5 \times 2.4 \times 40 + 761 \times 500 + 29.6 \times 200 +$$
$$86.1 \times 200 + 617.7 \times 150 + 13.4 \times 150 + 82.6 \times 0.5 \times 500)t \cdot km$$
$$= 945531t \cdot km$$

由式（4-6），运输的碳排放量为

$$E^{\text{tra}} = (10^{-3} \times 945531 \times 0.2)tCO_{2e} \approx 189.1tCO_{2e}$$

由式（4-3），生产阶段的碳排放量为

$$E^{\text{pro}} = E^{\text{mat}} + E^{\text{tra}} = (3669.8 + 189.1)tCO_{2e} = 3858.9tCO_{2e}$$

4.2.2 建造阶段碳排放计算

1. 概述

采用基于过程的计算方法，建造阶段的碳排放量应为现场能源利用与施工废弃物运输的碳排放量之和。其中，现场能源利用又可进一步划分为施工机械的运行能耗，以及现场临时照明、办公、生活等的能耗。因此，建造阶段的碳排放量可按下式计算

$$E^{con} = E^{mac} + E^{coe} + E^{cwt} \tag{4-7}$$

式中　E^{mac}——机械运行耗能的碳排放量（tCO_{2e}）；

　　　E^{coe}——其他临时用能的碳排放量（tCO_{2e}）；

　　　E^{cwt}——施工废弃物运输的碳排放（tCO_{2e}）。

值得注意的是，《建筑碳排放计算标准》（GB/T 51366—2019）规定仅需考虑机械设备、小型机具、临时设施等的碳排放，未包含废弃物运输、临时生活与办公的碳排放。

2. 施工机械运行

施工机械运行的碳排放可根据机械耗能量与能源碳排放因子按下式计算

$$E^{mac} = \sum_j Q_j^{mac,e} EF_j^e \tag{4-8}$$

式中　$Q_j^{mac,e}$——施工机械运行对能源 j 的消耗总量。

在碳排放核算阶段，应根据施工现场单据、仪表示数等完成机械耗油量、耗电量的统计。

在碳排放预算阶段，施工机械运行的能源消耗总量宜根据施工机械台班定额与工程消耗量定额等，采用施工工序能耗估算法按下式估算

$$Q_j^{mac,e} = Q_j^{sub,e} + Q_j^{mea,e} \tag{4-9}$$

式中　$Q_j^{sub,e}$——分部分项工程的能源消耗总量；

　　　$Q_j^{mea,e}$——措施项目的能源消耗总量。

分部分项工程的能源消耗总量应按下列公式计算

$$Q_j^{sub,e} = \sum_m Q_m^{sub} f_{jm}^{sub} \tag{4-10}$$

$$f_{jm}^{sub} = \sum_n q_{nm}^{mac} q_{jn}^{mac,e} + q_{jm}^{oth,e} \tag{4-11}$$

式中　Q_m^{sub}——分部分项工程中项目 m 的工程量；

　　　f_{jm}^{sub}——项目 m 单位工程量对能源 j 的消耗量；

　　　q_{nm}^{mac}——项目 m 单位工程量对施工机械 n 的消耗量（台班）；

　　　$q_{jn}^{mac,e}$——施工机械 n 单位台班对能源 j 的消耗量；

　　　$q_{jm}^{oth,e}$——项目 m 单位工程量中，小型施工机具不列入机械台班消耗量，但其消耗的能源列入材料部分的能源 j 消耗量。

而措施项目的能耗计算应符合以下规定。

1）脚手架、模板及支架、垂直运输、建筑物超高等可计算工程量的措施项目，其能耗应按下列公式计算

$$Q_j^{mea,e} = \sum_m Q_m^{mea} f_{jm}^{mea} \tag{4-12}$$

$$f_{jm}^{\mathrm{mea}} = \sum_n q_{nm}^{\mathrm{mac}} q_{jn}^{\mathrm{mac,e}} \qquad (4\text{-}13)$$

式中　Q_m^{mea}——措施项目 m 的工程量；

f_{jm}^{mea}——措施项目 m 单位工程量对能源 j 的消耗量。

2）施工降排水应包括成井和使用两个阶段，其能源消耗应根据项目降排水专项方案计算。

3）其他施工临时设施（如垂直运输）消耗的能源应根据施工企业编制的临时设施布置方案和工期计算确定。

【例 4-3】　已知某钢筋加工分项工程的工程量为 24.5t，单位分项工程的施工机械台班消耗量及台班耗电量见表 4-6，计算该分部分项工程的施工机械运行碳排放量［提示：用电碳排放因子取 $0.68\mathrm{kgCO_{2e}}/(\mathrm{kW \cdot h})$］。

表 4-6　单位分项工程的施工机械台班消耗量及台班耗电量

机械	名称	钢筋调直机	钢筋切断机	钢筋弯曲机	直流弧焊机	对焊机	电焊条烘干箱
	型号	14mm	40mm	40mm	32kV·A	75kV·A	45cm×35cm×45cm
消耗量/（台班/t）		0.095	0.105	0.242	0.473	0.095	0.047
耗电量/（kW·h/t）		11.9	32.1	12.8	93.6	122.0	6.7

解：由式（4-11），单位钢筋加工分项工程的耗电量为

$f_{\text{钢筋加工}}^{\mathrm{sub}} = (0.095 \times 11.9 + 0.105 \times 32.1 + 0.242 \times 12.8 +$
$0.473 \times 93.6 + 0.095 \times 122.0 + 0.047 \times 6.7)\mathrm{kW \cdot h/t} \approx 63.78\mathrm{kW \cdot h/t}$

由式（4-10），钢筋加工分项工程的总耗电量为

$$Q_{\text{钢筋加工}}^{\mathrm{sub,e}} = (24.5 \times 63.78)\mathrm{kW \cdot h} \approx 1562.6\mathrm{kW \cdot h}$$

代入式（4-8），钢筋加工分项工程的碳排放总量为

$$E^{\mathrm{mac}} = (10^{-3} \times 1562.6 \times 0.68)\mathrm{tCO_{2e}} \approx 1.063\mathrm{tCO_{2e}}$$

3. 其他临时能耗

施工现场其他临时用能的碳排放量可按下式计算

$$E^{\mathrm{coe}} = \sum_j Q_j^{\mathrm{coe,e}} EF_j^{\mathrm{e}} \qquad (4\text{-}14)$$

式中　$Q_j^{\mathrm{coe,e}}$——施工现场其他临时活动对能源 j 的消耗总量。

在碳排放核算阶段，临时用能量（主要是用电）应以电表示数、燃料采购单据等为依据，并可与机械运行用能合并统计。

在碳排放预算阶段，临时用能量可根据用能指标估计值、施工面积和工期按下式估算

$$Q_j^{\mathrm{coe,e}} = f_j^{\mathrm{coe,e}} A^{\mathrm{con}} T^{\mathrm{con}} \qquad (4\text{-}15)$$

式中　$f_j^{\mathrm{coe,e}}$——单位时间单位施工面积的用能指标估计值；

A^{con}——施工面积（$\mathrm{m^2}$）；

T^{con}——预计工期（d）。

【例4-4】 根据某建筑工程施工方案，预计工期为185d，施工面积为3624m²，预估照明用电量为0.05kW·h/(m²·d)；现场办公、生活区的面积为360m²，单位面积日均用电量为0.2kW·h/(m²·d)，估计现场临时用能的碳排放量 [提示：用电碳排放因子取0.68kgCO₂ₑ/(kW·h)]。

解：根据已知条件，单位施工面积的现场办公、生活用电量指标为

$$f_{办公、生活}^{coe, e} = (0.2 \times 360 \div 3624) kW \cdot h/(m^2 \cdot d) \approx 0.02 kW \cdot h/(m^2 \cdot d)$$

由式 (4-15)，临时照明与现场办公、生活用电量分别为

$$Q_{临时照明}^{coe, e} = (0.05 \times 3624 \times 185) kW \cdot h \approx 33522 kW \cdot h$$

$$Q_{办公、生活}^{coe, e} = (0.02 \times 3624 \times 185) kW \cdot h \approx 13409 kW \cdot h$$

根据式 (4-14)，施工现场其他临时用能的碳排放量为

$$E^{coe} = [10^{-3} \times (33522 + 13409) \times 0.68] tCO_{2e} \approx 31.91 \ tCO_{2e}$$

4. 施工废弃物运输

施工废弃物运输的碳排放量可采用材料运输过程的计算方法。在碳排放核算阶段，废弃物运输能耗根据运输载具的燃料或动力购买单据统计；而在碳排放预算阶段，根据单位面积的预估施工废弃物量、施工面积和废弃物运输距离按式 (4-16) 估计废弃物的运输量。一般来说，施工废弃物仅考虑通过公路运输至废弃物处理厂或填埋场。

$$Q^{cwt} = q^{cwt} A^{con} D^{cwt} \tag{4-16}$$

式中　Q^{cwt}——施工废弃物的运输量 (t·km)；

　　　q^{cwt}——单位施工面积的预估废弃物量 (t/m²)；

　　　D^{cwt}——施工废弃物的公路运输距离 (km)。

4.2.3 运行阶段碳排放计算

1. 概述

采用基于过程的计算方法，建筑运行阶段碳排放量应为建筑水电系统、业主的其他用能活动，以及维修维护、加固改造的碳排放量之和，并扣除可再生能源系统的能源替代减碳量与建筑碳汇系统的固碳量。其中，水电系统主要包括暖通空调系统 (HVAC)、生活热水系统和照明及电梯系统。因此，建筑运行阶段的碳排放量可按下式计算

$$E^{ope} = E^{hvac} + E^{hwt} + E^{lae} + E^{act} - E^{ren} - E^{sink} \tag{4-17}$$

式中　E^{hvac}——暖通空调系统的碳排放量 (tCO_{2e})；

　　　E^{hwt}——生活热水系统的碳排放量 (tCO_{2e})；

　　　E^{lae}——照明与电梯系统的碳排放量 (tCO_{2e})；

　　　E^{act}——业主其他用能活动的碳排放量 (tCO_{2e})；

　　　E^{ren}——可再生能源替代的减碳量 (tCO_{2e})；

　　　E^{sink}——建筑碳汇系统的固碳量 (tCO_{2e})。

目前，《建筑碳排放计算标准》(GB/T 51366—2019) 未纳入业主的其他用能活动与建筑维修维护、加固改造的碳排放。对于与业主行为相关的办公、生活设备及炊事活动等是否

计入建筑生命周期碳排放计算的系统边界内，目前并未形成定论，建议在计算时按以下方式处理：

1）建筑碳排放核算阶段或分析区域建筑碳排放总体水平及减排途径时应考虑。

2）建筑碳排放预算阶段或开展建筑设计与技术方案的对比优化时可忽略。

2. 暖通空调系统

暖通空调系统的碳排放量包括能源利用的碳排放和制冷剂使用的直接温室气体排放两方面，并可按下式计算

$$E^{\text{hvac}} = \sum_j q_j^{\text{hvac},e'} EF_j^{e'} T^{\text{ope}} + 10^{-3} Q_s^{\text{GHG}} GWP_s \tag{4-18}$$

式中　$q_j^{\text{hvac},e'}$——以热值计量的暖通空调系统对能源 j 的年均消耗量（TJ/年或 MW·h/年）；

$EF_j^{e'}$——单位热值能源 j 的碳排放因子 $[\text{tCO}_{2e}/\text{TJ}$ 或 $\text{tCO}_{2e}/(\text{MW}\cdot\text{h})]$；

T^{ope}——建筑使用寿命（年）；

Q_s^{GHG}——建筑生命周期内设备制冷剂 s 的充注总量（kg）；

GWP_s——制冷剂 s 的全球变暖潜势值。

暖通空调系统能耗应包括冷源能耗、热源能耗、输配系统及末端空气处理设备能耗。能耗量可采用直接测量或记录的数据、区域统计平均值、能耗数值模拟结果，以及相关规范标准的规定值。在碳排放核算阶段，暖通空调系统能耗应根据建筑实际用能的计量数据进行统计；而在碳排放预算阶段，可采用后三类方法。具体而言，统计数据可反映区域建筑的平均水平，适合减排政策的分析；模拟数据适用于设计阶段的采暖制冷能耗分析；而规范标准的规定值可用于估计在符合节能设计标准前提下，暖通空调系统碳排放的近似值。目前，《建筑碳排放计算标准》（GB/T 51366—2019）采用数值模拟方法确定暖通空调系统能耗。《建筑节能与可再生能源利用通用规范》（GB 55015—2021）附录 A 对标准工况下，不同气候区新建建筑平均能耗指标做了统一规定，见表4-7和表4-8。

表 4-7　各类新建居住建筑平均能耗指标

热工区划		供暖耗热量/ $[\text{MJ}/(\text{m}^2\cdot\text{年})]$	供暖耗电量/ $[\text{kW}\cdot\text{h}/(\text{m}^2\cdot\text{年})]$	供冷耗电量/ $[\text{kW}\cdot\text{h}/(\text{m}^2\cdot\text{年})]$
严寒地区	A 区	223	—	—
	B 区	178	—	—
	C 区	138	—	—
寒冷地区	A 区	82	—	—
	B 区	67	—	7.1
夏热冬冷地区	A 区	—	6.9	10.0
	B 区	—	3.3	12.5
夏热冬暖地区	A 区	—	2.2	14.1
	B 区	—	—	23.0
温和地区	A 区	—	4.4	—
	B 区	—	—	—

表 4-8　各类新建公共建筑供暖、供冷与照明平均能耗指标

[单位：kW·h/(m²·年)]

热工区划		建筑面积 <20000m² 的办公建筑	建筑面积 ≥20000m² 的办公建筑	建筑面积 <20000m² 的旅馆建筑	建筑面积 ≥20000m² 的旅馆建筑	商业建筑	医院建筑	学校建筑
严寒地区	A、B 区	59	59	87	87	118	181	32
	C 区	50	53	81	74	95	164	29
寒冷地区		39	50	75	68	95	158	28
夏热冬冷地区		36	53	78	70	106	142	28
夏热冬暖地区		34	58	95	94	148	146	31
温和地区		25	40	55	60	70	90	25

需要注意的是，碳排放预算阶段按软件能耗模拟结果计算暖通空调系统的全年能源消耗量时，需考虑系统制冷、供热综合效率的影响。对于空调系统，全年能源消耗量=供热（制冷）需求量/空调供热（制冷）系统综合性能系数，而对其他供热系统，全年能源消耗量=供热需求量/供暖系统综合效率，供暖系统综合效率=热源效率×管网效率。供暖、制冷系统的综合效率应根据热源（冷源）类型按《建筑节能与可再生能源利用通用规范》（GB 55015—2021）的相关规定取值，或参考设备出厂参数与铭牌。对于空调供热，系统综合性能系数可取 2.6，对于燃煤和燃气锅炉供热，供暖系统综合效率可分别取 0.81 和 0.85；对于空调制冷，系统综合性能系数一般可取 3.5，工业建筑、夏热冬冷与夏热冬暖地区的居住与公共建筑可取 3.6。

【例 4-5】　已知某建筑设计使用寿命为 50 年，空调系统的全年供热与制冷需求量模拟结果分别为 2890kW·h 和 6920kW·h，空调供热（制冷）系统的综合性能系数 COP_c 分别取 2.6 和 3.6。空调在设计使用年限内充注制冷剂 R134a 共 8 次，每次充注约 1.4kg，空调制冷剂的全球变暖潜势值为 1300。电力碳排放因子取 $0.5 tCO_{2e}/(MW·h)$，计算空调系统的运行碳排放量。

解： 根据已知条件，计算空调系统的年耗电量为

$$q^{hvac,\,e'} = (2890 \div 2.6 + 6920 \div 3.6)kW·h \approx 3034 kW·h$$

由式（4-18），空调运行能耗的碳排放量为

$$E^{havc}_{用电} = (3034 \times 10^{-3} \times 0.5 \times 50)tCO_{2e} = 75.85 tCO_{2e}$$

建筑生命周期内设备制冷剂的充注总量为

$$Q^{GHG}_s = 1.4 kg \times 8 = 11.2 kg$$

由式（4-18），空调制冷剂逸散的碳排放量为

$$E^{havc}_{制冷剂} = (10^{-3} \times 11.2 \times 1300)tCO_{2e} = 14.56 tCO_{2e}$$

故空调系统的碳排放总量为

$$E^{hvac} = (75.85 + 14.56)tCO_{2e} = 90.41 tCO_{2e}$$

延伸阅读：关于现行标准中暖通空调系统的计算规定

《建筑碳排放计算标准》（GB/T 51366—2019）对暖通空调系统的能耗计算有以下规定：

1) 暖通空调系统能耗计算方法应符合下列规定：
- 应采用月平均方法计算年累计冷负荷和累计热负荷。
- 应分别设置工作日和节假日室内人员数量、照明功率、设备功率、室内设定温度、供暖和空调系统运行时间。
- 应根据负荷计算结果和室内环境参数计算供暖和供冷起止时间。
- 应反映建筑外围护结构热惰性对负荷的影响。
- 负荷计算时应能够计算不少于 10 个建筑分区。
- 应计算暖通空调系统间歇运行对负荷计算结果的影响。
- 应考虑能源系统形式、效率、部分负荷特性对能耗的影响。
- 计算结果应包括负荷计算结果、按能源类型输出系统能耗计算结果。
- 建筑运行参数可参照本标准附录 B 的建筑物运行特征确定。

2) 建筑分区应考虑建筑物理分隔、建筑区域功能、为分区提供服务的暖通空调系统、区域内采光（通过外窗或天窗）情况。

3) 年供暖（供冷）负荷应包括围护结构的热损失和处理新风的热（冷）需求；处理新风的热（冷）需求应扣除从排风中回收的热量（冷量）。

4) 建筑室内环境计算参数应与设计参数一致，并应符合《民用建筑供暖通风与空气调节设计规范》（GB 50736—2012）的要求。

5) 气象参数的选取应符合《建筑节能气象参数标准》（JGJ/T 346—2014）的规定。

6) 应定义建筑围护结构，围护结构的热工性能及构造做法应与设计文件一致。

7) 应分别计算建筑累积冷负荷和累积热负荷，并应根据下列内容确定：
- 通过围护结构传入的热量。
- 透过透明围护结构进入的太阳辐射热量。
- 人体散热量。
- 照明散热量。
- 设备、器具、管道及其他内部热源的散热量。
- 食品或物料的散热量。
- 渗透空气带入的热量。
- 伴随各种散湿过程产生的潜热量。

8) 应计算气密性、风压和热压的作用、人员密度、新风量、热回收系统效率对通风负荷的影响。

9) 建筑累积冷负荷和热负荷应根据建筑物分区的空调系统计算，同一暖通空调系统服务的建筑物分区的冷负荷和热负荷应分别进行求和计算。

10) 根据建筑年供冷负荷和年供暖负荷计算暖通空调系统终端能耗时应根据下列影响因素分别进行计算：
- 供冷供暖系统类型。
- 冷源和热源的效率。

- 泵与风机的能耗情况。
- 末端类型。
- 系统控制策略。
- 系统运行内部冷热抵消等情况。
- 暖通空调系统能量输送介质的影响。
- 冷热回收措施。

11）冷热源及相关用能设备的性能参数应与设计文件一致。

12）建筑冷热源的能耗计算应计入负载、输送过程和末端的冷热量损失等因素的影响。

13）输送系统的能耗计算应计入水泵与风机的效率、运行时长、实际工作状态点的负载率、变频等因素的影响。

此外，《建筑节能与可再生能源利用通用规范》（GB 55015—2021）也对暖通空调系统的能耗计算与指标参数进行了规定，请读者自行查阅。

3. 生活热水系统

生活热水系统的碳排放量可按下式计算

$$E^{hwt} = \sum_j Q_j^{hwt,e'} EF_j^{e'} \tag{4-19}$$

式中 $Q_j^{hwt,e'}$ ——以热值计量的生活热水系统对能源 j 的消耗量（TJ）。

民用建筑中，生活热水系统消耗的能源主要是电力和燃气。在碳排放核算阶段，生活热水的耗能量应根据建筑用能的实际计量数据与暖通空调系统的耗能量合并统计。而在碳排放预算阶段，建筑物生活热水的耗能量可按下列公式计算

$$q_j^{hwt,e'} = \frac{10^{-9} c q^{pop} q^{hwt} (t^h - t^c) D^{hwt} \rho^{hwt}}{\eta^r} \tag{4-20}$$

$$Q_j^{hwt,e'} = \frac{q_j^{hwt,e'} T^{ope}}{\eta^w} \tag{4-21}$$

式中 $q_j^{hwt,e'}$ ——建筑生活热水系统对能源 j 的年均需热量（TJ/年）；

c ——水的比热容，取 4.187kJ/（kg · ℃）；

η^r ——生活热水系统的输配效率，包括热水系统的输配能耗、管道热损失、生活热水二次循环及储存的热损失；

q^{pop} ——建筑容纳的人数，居住建筑可根据户数、户均人口数和入住率估算；

q^{hwt} ——热水的平均日节水用水定额，按《民用建筑节水设计标准》（GB 50555—2010）确定（见表4-9）；

t^h ——设计热水温度（℃）；

t^c ——设计冷水温度（℃）。

D^{hwt} ——年热水供应天数，根据建筑功能确定，居住建筑可取 365d/年；

ρ^{hwt} ——热水的密度（kg/L）；

η^w ——生活热水系统热源的平均效率或综合性能系数。

表 4-9 热水的平均日节水用水定额

[引自《民用建筑节水设计标准》（GB 50555—2010）]

建筑类型	具体功能	节水用水定额	计量单位
住宅	有自备热水供应和淋浴设备	20~60	L/（人·d）
	有集中热水供应和淋浴设备	25~70	L/（人·d）
宿舍	Ⅰ类、Ⅱ类	40~55	L/（人·d）
	Ⅲ类、Ⅳ类	35~45	L/（人·d）
招待所、培训中心、旅馆	设公用厕所、盥洗室	20~30	L/（人·d）
	设公用厕所、盥洗室和淋浴室	35~45	L/（人·d）
	设公用厕所、盥洗室、淋浴室、洗衣室	45~55	L/（人·d）
	设单独卫生间、公用洗衣房	50~70	L/（人·d）
养老院、托老所	全托	45~55	L/（床位·d）
	日托	15~20	L/（人·d）
幼儿园、托儿所	有住宿	20~40	L/（儿童·d）
	无住宿	15~20	L/（儿童·d）
办公楼	—	5~10	L/（人·班）
餐饮建筑	中餐酒楼	15~25	L/（人·次）
	快餐店、职工及学生食堂	7~10	L/（人·次）
	酒吧、咖啡厅、茶座、卡拉OK房	3~5	L/（人·次）

注：节水用水定额指采用节水型生活用水器具后的平均日用水量。

【例 4-6】 某幼儿园（无住宿）设计容纳 6 个班级，每班人数 30 人，幼儿园师生比为 1:6。幼儿园年均开园天数为 210d。幼儿园生活热水系统采用电热水器，热源效率为 90%，热水系统输配效率为 75%。设计冷水温度为 5℃，热水温度为 55℃，热水密度为 0.986kg/ L。估算该幼儿园热水系统的年均碳排放量 [电力碳排放因子取 $0.75tCO_{2e}/（MW·h）$]。

解：查表 4-9 可得，无住宿幼儿园的平均日节水用水定额为 15~20L/（儿童·d），本题目中近似取师生用水量均为 $q^{hwt} = 20L/（人·d）$。

根据题目已知条件，各计算参数取值分别为

水的比热容 $c = 4.187kJ/（kg·℃）$；

幼儿园总人数 $q^{pop} = 6 × 30 人 × \left(1 + \dfrac{1}{6}\right) = 210 人$

设计热水温度 $t^h = 55℃$，设计冷水温度 $t^c = 5℃$；

热水供应天数 $D^{hwt} = 210d$；

热水密度 $\rho^{hwt} = 0.986kg/L$；

生活热水系统的输配效率 $\eta^r = 0.75$；

根据式（4-20），生活热水系统的年均需热量为

$$q^{hwt,\,e'} = \frac{10^{-9} × 4.187 × 210 × 20 × (55 - 5) × 210 × 0.986}{0.75}TJ ≈ 0.243TJ$$

由式（4-21），生活热水系统的年均耗能量为

$$Q_{用电}^{hwt,\ e'} = \frac{q^{hwt,\ e'}}{\eta^w} = \frac{0.243}{0.9}TJ = 0.27TJ = 75MW \cdot h$$

由式 (4-19)，生活热水系统的年均碳排放为

$$E^{hwt,\ a} = (75 \times 0.75)tCO_{2e} = 56.25tCO_{2e}$$

4. 照明及电梯系统

照明及电梯系统的碳排放量可按下式计算

$$E^{lae} = (Q^{lig,e} + Q^{evt,e}) EF^e \tag{4-22}$$

式中　$Q^{lig,\ e}$——照明系统的总用电量（MW·h）；

$\qquad Q^{evt,\ e}$——电梯系统的总用电量（MW·h）；

$\qquad EF^e$——用电碳排放因子 $[tCO_{2e}/(MW \cdot h)]$。

在碳排放核算阶段，其他用能活动的耗能量应根据建筑用能的实际计量数据与暖通空调系统、生活热水系统的耗能量合并统计。而在碳排放预算阶段应满足以下规定：

（1）照明系统　照明功率密度值应同设计文件一致。照明系统的耗能量计算应考虑自然采光、控制方式和使用习惯等因素的影响，无光电自动控制系统时，其能耗量可按下式计算

$$Q^{lig,e} = 10^{-6} \Big(\sum_r q_r^{lae} A_r^{lae} t_r^{lae} + q^{eml} A^{eml} t_r^{lae} \Big) T^{ope} \tag{4-23}$$

式中　q_r^{lae}——建筑房间或区域 r 的照明功率密度（W/m²），照明功率密度限值应满足现行《建筑节能与可再生能源利用通用规范》（GB 55015—2021）、《建筑碳排放计算标准》（GB/T 51366—2019）、《建筑照明设计标准》（GB 50034—2013）的规定；

$\qquad A_r^{lae}$——房间或区域 r 的照明面积（m²）；

$\qquad t_r^{lae}$——年均照明小时数（h/年）；

$\qquad q^{eml}$——应急照明的功率密度（W/m²）；

$\qquad A^{eml}$——建筑物的应急照明面积（m²）；

$\qquad t_r^{lae}$——应急照明的年均小时数（h/年），可取 8760h/年。

【例 4-7】　某少层居住建筑设计使用年限为 50 年，各房间的照明面积、照明功率密度及年均照明时数见表 4-10。计算建筑照明系统的碳排放量 [电力碳排放因子取 $0.5tCO_{2e}/(MW \cdot h)$]。

表 4-10　建筑各房间照明参数

房间类型	照明面积/m²	照明功率密度/（W/m²）	年均照明时数/h
起居室	99.2	5.0	1980
卧室	104.7	5.0	1620
厨房	7.7	5.0	1152
餐厅	11.3	5.0	900

（续）

房间类型	照明面积/m²	照明功率密度/（W/m²）	年均照明时数/h
卫生间	28.1	5.0	1980
储物间	14.6	0.0	0
楼梯间（应急）	32.8	0.2	8760

解：由式（4-23），各房间照明耗电量见表4-11。

表4-11　各房间照明耗电量

房间类型	年均耗电量/（kW·h）	总耗电量/（MW·h）
起居室	5.0×99.2×1980÷1000≈982.1	982.1×50÷1000≈49.11
卧室	5.0×104.7×1620÷1000≈848.1	848.1×50÷1000≈42.41
厨房	5.0×7.7×1152÷1000≈44.4	44.4×50÷1000=2.22
餐厅	5.0×11.3×900÷1000≈50.9	50.9×50÷1000≈2.55
卫生间	5.0×28.1×1980÷1000≈278.2	278.2×50÷1000=13.91
储物间	0	0
楼梯间（应急）	0.2×32.8×8760÷1000=57.5	57.5×50÷1000≈2.88
合计	2261.2	113.07

由式（4-22），照明系统的碳排放量为

$$E^{\mathrm{lig}} = (113.07 \times 0.5)\mathrm{tCO_{2e}} = 56.54\mathrm{tCO_{2e}}$$

（2）电梯系统　电梯系统的耗能量应按式（4-24）计算，且计算中采用的电梯速度、额定载重量、耗能指标等参数应与设计文件或产品铭牌一致。

$$Q^{\mathrm{evt,e}} = 10^{-6}(3.6q^{\mathrm{evt}}t^{\mathrm{evt}}v^{\mathrm{evt}}W^{\mathrm{evt}} + q^{\mathrm{sby}}t^{\mathrm{sby}})\,T^{\mathrm{ope}} \tag{4-24}$$

式中　q^{evt} ——电梯运行时的耗能指标［$\mathrm{mW \cdot h/(kg \cdot m)}$］；

　　　t^{evt} ——电梯年均运行小时数（h/年）；

　　　v^{evt} ——电梯的运行速度（m/s）；

　　　W^{evt} ——电梯的额定载重量（kg）；

　　　q^{sby} ——电梯待机时的功率（W）；

　　　t^{sby} ——电梯年平均待机小时数（h/年）。

5. 其他用能活动

业主的其他用能活动碳排放量可按下式计算

$$E^{\mathrm{act}} = \sum_j Q_j^{\mathrm{act,e}} EF_j^{\mathrm{e}} \tag{4-25}$$

式中　$Q_j^{\mathrm{act,e}}$ ——其他用能活动对能源j的消耗量。

在碳排放核算阶段，其他用能活动的耗能量应根据建筑用能的实际计量数据与暖通空调系统、生活热水系统和照明及电梯系统的耗能量合并统计。而在碳排放预算阶段可不考虑。

📖 延伸阅读：关于电梯平均运行时间

根据国内外学者的调研结果，《建筑碳排放计算标准》（GB/T 51366—2019）条文说明中给出表4-12中的建议取值。

表4-12　常见电梯的日均运行与待机时间

使用种类	1	2	3	4	5
使用强度	非常低	低	中等	高	非常高
使用频率	非常少	少	偶尔	经常	非常频繁
建筑类型与使用情况	单元住户6人以下的住宅；很少使用的小型办公楼	单元住户20人以下的住宅；2~5层办公楼；小型旅馆；很少使用的货运电梯	单元住户50人以下的住宅；10层以下的办公楼；中型酒店；偶尔使用的货运电梯	单元住户50人以上的住宅；10层以上的办公楼；大型酒店；中小型医院经常使用的货运电梯	超过100m的办公楼；大型医院；频繁使用的货运电梯
日均运行时间/（h/d）	0.2（≤0.3）	0.5（0.3~1.0）	1.5（1.0~2.0）	3.0（2.0~4.5）	6.0（>4.5）
日均待机时间/（h/d）	23.8	23.5	22.5	21	18

6. 维修维护与加固改造

建筑维护维修与加固改造过程的碳排放可采用建筑物化阶段的方法，根据材料的消耗量、机械运行的能耗等计算。常用建筑材料与部件的使用寿命（见表4-13）可能并不与建筑物的使用寿命相同，因而在运行阶段的不同时间点，可能需进行多次维修维护活动。

表4-13　常用建筑材料与部件的使用寿命

建筑材料与部件	使用寿命/年	建筑材料与部件	使用寿命/年
外保温	15~50	排水管道系统	20~30
屋面	25	输水与通风管道	25~50
门窗	20~50	散热器	15
外墙装饰	20	集中供热管道	50
地面装饰	15	集中空调与热泵	15~20
其他室内装饰、顶棚	25~30	分体式空调器	8~15
沥青防水材料	25	电线与电缆	20~50
涂料	10~20	室内供电与照明系统	15~20
塑料与橡胶制品	15	其他电气设备	20
玻璃与金属制品	50	太阳能与雨水收集系统	20

在碳排放核算阶段，维修维护与加固改造的碳排放应根据相应设计文件与实际材料、能源消耗量的统计结果计算；而在碳排放预算阶段，可根据建筑物使用寿命与部品部件使用寿命估计维修维护次数、维修维护工程量及相应的碳排放量。新建建筑规划决策阶段的碳排放

预算，可不考虑加固改造的碳排放量。

7. 可再生能源系统

可再生能源系统包括太阳能生活热水系统、光伏系统、地源热泵系统和风力发电系统等。可再生能源替代的减碳量受资源、能源系统的实际用能量影响。考虑可再生能源供应与相应建筑耗能系统的匹配关系，能源替代的减碳量采用在相应系统的耗能量中扣除可再生能源供能量的方式予以考虑，即采用被替代能源的碳排放因子进行减碳量计算。例如，太阳能热水系统提供的能量在生活热水耗能量计算时扣除；地源热泵系统的节能量在暖通空调系统的能耗量计算时考虑，光伏系统及风力发电系统的发电量从运行阶段的总体耗电量中扣除。

在碳排放核算阶段，可再生能源系统提供的能量应根据实际计量数据进行统计；而在碳排放预算阶段应满足以下规定：

1）太阳能热水系统提供的能量可按下列公式计算

$$q^{sun} = 10^{-6} A^{sun} J^{sun} (1 - \eta^{L}) \eta^{cd} \tag{4-26}$$

$$Q^{sun} = q^{sun} T^{ope} \tag{4-27}$$

式中　q^{sun}——太阳能热水系统的年供能量（TJ/年）；

　　　A^{sun}——集热器面积（m²）；

　　　J^{sun}——集热器采光面上的年平均太阳辐照量［MJ/（m²·年）］；

　　　η^{L}——基于总面积的集热器平均集热效率；

　　　η^{cd}——管路和储热装置的热损失率；

　　　Q^{sun}——太阳能热水系统的总供能量（TJ）。

2）光伏系统的发电量可按下列公式计算

$$q^{pv} = 10^{-3} J^{pv} \eta^{e} (1 - \eta^{s}) A^{pv} \tag{4-28}$$

$$Q^{pv} = q^{pv} T^{ope} \tag{4-29}$$

式中　q^{pv}——光伏系统的年发电量（MW·h/年）；

　　　J^{pv}——光伏电池表面的年太阳辐射强度［kW·h/（m²·年）］；

　　　η^{e}——光伏电池的转换效率，对于采用单晶硅、多晶硅、无定形硅和其他非晶硅薄膜组件的光伏电池，可分别取15%、12%、6%和8%；

　　　η^{s}——光伏系统的发电损失率，默认取25%；

　　　A^{pv}——光伏面板的净面积（m²）；

　　　Q^{pv}——光伏系统的总发电量（MW·h）。

3）风力发电机组的年发电量按《建筑碳排放计算标准》（GB/T 51366—2019）的规定计算，总发电量可按下式计算

$$Q^{wt} = q^{wt} T^{ope} \tag{4-30}$$

式中　q^{wt}——风力发电机组的年发电量（MW·h/年）；

　　　Q^{wt}——风力发电机组的总发电量（MW·h）。

8. 建筑碳汇系统

建筑碳汇系统的固碳量可根据绿地、植被情况按下式计算

$$E^{sink} = 10^{-3} e^{sink} A^{sink} T^{ope} \tag{4-31}$$

$$e^{sink} = \frac{e^{sink,40}}{40} \tag{4-32}$$

式中　　E^{sink}——建筑碳汇系统的总固碳量（tCO_{2e}）；

　　　　e^{sink}——单位面积绿地、植被的年均固碳量 $[kgCO_{2e}/(m^2 \cdot 年)]$；

　　　　A^{sink}——建筑绿地、植被的总面积（m^2），碳排放预算阶段可根据建筑用地面积和绿化率指标计算，碳排放核算阶段按实际栽种面积考虑；

　　$e^{sink,40}$——单位面积绿地、植被的 40 年固碳量 $[kgCO_{2e}/(m^2 \cdot 年)]$，见表 4-14。此外，广东省《建筑碳排放计算导则（试行）》提供了 63 种不同植物的年均固碳量，可作为建筑碳汇计算的参考。

表 4-14　不同栽植方式单位面积 40 年固碳量

（引自《中国绿色低碳住区技术评估手册》）

栽植方式	固碳量/（$kgCO_{2e}/m^2$）
大小乔木、灌木、花草密植混种区（乔木平均种植间距<3.0m，土壤深度>1.0m）	1100
大小乔木密植混种区（平均种植间距<3.0m，土壤深度>0.9m）	900
落叶大乔木（土壤深度>1.0m）	808
落叶小乔木、针叶木或疏叶性乔木（土壤深度>1.0m）	537
大棕榈类（土壤深度>1.0m）	410
密植灌木丛（高约1.3m，土壤深度>0.5m）	438
密植灌木丛（高约0.9m，土壤深度>0.5m）	326
密植灌木丛（高约0.45m，土壤深度>0.5m）	205
多年生蔓藤（以立体攀附面积计量，土壤深度>0.5m）	103
高草花花圃或高茎野草地（高约1.0m，土壤深度>0.3m）	46
一年生蔓藤、低草花花圃或低茎野草地（高约0.25m，土壤深度>0.3m）	14
人工修剪草坪	0

4.2.4　处置阶段碳排放计算

1. 概述

采用基于过程的计算方法，建筑处置阶段碳排放量应为现场拆除活动与废弃物运输的碳排放量之和。其中，现场拆除活动主要包括建筑物整体拆除（爆破）、废弃构部件的破碎、建筑场地平整等。因此，建筑处置阶段的碳排放量可按下式计算

$$E^{dis} = E^{dem} + E^{dwt} \tag{4-33}$$

式中　　E^{dem}——现场拆除活动的碳排放量（tCO_{2e}）；

　　　　E^{dwt}——拆除废弃物运输的碳排放量（tCO_{2e}）。

2. 现场拆除活动

建筑拆除可以理解为建筑建造的逆过程，故现场拆除活动的碳排放也主要来自机械及设备的能耗，相应的碳排放量可按下式计算

$$E^{dem} = \sum_j Q_j^{dem,e} EF_j^e \tag{4-34}$$

式中　　$Q_j^{dem,e}$——拆除过程中机械或设备运行对能源 j 的消耗总量（tCO_{2e}）。

建筑拆除方式主要有人工拆除、机械拆除、爆破拆除和静力破损拆除等。在碳排放核算

阶段，现场拆除活动的耗能量应根据建筑拆除专项方案、施工现场单据、仪表示数等进行统计。而在碳排放预算阶段可按下列方法估计拆除活动耗能量。

1）已有明确的建筑拆除方案时，对于人工拆除和机械拆除，《房屋建筑与装饰工程消耗量定额》（TY 01-31—2015）等资料"拆除工程"章节中给出了建筑拆除的分部分项工程消耗量定额，可采用与建造阶段相似的方法［见式（4-10）和式（4-11）］，完成拆除活动耗能量的估计；而对于建筑物爆破拆除、静力破损拆除及机械整体性拆除，能耗量应根据拆除专项方案确定。

2）设计阶段尚未明确拆除方法、方案时，可按下式直接估算碳排放量

$$E^{dem} = 10^{-3}(Q^{rem}EF^{rem} + Q^{fra}EF^{fra} + Q^{lev}EF^{lev}) \tag{4-35}$$

式中　Q^{rem}——以建筑面积计的建筑整体拆除的工作量（m^2）；

　　　Q^{fra}——以重量计的构部件破碎的工作量（t）；

　　　Q^{lev}——以场地面积计的场地平整工作量（m^2）；

　　　EF^{rem}——单位建筑面积整体拆除活动的平均碳排放因子（$kgCO_{2e}/m^2$），可取 $7.8kgCO_{2e}/m^2$；

　　　EF^{fra}——单位重量构部件破碎（含场内运输）的碳排放因子（$kgCO_{2e}/m^2$），可取 $2.85kgCO_{2e}/t$；

　　　EF^{lev}——单位面积场地平整的碳排放因子（$kgCO_{2e}/m^2$），可取 $0.62kgCO_{2e}/m^2$。

3. 废弃物运输

拆除废弃物运输的碳排放量计算可参考施工废弃物运输碳排放量的计算方法与相应的数据分析要求。

【例4-8】　某建筑项目的占地面积为 $1800m^2$，总建筑面积为 $4720m^2$，自重估计值为 2.2t/m^2（建筑面积），附近垃圾填埋场距离约为80km，运输碳排放因子取 $0.162kgCO_{2e}/(t \cdot km)$。估算该建筑处置阶段的碳排放量。

解：根据式（4-35），建筑物整体拆除的碳排放量为

$$E^{rem} = 10^{-3}Q^{rem}EF^{rem} = (10^{-3} \times 4720 \times 7.8)tCO_{2e} \approx 36.82tCO_{2e}$$

构部件破碎的碳排放量为

$$E^{fra} = 10^{-3}Q^{fra}EF^{fra} = (10^{-3} \times 4720 \times 2.2 \times 2.85)tCO_{2e} \approx 29.59tCO_{2e}$$

场地平整的碳排放量为

$$E^{lev} = 10^{-3}Q^{lev}EF^{lev} = (10^{-3} \times 1800 \times 0.62)tCO_{2e} \approx 1.12tCO_{2e}$$

根据式（4-16），废弃物运输的运输量为

$$Q^{dwt} = (2.2 \times 4720 \times 80)t \cdot km = 830720t \cdot km$$

根据式（4-6），废弃物运输的碳排放量为

$$E^{dwt} = (10^{-3} \times 830720 \times 0.162)tCO_{2e} \approx 134.58tCO_{2e}$$

根据式（4-33），建筑处置阶段的碳排放量为

$$E^{dis} = (36.82 + 29.59 + 1.12 + 134.58)tCO_{2e} = 202.11tCO_{2e}$$

4.3 计算模型扩展与时效修正

4.3.1 混合式计算方法

采用 4.2 节的方法可实现建筑生命周期主要阶段与过程的碳排放计算，但受限于基于过程的生命周期评价方法自身特点，用于建筑碳排放计算时仍有一定不足。首先，国内尚未全面开展各类工业产品的碳排放因子核算工作，部分常用材料（如有机溶剂、胶黏剂等）、大多数建筑设备，以及相关产业服务（如机械维修）的碳排放因子均难以获得。若在建筑碳排放核算中忽略这些内容，将影响系统边界的完备性，引起显著的计算误差。为此，需要在基于过程的计算方法基础上，利用投入产出分析方法，根据产品（服务）的货币价值与隐含碳排放量之间的关系实现估算。可利用投入产出法进行补充分析的内容包括但不限于以下几方面。

1）目前尚缺少碳排放因子的材料、设备等，可根据出厂价格与相应生产部门的隐含碳排放强度按式（4-36）估算。碳排放预算阶段，材料、设备出厂价格可参考工程概预算文件或问询生产厂家；碳排放核算阶段，应采用材料、设备实际价格。

$$E_i^{mat,s} = 10^{-3} Q_i^{mat} p_i^{mat} EF_l^{mat} \tag{4-36}$$

式中　$E_i^{mat,s}$——采用投入产出法估计的材料 i 的生产碳排放量（tCO_{2e}）；

　　　Q_i^{mat}——材料 i 的消耗量；

　　　p_i^{mat}——材料 i 的出厂价格（元/计量单位）；

　　　EF_l^{mat}——材料 i 所属生产部门 l 的隐含碳排放强度（$kgCO_{2e}$/元）。

2）货运量不便估计的材料运输过程等，可根据运费与运输部门的隐含碳排放强度按式（4-37）估算。碳排放预算阶段，运费可考虑材料属性、运输距离等按材料费的一定比例估算或咨询物流配送单位；碳排放核算阶段，应采用实际发生的运费。

$$E_i^{tra,s} = 10^{-3} P_i^{tra} EF_l^{tra} \tag{4-37}$$

式中　$E_i^{tra,s}$——采用投入产出法估计的材料 i 的运输碳排放量（tCO_{2e}）；

　　　P_i^{tra}——材料 i 的运费（元）；

　　　EF_l^{tra}——运输部门 l 的隐含碳排放强度（$kgCO_{2e}$/元）。

3）机械维修服务与折旧等，可根据机械折旧费与维修费与相应机械生产、修理部门的隐含碳排放强度按式（4-38）计算。碳排放预算阶段，折旧费与维修费可根据施工机械台班定额与台班消耗量估算；碳排放核算阶段，折旧费采用财务记账金额，维修费采用实际维修支出。

$$E_n^{mac,s} = 10^{-3} Q_n^{mac} (p_n^{mac} EF_l^{mac} + p_n^{rep} EF_l^{rep}) \tag{4-38}$$

式中　$E_n^{mac,s}$——采用投入产出法估计的机械 n 维修与折旧的碳排放量（tCO_{2e}）；

　　　Q_n^{mac}——机械 n 的台班消耗量（台班）；

　　　p_n^{mac}——机械 n 的台班折旧费（元/台班）；

　　　p_n^{rep}——机械 n 的台班维修、修理费（元/台班）；

　　　EF_l^{mac}——机械 n 所属生产部门 l 的隐含碳排放强度（$kgCO_{2e}$/元）；

EF_l^{rep} ——机械 n 维修所属服务部门 l 的隐含碳排放强度（ $kgCO_{2e}$/元）。

4）能源上游、人员投入、废弃物处置等上下游产业环节，可根据经济投入和相应部门隐含碳排放强度相乘计算。

【例4-9】 例4-3中，各施工机械的台班折旧费与维修、修理费见表4-15，机械生产及维修部门的隐含碳排放强度分别取 $0.226kgCO_{2e}$/元和 $0.264kgCO_{2e}$/元。计算钢筋加工分项工程中，机械维修与折旧的碳排放量估计值。

表4-15 施工机械台班折旧费与维修、修理费 （单位：元/台班）

机械名称	钢筋调直机	钢筋切断机	钢筋弯曲机	直流弧焊机	对焊机	电焊条烘干箱
机械型号	14mm	40mm	40mm	32kV·A	75kV·A	45cm×35cm×45cm
折旧费	21.56	10.71	7.41	10.41	10.18	8.19
大修理费	2.11	1.47	1.06	1.97	2.16	1.87
经常修理费	5.62	6.53	5.43	7.30	6.76	3.24

解：根据式（4-38），计算机械维修与折旧的碳排放量见表4-16。

表4-16 机械维修与折旧的碳排放量

机械名称	钢筋调直机	钢筋切断机	钢筋弯曲机	直流弧焊机	对焊机	电焊条烘干箱
台班消耗量/台班	0.095×24.5 ≈2.328	0.105×24.5 ≈2.573	0.242×24.5 =5.929	0.473×24.5 ≈11.589	0.095×24.5 ≈2.328	0.047×24.5 ≈1.152
台班折旧费/元	23.67	12.18	8.47	12.38	12.34	10.06
台班修理费/元	7.73	8.00	6.49	9.27	8.92	5.11
机械折旧的碳排放量/$kgCO_2$	2.328×23.67× 0.226≈12.5	2.573×12.18× 0.226≈7.1	5.929×8.47× 0.226≈11.3	11.589×12.38× 0.226≈32.4	2.328×12.34× 0.226≈6.5	1.152×10.06× 0.226≈2.6
机械维修的碳排放量/$kgCO_2$	2.328×7.73× 0.264≈4.8	2.573×8.00× 0.264≈5.4	5.929×6.49× 0.264≈10.2	11.589×9.27× 0.264≈28.4	2.328×8.92× 0.264≈5.5	1.152×5.11× 0.264≈1.6
碳排放总量/$kgCO_2$	12.5+4.8=17.3	7.1+5.4=12.5	11.3+10.2=21.5	32.4+28.4=60.8	6.5+5.5=12.0	2.6+1.6=4.2

故机械折旧和维修的碳排放总量为

$$E^{mac,s} = (17.3 + 12.5 + 21.5 + 60.8 + 12.0 + 4.2)kgCO_{2e} = 128.3kgCO_{2e}$$

4.3.2 碳排放时效特征与修正

时效特征对建筑生命周期碳排放的计算与减排策略分析具有重要影响。碳排放的时效特征可以从以下三个方面理解：

1）短期作用。生产与建造阶段的碳排放存在短期集中释放效应，需避免大气中的温室气体含量突破一定阈值，造成不可逆的气候变化，使得后续减排措施、技术的应用无效化。

2）长期作用。碳排放产生的温室效应存在时间上的累计作用效果，建筑生命周期前期产生的碳排放，其累计温室效应更为显著。

3）能效作用。建筑运行阶段碳排放受未来能源生产、使用效率提升的影响显著，随着清洁能源（如绿色电力）的推广应用，按当前生产技术条件下的碳排放因子估算的运行阶段碳排放，可能高于未来的实际碳排放水平。

对于短期作用，需结合全社会及建筑行业发展现状、趋势，合理确定建筑业碳排放峰值及达峰时间。

对于长期作用，目前国内外学者正在研究并采用动态生命周期评价（dynamic life cycle assessment，DLCA）理论。英国标准协会发布的《商品和服务在生命周期内的温室气体排放评价规范》（PAS 2050：2008），提供了按作用时间加权平均对碳排放进行折减的方法，相应的权重因子可如下公式计算

$$FW = \sum_{y=1}^{100} \rho_y \frac{100 - t_y}{100} \tag{4-39}$$

$$FW^* = \frac{100 - 0.76t_y}{100} \tag{4-40}$$

式中　FW、FW^*——权重因子，一次性延迟排放的 $t_y \leq 25$ 年时，按 FW^* 计算；

　　　　ρ_y——第 y 年碳排放量在延迟碳排放总量中所占的比例；

　　　　t_y——碳排放量发生年份与建筑建成年份的时间间隔（年）。

需要说明的是，PAS 2050 提供的方法是对 IPCC 相关方法的简化，适合于所有种类的温室气体，但非 CO_2 温室气体比例较高时，近似计算结果的精度较差。当考虑上述加权平均计算方法时，日常使用过程应按延迟的多次碳排放考虑，而维修、维护过程与处置阶段应按延迟的一次性碳排放考虑，相应的碳排放量化结果应按下式折减

$$\tilde{E} = E_0 FW(\text{或} FW^*) \tag{4-41}$$

式中　E_0——未考虑累计作用效应影响的碳排放量（tCO_{2e}）；

　　　$\tilde{E}$——考虑累计作用效应影响的碳排放量修正值（tCO_{2e}）。

对于能效作用，应结合我国碳达峰、碳中和的技术路径，可再生能源的发展与利用现状等，考虑对未来能源（特别是电力）碳排放因子的合理取值或折减。

【例 4-10】　已知例 4-1 中，建筑 A 的使用寿命为 50 年，运行阶段碳排放量包含年日常运行碳排放 $156tCO_{2e}$，第 15 年、30 年和 40 年的维修维护碳排放 $100tCO_{2e}$、$180tCO_{2e}$ 和 $80tCO_{2e}$。考虑碳排放的累计作用效应影响，计算建筑全生命周期碳排放总量的修正值。

解：1）材料生产与建造阶段的碳排放量不需要考虑修正。

2）建筑日常运行碳排放属于连续性延迟排放，按式（4-39）计算权重因子。年日常运行碳排放量相等，因此，当 $1 \leq y \leq 50$ 时，$\rho_y = 1/50 = 0.02$，当 $50 < y \leq 100$ 时，$\rho_y = 0$。

$$FW_{日常运行} = \sum_{y=1}^{100} \rho_y [(100 - t_y)/100] = 0.02 \times$$

$$\left[\frac{(100-1)}{100} + \frac{(100-2)}{100} + \cdots + \frac{(100-50)}{100} \right] = 0.745$$

考虑累计作用效应影响后，日常运行碳排放量的修正值为

$$\tilde{E}_{日常运行} = (156 \times 50 \times 0.745)tCO_{2e} = 5811.0tCO_{2e}$$

3）建筑维修维护碳排放属于一次性延迟排放，对于第 15 年时的维修活动按式（4-40）计算权重因子。

$$FW^*_{\text{维修},15} = \frac{100 - 15 \times 0.76}{100} = 0.886$$

对于第30年和40年的两次维修活动，延迟碳排放总量为$(180+80)\text{tCO}_{2e} = 260\text{tCO}_{2e}$，应按式（4-39）计算权重因子。

$$FW_{\text{维修},30} = \frac{180}{260} \times \frac{100 - 30}{100} = 0.4846$$

$$FW_{\text{维修},40} = \frac{80}{260} \times \frac{100 - 40}{100} = 0.1846$$

$$FW_{\text{维修}} = FW_{\text{维修},30} + FW_{\text{维修},40}$$
$$= 0.4846 + 0.1846 = 0.6692$$

考虑累计作用效应影响后，建筑维修维护碳排放量的修正值为

$$\tilde{E}_{\text{维修}} = (100 \times 0.886 + 260 \times 0.6692)\text{tCO}_{2e} = 262.6\ \text{tCO}_{2e}$$

4）处置阶段碳排放属于一次性延迟排放，但$t_y > 25$，按式（4-39）计算权重因子，取$\rho_y = 1.0$，则

$$FW_{\text{处置}} = \frac{100 - 50}{100} = 0.500$$

考虑累计作用效应影响后，建筑处置阶段碳排放量的修正值为

$$\tilde{E}_{\text{处置}} = 19.58 \times 0.500\text{tCO}_{2e} = 9.79\ \text{tCO}_{2e}$$

5）考虑碳排放的累计作用效应影响后，建筑生命周期碳排放量的修正值为

$$\tilde{E} = (1240.32 + 48.96 + 5811.0 + 262.6 + 9.79)\text{tCO}_{2e} = 7372.67\text{tCO}_{2e}$$

4.3.3 规划决策阶段的碳排放估算

前面介绍的建筑碳排放计算方法中，无论碳排放预算还是核算均要求有相对全面的工程设计文件、工程量及造价资料等。在规划决策阶段，通常仅对项目的整体投资有初步规划（投资概算），不能满足上述碳排放计算分析的数据要求。为此，可采用工程建设总投资与相应经济部门（如房屋建筑业、土木工程建筑业、建筑安装业、建筑装饰和其他建筑服务业等）的隐含碳排放强度按下式估算碳排放

$$E^{\text{estimate}} = 10^{-3}Q^{\text{invest}}EF_l^{\text{build}} \tag{4-42}$$

式中　E^{estimate}——规划决策阶段的碳排放估算量（tCO_{2e}）；

$\quad\quad Q^{\text{invest}}$——建设项目或单项工程投资额（元）；

$\quad\quad EF_l^{\text{build}}$——建筑部门的隐含碳排放强度（$\text{kgCO}_{2e}$/元）。

【例4-11】　已知某工程项目总建筑面积为17600m^2，土建部分的单位面积投资估价为$1850\ \text{元/m}^2$，建筑部门的隐含碳排放强度约为0.315kgCO_{2e}/元，估计该项目的物化碳排放量与碳排放指标。

解：根据已知条件，该项目的总投资为

$$Q^{\text{invest}} = (17600 \times 1850) \text{ 元} = 3256 \text{ 万元}$$

由式（4-42）可估算该项目的物化碳排放量为

$$E^{\text{estimate}} = (10^{-3} \times 3256 \times 10^{4} \times 0.315) \text{tCO}_{2e} = 10256.4 \text{tCO}_{2e}$$

故单位建筑面积的物化碳排放指标为

$$C_f = (10256.4/17600) \text{tCO}_{2e}/\text{m}^2 \approx 0.583 \text{tCO}_{2e}/\text{m}^2$$

4.4 单位项目的综合碳排放指标

在建筑碳排放的计算过程中，一项重要工作是获取与整理数据。前面的学习中可以发现，碳排放核算阶段的数据来自工程建设与运行阶段的实际资源、能源消费单据与监测结果；而碳排放预算阶段，建筑运行碳排放计算所需数据主要来自建筑能耗模拟结果，而建筑隐含碳排放计算所需的数据一般需结合工程定额资料进行估计。其中对于隐含碳排放的测算，可以借鉴工程消耗量定额、计价定额的编制方法与经验，实现分部分项工程及措施项目综合碳排放指标的编制，从而建立标准化的数据库，减少数据处理的重复性工作量，便于工程碳排放计量分析工作的全面开展。在介绍综合碳排放指标之前，首先简单回顾关于工程定额与清单计价的一些基本概念，便于后续的学习。

4.4.1 工程定额与清单计价

1. 工程定额

工程定额（project quota）指在社会平均的生产条件下，把科学的方法和实践经验相结合，生产质量合格的单位工程产品所需要的劳动、材料、机具、设备及有关费用的数量标准。定额是管理科学化的产物，也是科学管理的重要基础条件，工程定额的内涵包括以下五个方面：

1）工程定额属于生产消费定额性质。既然工程建设是建（构）筑物的生产过程，必然也是物质资源的消费过程。一个工程项目的建成，无论是新建、改建、扩建，还是恢复工程，都要消耗大量人力、物力、能源和资金。而工程建设定额所反映的，正是在一定的生产力发展水平条件下，以产品质量标准为前提，完成工程建设中某项产品与各种生产消耗之间特定的数量关系。

2）工程定额的水平必须与当时的生产力发展水平相适应，符合平均先进的原则。平均先进原则指在正常的施工生产条件、劳动组织形式下，大多数生产者经过努力能够达到和超过的定额水平。人们一般将工程建设定额所反映的资源消耗量的大小称为定额水平，因地适时的定额水平必然要受到生产力发展的制约，应当与社会或行业生产发展状态相适应。一般来说，生产力发展水平高，则生产效率高，生产过程中的消耗就少，定额所规定的资源消耗量就应相应地降低，人们将此种状况称为定额水平高；反之，生产力发展水平低，则定额所规定的资源消耗量应相应地提高，此种状况则称为定额水平低。

3）工程定额所规定的资源消耗量，指完成定额所标定（或限定）的产品（分部分项工程、建筑构件等）品质合格为限度，所需耗用资源的限量标准。在确定消耗水平时，必须保证产品质量合格为第一原则。

4）工程定额反映的资源消耗量的内容，包括为完成该工程建设任务所需的所有资源消耗。工程建设是一项物质生产活动，为完成物质生产过程必须形成有效的生产能力，而生产能力的形成必须消耗劳动力、劳动对象和劳动工具，反映在工程建设过程中，即人工、材料和机械三种资源的消耗。

5）工程定额应满足简明、适用、粗细适当的原则。由于计算工程量的大小与定额项目划分的简繁程度有密切的联系，因此在编制定额、划分定额项目时，要求贯彻简明、适用、准确的原则，做到项目齐全、计算简单、使用方便，从而全面地发挥定额的作用。

工程定额是建筑安装工程中衡量与考核规划、设计、施工等各项工作经济效益的有效工具，是对项目进行技术经济评价、衡量劳动生产效率，以及分析并改进施工方法的重要手段。作为工程建设管理和工程计价的重要依据，工程定额主要具有以下特点：

（1）科学性 工程定额中的各类定额均与现实的生产力发展水平相适应，是通过在实际建设中测定、分析、综合和广泛收集相关信息和资料，结合定额理论的研究分析，运用科学方法制定的。

（2）系统性 工程定额是由多种定额结合而成的有机整体，虽然结构复杂，但层次鲜明、目标明确。工程建设本身的多种类、多层次决定了工程定额的多种类、多层次。

（3）统一性 工程定额编制有统一的程序、原则、要求和用途。工程定额的统一性主要是由国家对经济发展的宏观调控职能决定的。只有确定了一定范围内的统一定额，才能实现工程建设的统一规划、组织、调节与控制，从而使国民经济可以按照既定的目标发展。

（4）指导性 随着我国建设市场的成熟和规范，工程定额的指令性不断弱化。但市场化的工程计价机制不能等同于放任不管。依据工程定额，政府可以规范建设市场的交易行为，作为具体建设产品定价的参考，并可作为政府投资项目定价和造价控制的重要依据。此外，在未建立企业定额的情况下，统一颁布的工程定额可为企业提供参考与指导。

（5）稳定性 工程建设定额是一定时期内技术发展和管理水平的反映，因而在一段时间内表现出稳定的状态。但工程定额的稳定性是相对的。当定额不能适应生产力发展水平、不能客观反映生产建设的社会平均水平时，就需要重新编制或修订。

工程定额是一个综合性的概念，其内容和种类是多样化的。工程定额具有多种分类方式。按生产要素可分为劳动定额、材料消耗定额、机械台班使用定额；按编制程序和用途可分为施工定额、预算定额、概算定额、概算指标和投资估算指标等；按专业可分为建筑工程定额、装饰装修工程定额、安装工程定额、市政工程定额和园林绿化工程定额等；按编制单位和管理权限可分为全国统一定额、行业统一定额、地区统一定额、企业定额和补充定额等。表4-17总结了常用定额的含义、形式及用途。

表 4-17　**工程定额的含义、形式及用途**（引自《土木工程估价》，刘长滨，李芊主编）

定额名称	含义	形式	用途
劳动定额	在合理劳动组织和材料使用条件下，完成单位合格产品所需劳动时间的数量标准	单位产品时间定额（工日）=1/每工产量 每工产量=1/工日	①施工企业考核劳动生产率、编制施工计划、签发施工任务书和定额计件承包 ②编制预算定额和施工定额
材料消耗定额	在节约与合理使用材料的条件下，生产单位合格产品所需材料的数量标准	材料消耗量=（1+损耗率）×材料净用量，以实物量表示	①施工企业编制材料用量计划、签发领料卡和实施定额承包； ②编制预算定额和施工定额
机械台班使用定额	在正常施工条件下，某种施工机械设备完成单位合格产品所需机械台班的数量标准	单位产品时间（台班）=1/台班产量 台班产量=1/台班	①施工企业考核机械设备生产效率、编制施工作业计划和按定额实行承包； ②编制预算定额和施工定额
施工定额	确定施工单项、单位产品所需人工、材料和机械台班的数量标准	以单位工程量计量	施工企业内部核算、定额任务承包及两算（施工预算与施工图预算）对比
预算定额	确定分部分项工程或构件所需人工、材料和机械台班社会平均消耗的数量标准	以单位工程量计量	①编制单位估价表（预算单价）； ②甲、乙方付款、预结算； ③施工单位审核施工图预算
概算定额	确定扩大分部分项工程或构件所需人工、材料和机械台班合理综合消耗的数量标准	以单位工程量计量	编制初步（或扩大初步）设计概算
概算指标	确定建筑物或构筑物所需人工、材料和机械台班的数量标准	以实物量或货币为计量单位	编制初步设计或扩大设计概算，或用于物资分配、供应及编制计划
投资估算指标	在项目建议书和可行性研究阶段编制的投资估算、计算投资需要量时使用的数量标准	以独立的单项工程或完整的工程项目为计算对象	编制投资估算

2. 清单计价

工程量清单是建设工程文件中载明项目名称、项目特征、工程数量等的明细清单。工程量清单应由具有编制能力的招标人或受其委托、具有相应资质的工程造价咨询人编制。工程量清单计价方法是建设工程招投标中，招标人按照国家统一的工程量计算规则提供工程数量，由投标人依据工程量清单自主报价，并按照经评审低价中标的工程造价计价方式。工程量清单计价应涵盖按招投标文件规定，完成工程清单所列项目的全部费用，包括分部分项工程费、措施项目费、其他项目费、规费和税金。工程量清单计价具有以下特点：

（1）**强制性** 《建设工程工程量清单计价规范》由国家建设主管部门颁布，明确了工程量清单是招投标文件的组成部分，并规定了招投标人在编制工程量清单时必须遵守的规则，如统一的项目编码、计量单位和工程量计算规则等。

（2）**实用性** 上述清单计价规范的附录中，工程量清单项目及计算规则的项目名称表现的是工程实体项目，项目名称明确清晰，工程量计算规则简洁明了，并列有项目特征和工程内容，易于编制工程量清单时确定具体项目名称和投标报价。

（3）**竞争性** 清单计价方式遵循工程造价由市场竞争形成价格的原则，措施项目在工程量清单中只列"措施项目"一栏，具体措施由投标人根据施工组织设计，视企业具体情况报价。另外，清单计价规范中没有像工程定额一样对人工、材料和机械消耗量做具体规定，为企业报价提供了自主的空间。

（4）**通用性** 我国工程量清单计价方式与国际惯例接轨，实现了工程量计算方法标准化、工程量计算规则统一化、工程造价确定市场化的要求。

按照清单计价的方式，招标文件中明确建设项目的工程量清单，而投标单位需根据招标文件要求，按照企业自身的施工水平、技术及机械装备力量、管理水平、设备材料的进货渠道和所掌握的价格情况、对利润追求的程度等计算出总造价，对招标文件中的工程量清单进行报价。同一个建设项目、同样的工程数量，各投标单位以企业自身情况为基础所报的价格会不同，这反映了企业之间的成本差异，同时也是企业整体竞争实力的体现。为适应清单计价法的需要，掌握并不断提高企业自身水平与竞争力，就需要各建筑施工企业建立内部定额，即企业定额。企业定额是指施工企业根据自身的施工技术和管理水平，以及有关工程造价资料制定的，并供本企业使用的人工、材料和机械台班消耗量标准，供企业进行经营管理、成本核算和投标报价的企业内部文件。

工程量清单计价采用综合单价计价。综合单价是指完成一个规定计量单位的分部分项工程或措施清单项目所需的人工费、材料费、施工机械使用费、企业管理费和利润，以及一定范围内的风险费用。综合单价中的人工费、材料费、施工机械使用费（简称"人材机费"）可采用预算定额调整法和工程成本测量法进行计算。预算定额调整法是根据企业的实际情况对预算定额中"人材机"消耗量进行调整，按取定的生产要素市场价格计算"人材机费"。而工程成本测算法是根据施工经验和历史资料预测分部分项工程实际可能发生的人工、材料、机械消耗量，并按取定的生产要素市场价格计算"人材机费"。

4.4.2 综合碳排放指标编制

1. 基本概念与要求

工程造价分析资料可为建筑工程碳排放的预测提供重要的数据基础。各级、各类工程定额资料提供的分部分项工程及措施项目材料及机械消耗量，可为综合碳排放指标的编制提供重要的数据基础。而借鉴清单计价模式中综合单价的编制方法，可结合企业自身的管理能力、技术装备水平和行业现状，编制清单项目的综合碳排放指标，为依据工程量清单实现碳排放预算与核算提供参考与指导。

从工程定额的角度，将单位项目的综合碳排放指标定义为：在工程建设活动中，考虑社会平均生产条件下，把科学的方法和实践经验相结合，以分部分项工程及措施项目为基本功能单位，生产单位合格产品的隐含碳排放量标准。而从工程清单计量的角度，在上述指标的基础上，借鉴综合单价的计算方法，将清单工程项目的综合碳排放指标定义为：为完成规定计量单位的清单项目，由项目所需材料、工程设备、施工机具及运输等服务产生的隐含碳排放量标准。综合碳排放指标的编制及应用需满足以下基本要求：

1）综合碳排放指标的基本功能单位是分部分项工程及措施项目。依据工程量清单计算隐含碳排放量时，综合碳排放指标的编制应充分考虑企业的管理能力、技术水平以及行业现状等因素的影响。

2）综合碳排放指标由基础值与附加值两部分构成，并统一标记为"基础值丨附加值"格式。其中基础值是指与现行建筑碳排放计算标准的要求相适应，对计算结果有重要影响，且数据来源可靠、结果相对准确的碳排放量基础项，一般采用基于过程的计算方法核定，可满足一般项目的分析；附加值是指工程建设中实际可能产生，但计算中又难以准确考虑的碳排放量附加项，一般采用投入产出分析法核定，可扩展系统边界。建筑隐含碳排放量计算时，应按综合碳排放指标基础值与附加值计算碳排放量基础值与附加值，并依据相关标准要求重点报告碳排放量基础值。

3）综合碳排放指标实质上是对碳排放因子基本概念的扩展。目标对象方面，在第三章介绍的能源、材料、机械、服务等基础上，延伸至了分部分项工程及措施项目这一单位项目层次；数据取值方面，考虑数据重要性、准确性与可靠性的差异，对数据结果按基础值和附加值进行了区分。

2. 系统边界定义

分部分项工程及措施项目是综合碳排放指标编制的基本功能单位。当依据工程定额编制综合碳排放指标时，项目编号、名称、工作内容与消耗量数据等应与工程消耗量定额保持一致。当依据工程量清单编制综合碳排放指标时，项目划分、编码及计量单位等应与《房屋建筑与装饰工程工程量计算规范》等工程量计算规范保持一致。单位项目的综合碳排放指标核定时，一般应考虑以下系统边界条件：

1）原材料、建筑材料、部品部件和其他辅材的碳排放量，以及施工周转材料的均摊碳排放量。

2）由施工机械使用产生的直接或间接碳排放量。

3）不计入施工机械的小型机具设备及临时措施用能等产生的直接或间接碳排放量。

4）由场外运输能源利用和其他服务而计入的直接或间接碳排放量。

3. 综合碳排放指标的编制方法

单位项目综合碳排放指标的组成与一般编制方法如图4-5所示。综合碳排放指标的编制，应优先采用基于过程的计算方法并计入基础值，以保证数据的准确性与可靠性；对于尚无法采用该方法的次要工序和活动，宜采用投入产出分析方法并计入附加值，以拓展系统边界。

（1）生产要素的综合碳排放指标　能源、材料、机械、服务等生产要素的碳排放因子是分部分项工程及措施项目综合碳排放指标编制的重要数据基础。为与综合碳排放指标中"基础值"与"附加值"的概念相适应，将生产要素的碳排放因子按以下要求重新定义为生产要素的综合碳排放指标：

1）能源的综合碳排放指标。应区分化石能源燃烧和非化石能源利用。对于燃料燃烧，其碳排放因子计入能源综合碳排放指标基础值，而燃料开采、提炼和加工过程的碳排放计入

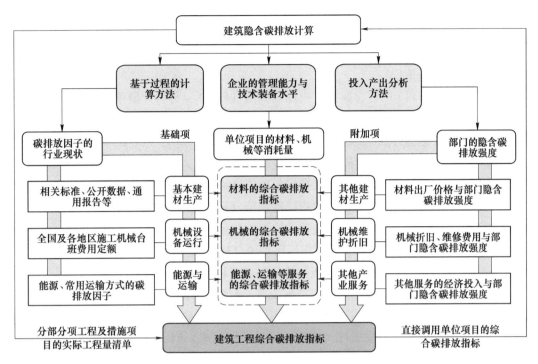

图 4-5　综合碳排放指标的组成与编制

相应能源综合碳排放指标附加值，但一般可不考虑；对于外购电力，按用电碳排放因子计入能源综合碳排放指标基础值；对于清洁能源，碳排放因子计入相应能源综合碳排放指标基础值，但一般可不考虑。

2）材料的综合碳排放指标。应考虑原材料开采、原材料运输、材料生产及加工等全过程，并应包含能源利用的碳排放和工业过程中的直接温室气体排放。数据取用方面，由国家主管部门、行业协会公布的数据，相关规范、标准、报告中的数据，以及经相关机构认证或备案的数据，计入材料综合碳排放指标基础值；无上述数据时，按生命周期评价理论核定材料碳排放因子，并根据所采用的方法即数据准确性，考虑计入材料综合碳排放指标基础值或附加值。

3）机械的综合碳排放指标。应考虑机械用能、维修与折旧等，并按教材第三章的方法核定。其中，机械台班运行耗能的碳排放因子计入机械综合碳排放指标基础值，而机械台班折旧与维修的碳排放因子计入附加值。

4）运输服务的综合碳排放指标。不同运输方式的碳排放因子计入运输服务的综合碳排放指标基础值，而运输部门隐含碳排放强度计入综合碳排放指标附加值。

（2）单位项目综合碳排放

单位分部分项工程及措施项目的综合碳排放指标应根据生产要素的综合碳排放指标及单位项目的生产要素消耗量按下列公式核定

$$EF_k^{\text{sub,b}} = \sum_i q_{ik}^{\text{m}} EF_i^{\text{m,b}} + \sum_r q_{rk}^{\text{c}} EF_r^{\text{c,b}} + \sum_s q_{sk}^{\text{t}} EF_s^{\text{t,b}} + \sum_j q_{jk}^{\text{e}} EF_j^{\text{e,b}} \tag{4-43}$$

$$EF_k^{\text{sub,a}} = \sum_i q_{ik}^{\text{m}} EF_i^{\text{m,a}} + \sum_r q_{rk}^{\text{c}} EF_r^{\text{c,a}} + \sum_s q_{sk}^{\text{t}} EF_s^{\text{t,a}} + \sum_j q_{jk}^{\text{e}} EF_j^{\text{e,a}} \tag{4-44}$$

式中　$EF_k^{\mathrm{sub,b}}$——分部分项工程或措施项目 k 的综合碳排放指标基础值（$kgCO_{2e}$/工程量计量单位）；

$EF_k^{\mathrm{sub,a}}$——分部分项工程或措施项目 k 的综合碳排放指标附加值（$kgCO_{2e}$/工程量计量单位）；

$EF_i^{\mathrm{m,b}}$——材料 i 的综合碳排放指标基础值（$kgCO_{2e}$/材料计量单位）；

$EF_r^{\mathrm{c,b}}$——机械 r 的综合碳排放指标基础值（$kgCO_{2e}$/台班）；

$EF_s^{\mathrm{t,b}}$——运输方式 s 的综合碳排放指标基础值［$kgCO_{2e}$/（t·km）］；

$EF_j^{\mathrm{e,b}}$——能源 j 的综合碳排放指标基础值（$kgCO_{2e}$/能源计量单位）；

$EF_i^{\mathrm{m,a}}$——材料 i 的综合碳排放指标附加值（$kgCO_{2e}$/材料计量单位）；

$EF_r^{\mathrm{c,a}}$——机械 r 的综合碳排放指标附加值（$kgCO_{2e}$/台班）；

$EF_s^{\mathrm{t,a}}$——运输方式 s 的综合碳排放指标附加值［$kgCO_{2e}$/（t·km）］；

$EF_j^{\mathrm{e,a}}$——能源 j 的综合碳排放指标附加值（$kgCO_{2e}$/能源计量单位）；

q_{ik}^{m}——单位分部分项工程或措施项目 k 对材料 i 的消耗量定额；

q_{rk}^{c}——单位分部分项工程或措施项目 k 对机械 r 的消耗量定额；

q_{sk}^{t}——单位分部分项工程或措施项目 k 采用运输方式 s 的货运量，其中，材料的运输距离按现行《建筑碳排放计算标准》（GB/T 51366—2019）的规+定取值；

q_{jk}^{e}——单位分部分项工程或措施项目 k 对能源 j 的消耗量（指不计入机械消耗的小型机具、设备用能）。

【例4-12】　《房屋建筑与装饰工程消耗量定额》（TY 01-31—2015）给出的"矩形柱""构造柱""异形柱"和"圆形柱"分项工程的消耗量定额见表4-18。根据下列计算数据，编制定额分项工程的综合碳排放指标。

材料的综合碳排放指标：C20 混凝土 265 | 0$kgCO_{2e}$/m³，土工布 0 | 0.6$kgCO_{2e}$/m²（单价 1.5 元/m²），水 0.17 | 0$kgCO_{2e}$/m³，预拌水泥砂浆 277 | 0$kgCO_{2e}$/m³。

能源的综合碳排放指标：电 0.77 | 0$kgCO_{2e}$/（kW·h）。

运输的综合碳排放指标：公路运输 0.179 | 0$kgCO_{2e}$/（t·km），运输服务 0 | 0.211$kgCO_{2e}$/元。

表4-18　分项工程的消耗量定额

工作内容：浇筑、振捣、养护等。单位：10m³						
定额编号			5-11	5-12	5-13	5-14
项目			矩形柱	构造柱	异形柱	圆形柱
名称		单位	消耗量			
材料	预拌混凝土 C20	m³	9.797	9.797	9.797	9.797
	土工布	m²	0.912	0.885	0.912	0.885
	水	m³	0.911	2.105	2.105	1.950
	预拌水泥砂浆	m³	0.303	0.303	0.303	0.303
能源	电	kW·h	3.750	3.720	3.720	3.750

解：混凝土和水泥砂浆的密度分别取 $2.4t/m^3$ 和 $1.8t/m^3$，土工布运费按材料价格5%估计，混凝土运输距离取40km，其他材料运输距离取500km。根据题目条件，计算单位分项工程的材料、能源碳排放量，见表4-19。

表4-19 单位分项工程的材料、能源碳排放量

定额编号	5-11	5-12	5-13	5-14
材料碳排放基础值/($kgCO_{2e}/10m^3$)	9.797×265+0.911× 0.17+0.303× 277≈2680.29	9.797×265+2.105× 0.17+0.303× 277≈2680.49	9.797×265+2.105× 0.17+0.303× 277≈2680.49	9.797×265+1.950× 0.17+0.303× 277≈2680.47
材料碳排放附加值/($kgCO_{2e}/10m^3$)	0.912×0.6≈0.55	0.885×0.6≈0.53	0.912×0.6≈0.55	0.885×0.6≈0.53
能源碳排放基础值/($kgCO_{2e}/10m^3$)	3.750×0.77≈2.89	3.720×0.77≈2.86	3.720×0.77≈2.86	3.750×0.77≈2.89
能源碳排放附加值/($kgCO_{2e}/10m^3$)	0	0	0	0
货运量/(t·km)	9.797×2.4×40+ 0.303×1.8× 500≈1213.2	9.797×2.4×40+ 0.303×1.8× 500≈1213.2	9.797×2.4×40+ 0.303×1.8× 500≈1213.2	9.797×2.4×40+ 0.303×1.8× 500≈1213.2
运输服务/元	0.912×1.5× 0.05≈0.07	0.885×1.5× 0.05≈0.07	0.912×1.5× 0.05≈0.07	0.885×1.5× 0.05≈0.07
运输碳排放基础值/($kgCO_{2e}/10m^3$)	1213.2×0.179 ≈217.16	1213.2×0.179 ≈217.16	1213.2×0.179 ≈217.16	1213.2×0.179 ≈217.16
运输碳排放附加值/($kgCO_{2e}/10m^3$)	0.07×0.211≈0.01	0.07×0.211≈0.01	0.07×0.211≈0.01	0.07×0.211≈0.01

将以上计算结果整理为分项工程综合碳排放指标表，见表4-20。

表4-20 分项工程综合碳排放指标表

工作内容：浇筑、振捣、养护等。单位：$10m^3$						
定额编号			5-11	5-12	5-13	5-14
项目			矩形柱	构造柱	异形柱	圆形柱
综合碳排放指标/$kgCO_{2e}$			2900｜0	2900｜0	2900｜0	2900｜0
其中	材料生产		2680｜1	2680｜1	2680｜1	2680｜1
	材料运输		217｜0	217｜0	217｜0	217｜0
	建筑施工		3｜0	3｜0	3｜0	3｜0
名称	单位	综合碳排放指标/$kgCO_{2e}$	消耗量			
材料	预拌混凝土 C20	m³	265｜0	9.797	9.797	9.797	9.797
	土工布	m²	0｜0.6	0.912	0.885	0.912	0.885
	水	m³	0.17｜0	0.911	2.105	2.105	1.950
	预拌水泥砂浆	m³	277｜0	0.303	0.303	0.303	0.303
能源	电	kW·h	0.77｜0	3.750	3.720	3.720	3.750

4. 综合碳排放指标的应用

1) 分项工程及措施项目的隐含碳排放量可根据综合碳排放指标及工程量按下列公式计算

$$E_k^{\mathrm{sub,b}} = 10^{-3} Q_k^{\mathrm{sub}} EF_k^{\mathrm{sub,b}} \tag{4-45}$$

$$E_k^{\mathrm{sub,a}} = 10^{-3} Q_k^{\mathrm{sub}} EF_k^{\mathrm{sub,a}} \tag{4-46}$$

式中　$E_k^{\mathrm{sub,b}}$——分项工程或措施项目 k 的碳排放基础值（$\mathrm{tCO_{2e}}$）；

$E_k^{\mathrm{sub,a}}$——分项工程或措施项目 k 的碳排放附加值（$\mathrm{tCO_{2e}}$）；

Q_k^{sub}——分项工程或措施项目 k 的工程量。

2) 分部工程的隐含碳排放量根据所包含的分项工程按下列公式计算

$$E_n^{\mathrm{b}} = \sum_k E_{kn}^{\mathrm{sub,b}} \tag{4-47}$$

$$E_n^{\mathrm{a}} = \sum_k E_{kn}^{\mathrm{sub,a}} \tag{4-48}$$

式中　E_n^{b}——分部工程 n 的碳排放基础值（$\mathrm{tCO_{2e}}$）；

E_n^{a}——分部工程 n 的碳排放附加值（$\mathrm{tCO_{2e}}$）；

$E_{kn}^{\mathrm{sub,b}}$——分部工程 n 所包含的分项工程 k 的碳排放基础值（$\mathrm{tCO_{2e}}$）；

$E_{kn}^{\mathrm{sub,a}}$——分部工程 n 所包含的分项工程 k 的碳排放附加值（$\mathrm{tCO_{2e}}$）。

3) 单位及单项工程的碳排放预算应根据所包含的分部分项工程及措施项目采用下列公式计算

$$E^{\mathrm{b}} = \sum_n E_n^{\mathrm{b}} + \sum_{k'} E_{k'}^{\mathrm{sub,b}} \tag{4-49}$$

$$E^{\mathrm{a}} = \sum_n E_n^{\mathrm{a}} + \sum_{k'} E_{k'}^{\mathrm{sub,a}} \tag{4-50}$$

式中　E^{b}——单位工程的碳排放基础值（$\mathrm{tCO_{2e}}$）；

E^{a}——单位工程的碳排放附加值（$\mathrm{tCO_{2e}}$）；

$E_{k'}^{\mathrm{sub,b}}$——措施项目 k' 的碳排放基础值（$\mathrm{tCO_{2e}}$）；

$E_{k'}^{\mathrm{sub,a}}$——措施项目 k' 的碳排放附加值（$\mathrm{tCO_{2e}}$）。

4) 单位及单项工程的碳排放核算应根据各生产要素的实测消耗量与相应综合碳排放指标采用下列公式计算

$$E^{\mathrm{b}} = \sum_i Q_i^{\mathrm{m}} EF_i^{\mathrm{m,b}} + \sum_s Q_s^{\mathrm{t}} EF_s^{\mathrm{t,b}} + \sum_j Q_j'^{\mathrm{e}} EF_j^{\mathrm{e}} \tag{4-51}$$

$$E^{\mathrm{a}} = \sum_i Q_i^{\mathrm{m}} EF_i^{\mathrm{m,a}} + \sum_r Q_r^{\mathrm{c}} EF_r^{\mathrm{c,a}} + \sum_s Q_s^{\mathrm{t}} EF_s^{\mathrm{t,a}} \tag{4-52}$$

式中　Q_i^{m}——材料 i 的实际消耗量；

Q_s^{t}——运输方式 s 的实际货运量；

$Q_j'^{\mathrm{e}}$——能源 j 的实际消耗量，包含全部工程现场能耗；

Q_r^{c}——机械 r 的实际台班数。

【例4-13】　某框架结构工程，底层共有矩形柱 24 根，框架柱截面尺寸为 500mm×500mm，净高 3.2m，单根框架柱的纵筋（22mm）和箍筋（8mm）用量分别为 76.3kg 和 39.5kg。混凝土矩形柱、纵筋加工、箍筋加工和模板工程的综合碳排放指标见表 4-21，计算底层框架柱工程的物化碳排放量。

表 4-21 分项工程的综合碳排放指标

分项工程		混凝土矩形柱	纵筋加工	箍筋加工	矩形柱模板
单位		$kgCO_{2e}/10m^3$	$kgCO_{2e}/t$	$kgCO_{2e}/t$	$kgCO_{2e}/100m^2$
综合碳排放指标		2900 │ 1	2539 │ 3	2528 │ 7	189 │ 31
其中	材料生产	2680 │ 1	2420 │ 0	2403 │ 0	67 │ 16
	材料运输	217 │ 0	90 │ 0	90 │ 0	79 │ 0
	建筑施工	3 │ 0	29 │ 3	35 │ 7	43 │ 15

解：根据已知条件计算框架柱的混凝土、纵筋加工、箍筋加工和模板的工程量分别约为

$$Q_{混凝土} = (24 \times 0.5^2 \times 3.2)\,m^3 = 1.92 \times 10m^3$$

$$Q_{纵筋} = (24 \times 76.3 \times 10^{-3})\,t \approx 1.83t$$

$$Q_{箍筋} = (24 \times 39.5 \times 10^{-3})\,t \approx 0.95t$$

$$Q_{模板} = (24 \times 0.5 \times 3.2 \times 4)\,m^2 \approx 1.54 \times 100m^2$$

根据表 4-21 的分项工程综合碳排放指标可计算各分项工程的碳排放量，见表 4-22。

表 4-22 各分项工程的碳排放量 （单位：kg/CO_{2e}）

分项工程		混凝土矩形柱	纵筋加工	箍筋加工	矩形柱模板	合计
碳排放基础值		1.92×2900 =5568.00	1.83×2539 =4646.37	0.95×2528 =2401.60	1.54×189 =291.06	12907.03
其中	材料生产	1.92×2680 =5145.60	1.83×2420 =4428.60	0.95×2403 =2282.85	1.54×67 =103.18	11960.23
	材料运输	1.92×217=416.64	1.83×90=164.70	0.95×90=85.50	1.54×79=121.66	788.50
	建筑施工	1.92×3=5.76	1.83×29=53.07	0.95×35=33.25	1.54×43=66.22	158.30
碳排放附加值		1.92×1=1.92	1.83×3=5.49	0.95×7=6.65	1.54×31=47.74	61.80
其中	材料生产	1.92×1=1.92	0.00	0.00	1.54×16=24.64	26.56
	材料运输	0.00	0.00	0.00	0.00	0.00
	建筑施工	0.00	1.83×3=5.49	0.95×7=6.65	1.54×15=23.10	35.24

根据列表计算结果，底层框架柱工程的碳排放基础值约为 $12.91tCO_{2e}$，碳排放附加值约为 $0.06tCO_{2e}$。

4.5 建筑碳排放计算的不确定性

4.5.1 基本概念

建筑生命周期碳排放分析涉及大量的数据与模型假设，因而计算结果的不确定性分析至关重要。第 3 章详细分析了生命周期评价的不确定性来源。在建筑碳排放量的计算分析中，常将不确定性划分为参数不确定性、模型不确定性和情景不确定性三类。参数不确定性指由计算模型输入数据不确定性而引起的结果离散性；模型不确定性指由分析模型的形式与参数

选择不同而造成的结果不确定性；而情景不确定性指计算分析中由系统边界范围、功能单位选择、数据取值等差异而引起的结果不确定性。参数不确定性需借助随机分析方法进行研究；而后两类不确定性可采用情景模拟法或敏感性分析方法，通过对比不同系统边界、输入数据取值和分析模型参数等进行评估。

参数不确定性的估计，可采用第 3 章介绍的误差传递公式或蒙特卡罗模拟方法。这一节将重点介绍基于蒙特卡罗模拟的随机模拟方法。建筑生命周期碳排放计算分析涉及工程量、能耗、碳排放因子等大量数据，一般难以满足或进行统计概率分析。为此，可通过数据质量评价等方法建立参数的经验概率模型，利用蒙特卡罗模拟等随机抽样方法生成样本，进行数据模拟试验，并利用统计学方法实现碳排放量计算结果的参数不确定性分析。

4.5.2 数据质量评价方法

数据质量评价（data quality indicator，DQI）指依据专家经验判断与量化数据信息，利用描述性指标评价数据可靠或不确定性的半经验、半参数化方法。数据质量评价时，常采用的评价指标包括取舍规则、数据独立性、完备性、来源、获取方法，以及空间、时间和技术相关性等。建筑生命周期全过程涉及各类能源、材料、服务等，且由建设单位、设计单位、生产单位、施工单位、物业、业主等多方参与，因而碳排放计算的基础数据来源复杂、获取方法差异明显，且碳排放因子等受空间（地域）、时间和技术条件的影响显著。为此，以这五个因素为基本评价指标，建立表 4-23 所示的数据质量评价矩阵，表中评分 1~5 分别代表数据质量由低至高。

表 4-23 数据质量评价矩阵

评分	数据质量指标				
	数据来源	获取方法	技术相关性	地域相关性	时间相关性
1	未知	未知	相关过程、不同技术与生产者	国际数据或未知	>15 年
2	非相关企业未经验证的数据	完全根据假设估算的数据	相关过程、相同技术、不同生产者	国家数据	≤15 年
3	相关研究者未经验证的数据	部分根据假设估算的数据	相同过程与生产者、不同技术	地区数据	≤10 年
4	相关生产者经过验证的数据	根据实测资料计算的数据	相同过程与技术、不同生产者	相似生产条件的其他区域数据	≤6 年
5	独立来源经过验证的数据	现场直接测量的数据	相同过程、技术与生产者	现场调研数据	≤3 年

4.5.3 参数不确定性分析

1. 经验概率分布

（1）Beta 函数方法 数据质量评价结果可定性描述数据的可靠程度，但不能直接用于量化计算结果的不确定性。为此，有国外研究者提出，可利用 Beta 函数建立数据质量评分与经验概率分布的关系。Beta 分布的概率密度函数见式（4-53），该函数以形状参数（α、β）和位置参数（a、b）控制概率分布特征，形式高度灵活且适应性强。

$$f(x;\alpha,\beta,a,b) = \frac{(x-a)^{\alpha-1}(b-x)^{\beta-1}}{(b-a)^{\alpha+\beta-1}} \cdot \frac{\Gamma(\alpha+\beta)}{\Gamma(\alpha)\Gamma(\beta)} \quad (a \leqslant x \leqslant b) \quad (4-53)$$

国内外学者采用专家判断法给出了分布参数与数据质量评分的转换关系，数据指标的转化方法为

$$(\alpha,\beta) = \max[\text{int}(2S^{\text{DQI}}) - 5,1](1,1) \quad (4-54)$$

$$(a,b) = \mu[0.4 + 0.05\text{int}(2S^{\text{DQI}}),1.6 - 0.05\text{int}(2S^{\text{DQI}})] \quad (4-55)$$

式中　S^{DQI}——数据质量综合评分；

　　　μ——数据的代表值，如平均值、似然值等；

　int($\cdot$)——取整函数。

为采用上述数据转换方法，需将5个相互独立的数据质量指标评分整合为一个代表性数值。当不考虑5个指标的权重关系时，通常以平均值作为综合评分；当考虑不同指标的优先级存在差异时，可采用层次分析法（analytic hierarchy process，AHP）等综合评价理论获得权重系数；需要严格控制数据质量时，可将各指标评分的最小值作为综合评分。需要说明的是，指标整合会导致参数信息的丢失，特别是在选用平均数作为综合评分时，易发生不同具体指标评分得出相同分布参数的情况。上述三类综合评分可按下列公式计算：

平均值法　　　　　　　$$S^{\text{DQI}} = \frac{1}{n}\sum_{i=1}^{n} S_i^{\text{DQI}} \quad (4-56)$$

综合评价法　　　　　　$$S^{\text{DQI}} = \sum_{i=1}^{n}(S_i^{\text{DQI}}W_i) \quad (4-57)$$

最小值法　　　　　　　$$S^{\text{DQI}} = \min(S_i^{\text{DQI}}) \quad (4-58)$$

式中　S_i^{DQI}——指标i的数据质量评分；

　　　W_i——指标i的权重系数。

（2）**Ecoinvent方法**　Ecoinvent数据库将参数不确定性分为基础不确定性和附加不确定性。基础不确定性主要包括不可避免的数据变异性及随机统计误差等，并可通过专家判断或统计方法确定；而附加不确定性主要由不准确的数据测量与估计结果，以及时间、空间和技术条件引起，可通过数据质量评价等半参数化方法确定。Ecoinvent以对数化数据的方差表示不确定性程度，并给出了相应的建议值。对于材料与能源消耗等一般的建筑活动，基础不确定性可取0.0026；而附加不确定性可根据数据质量评分情况按表4-24的转换关系确定。

在假设各不确定性指标相互独立的情况下，数据的整体不确定性可表示为

$$\sigma_t^2 = \sigma_b^2 + \sum_{i=1}^{5}\sigma_{a,i}^2 \quad (4-59)$$

式中　σ_t——以方差表示的数据总体不确定性；

　　　σ_b——以方差表示的数据基础不确定性；

　$\sigma_{a,i}$——以方差表示的对应于指标i的数据附加不确定性。

Ecoinvent的方法仅适用于将数据质量指标转化为对数正态分布，应用范围受限。有国外学者建议以变异系数表示不确定性程度，将上述转换关系扩展应用于其他分布形式，如正态分布、均匀分布、三角分布和Beta-PERT分布等。

表 4-24　附加不确定性与数据质量的转换关系

表达形式	数据质量评分	数据来源	获取方法	技术相关性	地域相关性	时间相关性
方差	1	0.008	0.04	0.12	0.002	0.04
	2	0.002	0.008	0.04	0.0006	0.008
	3	0.0006	0.002	0.008	0.0001	0.002
	4	0.0001	0.0006	0.0006	2.5×10^{-5}	0.0002
	5	0	0	0	0	0
变异系数	1	0.09	0.202	0.357	0.045	0.202
	2	0.045	0.09	0.202	0.025	0.09
	3	0.025	0.045	0.09	0.01	0.045
	4	0.01	0.025	0.025	0.005	0.014
	5	0	0	0	0	0

　　对于对数正态分布，变异系数可根据方差按式（4-60）计算。由此可得，基本不确定性 CV_b 为 0.051，而附加不确定性 CV_a 可根据表 4-24 按式（4-61）计算，参数的总体不确定性 CV_t 可按式（4-62）计算。根据上述变异系数与所收集数据的代表值，即可得出采用其他分布函数时的相关分布参数，具体方法见表 4-25。

$$CV = \sqrt{\exp(\sigma^2) - 1} \tag{4-60}$$

$$CV_a = \sqrt{\prod_{i=1}^{5}(CV_{a,i}^2 + 1) - 1} \tag{4-61}$$

$$CV_t = \sqrt{CV_b^2 + CV_a^2} \tag{4-62}$$

表 4-25　分布参数计算方法

分布形式	代表值	概率密度函数	参数计算方法
对数正态分布	μ_g	$f(x;\mu_g,\sigma_g) = \dfrac{1}{x\sqrt{2\pi}\sigma}\exp\left[-\dfrac{(\ln x - \mu)^2}{2\sigma^2}\right]$ $\mu = \ln\mu_g\ ;\ \sigma = \ln\sigma_g$	$\mu_{gt} = \mu_g$ $\sigma_g = \exp\left[\sqrt{\ln(CV_t^2 + 1)}\right]$
正态分布	μ	$f(x;\mu,\sigma) = \dfrac{1}{\sqrt{2\pi}\sigma}\exp\left[-\dfrac{(x-\mu)^2}{2\sigma^2}\right]$	$\mu_t = \mu$ $\sigma_t = \mu CV_t$
均匀分布	$\mu = 0.5(a+b)$	$f(x;a,b) = \dfrac{1}{b-a}$	$a_t = 2\mu - b_t$ $b_t = \mu(1 + \sqrt{3}\,CV_t)$
三角分布	c	$f(x;a,b) = \begin{cases} \dfrac{2(x-a)}{(b-a)(c-a)} & (a < x < c) \\ \dfrac{2(b-x)}{(b-a)(c-a)} & (c < x < b) \end{cases}$	$a_t = c(1+\gamma) - \gamma b_t$ $b_t = c + 3\mu CV_t\sqrt{\dfrac{2}{1+\gamma+\gamma^2}}$ $\gamma = \dfrac{c-a}{b-c} = \dfrac{c-a_t}{b_t-c}$

（续）

分布形式	代表值	概率密度函数	参数计算方法
Beta-PERT 分布	c	$f(x;\ a,\ b) = \dfrac{\Gamma(\alpha+\beta)}{\Gamma(\alpha)\cdot\Gamma(\beta)}\cdot\dfrac{(x-a)^{\alpha-1}(b-x)^{\beta-1}}{(b-a)^{\alpha+\beta-1}}$ $\alpha = 1 + 4\dfrac{c-a}{b-a};\ \beta = 6 - \alpha$	$a_t = c(1+\gamma) - \gamma b_t$ $b_t = c + \dfrac{CV_t}{1+\gamma}(a + 4c + b)$ $\gamma = \dfrac{c-a}{b-c} = \dfrac{c-a_t}{b_t-c}$

（3）**直接假设法** 根据经验直接假定经验概率分布函数形式，并依据所搜集的数据确定模型参数。常用的经验概率分布函数包括：①对称型函数，如正态分布、均匀分布；②非对称型函数，如对数正态分布；③其他灵活型函数，如三角分布、Beta-PERT 分布等，相应分布函数的对称性由所选分布参数决定。

2. 随机分析方法

建筑生命周期碳排放的随机分析可按以下步骤进行：

1）整理输入数据（活动水平数据和碳排放因子），并确定数据代表值。

2）对输入参数进行数据质量评价，得出各评价指标的数据质量评分。

3）利用数据质量评分与概率分布参数的转换关系得出各输入量的经验概率分布。

4）根据输入量的分布函数生成数据样本，并利用蒙特卡罗模拟或拉丁超立方抽样等方法进行随机抽样。

5）根据随机抽样结果进行碳排放模拟计算分析，确定碳排放的关键过程。

6）对关键过程的相关输入量（如碳排放因子等）进行更为详细的样本数据分析，形成统计概率分布，并替代基于数据质量评价的经验概率分布。

7）重新按步骤4）和5）进行随机分析，并对计算结果进行评价或比较。

关键过程的确定可根据过程 p 的碳排放量对碳排放总量的贡献 CE_p、过程 p 的碳排放量的离散性 RD_p 和对结果不确定性的影响 IU_p 为控制项。CE_p 可按随机分析结果的平均值计算，RD_p 可取所研究过程 p 的碳排放量随机分析结果的变异系数 RD_p^{CV} 或四分位数间距 RD_p^{QR}，而 IU_p 可用标准化的斯皮尔曼等级相关系数衡量。各指标的具体计算方法见下列公式：

$$CE_p = \overline{E}_p / \overline{E} \tag{4-63}$$

$$RD_p^{CV} = \overline{D}_p / \overline{E}_p \times 100\% \tag{4-64}$$

$$RD_p^{QR} = (P_p^{75} - P_p^{25}) \times 100\% \tag{4-65}$$

$$IU_p = \rho_p^2 / \sum_{p=1} \rho_p^2 \tag{4-66}$$

$$\rho_p = 1 - \frac{6}{N(N^2-1)} \cdot \sum_{r=1}^{N} [\,\mathrm{rg}(E_{pr}^R) - \mathrm{rg}(E_r^R)\,]^2 \tag{4-67}$$

式中 $\overline{E}_p$ ——过程 p 的碳排放量随机模拟结果的样本平均值；

$\overline{E}$ ——碳排放总量随机模拟结果的样本平均值；

$\overline{D}_p$ ——过程 p 的碳排放量随机模拟结果的样本标准差；

P_p^{25} ——过程 p 的碳排放量随机模拟结果的 25% 分位数；

P_p^{75} ——过程 p 的碳排放量随机模拟结果的 75% 分位数；

ρ_p ——过程 p 的碳排放量与碳排放总量之间的斯皮尔曼等级相关系数；

E_{pr}^{R} ——第 r 次模拟时过程 p 的碳排放量；

E_r^{R} ——第 r 次模拟时的碳排放总量；

rg(·) ——排序函数，将样本数据由高到低排序并返回排序号。

N ——产生碳排放的过程总数。

【例 4-14】 例 4-2 中各材料碳排放因子的数据质量评价结果见表 4-26，假定材料消耗量按实际施工情况统计得到，计算材料生产碳排放量的不确定性。

表 4-26 各材料碳排放因子的数据质量评价结果

项目	材 料						
	混凝土	钢材	铝合金	玻璃	滑石粉	聚氨酯	木材
数据来源	4	4	4	4	3	3	4
获取方法	3	3	3	3	2	3	3
技术相关性	5	4	4	4	1	4	4
地域相关性	5	3	3	3	2	2	3
时间相关性	5	4	4	4	4	3	4

解：（1）确定近似概率分布

1）Beta 函数方法。采用平均值法式（4-56）计算材料碳排放因子的数据质量综合指标：

$$S_{混凝土}^{DQI} = (4 + 3 + 5 + 5 + 5)/5 = 4.4$$

$$S_{钢材}^{DQI} = S_{铝合金}^{DQI} = S_{玻璃}^{DQI} = S_{木材}^{DQI} = (4 + 3 + 4 + 3 + 4)/5 = 3.6$$

$$S_{滑石粉}^{DQI} = (3 + 2 + 1 + 2 + 4)/5 = 2.4$$

$$S_{聚氨酯}^{DQI} = (3 + 3 + 4 + 2 + 3)/5 = 3.0$$

根据式（4-54）和式（4-55），材料碳排放因子近似概率函数的分布参数见表 4-27。

表 4-27 材料碳排放因子近似概率函数的分布参数

项目	材 料						
	混凝土	钢材	铝合金	玻璃	滑石粉	聚氨酯	木材
S^{DQI}	4.4	3.6	3.6	3.6	2.4	3	3.6
α	3	2	2	2	1	1	2
β	3	2	2	2	1	1	2
μ	0.261	2.34	14.5	1.13	0.15	5.22	0.487
a	0.209	1.755	10.875	0.848	0.090	3.654	0.365
b	0.313	2.925	18.125	1.413	0.210	6.786	0.609

2）Ecoinvent 方法（采用对数正态分布函数）。以变异系数表示的各材料碳排放因子基本不确定均取 0.051，附加不确定性及总体不确定性按式（4-61）和式（4-62）计算，见表 4-28。

表 4-28　附加不确定性及总体不确定性

项目	材料						
	混凝土	钢材	铝合金	玻璃	滑石粉	聚氨酯	木材
$CV_{a,1}$	0.01	0.01	0.01	0.01	0.025	0.025	0.01
$CV_{a,2}$	0.045	0.045	0.045	0.045	0.09	0.045	0.045
$CV_{a,3}$	0	0.025	0.025	0.025	0.357	0.025	0.025
$CV_{a,4}$	0	0.01	0.01	0.01	0.025	0.025	0.01
$CV_{a,5}$	0	0.014	0.014	0.014	0.014	0.045	0.014
CV_a	0.046	0.055	0.055	0.055	0.372	0.077	0.055
CV_t	0.069	0.075	0.075	0.075	0.375	0.092	0.075

根据表 4-25 可计算近似概率函数的分布参数 μ 和 σ，见表 4-29。

表 4-29　近似概率函数的分布参数 μ 和 σ

分布参数	材料						
	混凝土	钢材	铝合金	玻璃	滑石粉	聚氨酯	木材
$\mu = \ln\mu_g$	−1.343	0.850	2.674	0.122	−1.897	1.652	−0.719
$\sigma = \sqrt{\ln(CV_t^2 + 1)}$	0.069	0.075	0.075	0.075	0.363	0.092	0.075

（2）随机模拟分析　以对数正态分布函数为例，采用蒙特卡罗模拟方法生成 7 种材料碳排放因子各 1000 组随机数据样本。碳排放因子样本数据的均值、最小值、最大值、标准差及变异系数见表 4-30。

表 4-30　碳排放因子样本数据的统计参数

统计参数	材料						
	混凝土	钢材	铝合金	玻璃	滑石粉	聚氨酯	木材
均值	0.262	2.340	14.633	1.129	0.161	5.259	0.489
最小值	0.217	1.869	11.684	0.896	0.052	3.916	0.375
最大值	0.311	3.004	18.320	1.457	0.680	6.901	0.636
标准差	0.018	0.174	1.090	0.086	0.068	0.474	0.038
变异系数	0.067	0.074	0.074	0.076	0.421	0.090	0.077

采用式（4-4），根据各组样本数据计算材料碳排放量，各组计算结果的统计参数见表 4-31。

表 4-31　各组计算结果的统计参数

统计参数	材　料							
	混凝土	钢材	铝合金	玻璃	滑石粉	聚氨酯	木材	合计
均值	1163.4	1780.7	433.1	97.2	99.2	70.5	40.4	3684.5
最小值	965.4	1422.1	345.9	77.1	32.2	52.5	31.0	3239.1
最大值	1382.8	2285.9	542.3	125.5	420.3	92.5	52.6	4337.5
标准差	78.4	132.4	32.3	7.4	41.7	6.3	3.1	165.7
变异系数	0.067	0.074	0.074	0.076	0.421	0.090	0.077	0.045

注：由于在 1000 组样本数据中，各种建筑材料的碳排放因子并非同时取到最大值或最小值，因此，材料生产的碳排放总量最大值或最小值等统计指标并非各类材料相应指标的简单相加，而是需要根据 1000 组样本的模拟分析结果整体考虑。

根据式（4-63）~式（4-67）计算各参数，见表 4-32。

表 4-32　各参数的计算结果

参数	材　料						
	混凝土	钢材	铝合金	玻璃	滑石粉	聚氨酯	木材
对碳排放总量的贡献	0.316	0.483	0.118	0.026	0.027	0.019	0.011
碳排放的离散性	0.067	0.074	0.074	0.076	0.421	0.090	0.077
对结果不确定性的影响	0.242	0.639	0.040	0.000	0.071	0.006	0.003

根据计算结果可知，混凝土、钢材对碳排放总量及结果不确定性的影响均较大，铝合金对碳排放总量的贡献接近 12%，而滑石粉尽管对碳排放总量的贡献较低，但对结果不确定性的影响位列第 3。综合判断材料生产碳排放的关键过程为：首先是混凝土和钢材生产；其次是铝合金与滑石粉生产。

4.6　本章习题

4.6.1　知识考查

1. 论述建筑碳排放预算和建筑碳排放核算有何区别？

2. 结合课程所学，总结单体建筑生命周期碳排放的系统边界，以及《建筑碳排放计算标准》（GB/T 51366—2019）的相关规定。

3. 已知某多层住宅建筑的设计使用年限为 50 年，建筑面积为 6470m²，使用面积为 5120m²，各阶段碳排放量见表 4-33。

1）计算建筑的各阶段碳排放占比与单位面积的碳排放指标。

2）假定生命周期内各年日常运行碳排放及建筑碳汇量相等，分别不考虑和考虑碳排放累计作用影响，计算该住宅建筑的生命周期碳排放总量。

表 4-33 建筑碳排放量 （单位：tCO_{2e}）

生产阶段	建造阶段	运行阶段					处置阶段
		合计	日常运行	建筑碳汇量	第 20 年维修	第 40 年维修	
2717.4	406.7	13600.0	16175.0	3550.0	520.8	454.2	58.4

4. 已知某建筑设计使用寿命为 50 年，集中供暖的年均供热量和空调系统的制冷模拟结果分别为 7350kW·h 和 3520kW·h，空调制冷系统的综合性能系数为 3.5，集中供热系统的综合效率为 81%。空调制冷剂的充注总量估计值为 9.8kg，全球变暖潜势值 GWP 为 1450。电力碳排放因子为 $0.68tCO_{2e}/(MW·h)$，集中供热的碳排放因子取 $0.12tCO_{2e}/GJ$。估算建筑供暖与制冷的碳排放量。

5. 某 10 层住宅建筑，每层 4 户，户均人数按 4 人考虑，入住率为 100%。经统计，约 40% 的住户采用燃气热水器，50% 住户采用电热水器，剩余顶层住户采用太阳能热水器。燃气热水器和电热水器的热源效率分别取 95% 和 92%，热水系统输配效率为 75%。各户设计冷水温度为 10℃，热水温度为 55℃，热水密度为 0.986kg/L。估算该住宅建筑热水系统的年均碳排放量 ［电力碳排放因子取 $0.75tCO_{2e}/(MW·h)$，燃气的碳排放因子取 $55.54tCO_{2e}/TJ$］。

6. 某建筑小区用地面积为 6 万 m^2，绿化率为 35%，采用大小乔木、灌木、花草密植混种。计算该建筑小区的年均碳汇量。

7. 某工程采用单排（15m 以内）脚手架，工程量为 3500m^2。部分脚手架分项工程的消耗量定额及相关材料、机械的综合碳排放指标见表 4-34。脚手架扣件和底座的单重分别取 1.5kg 和 2.1kg，木材密度按 500kg/m^3 计算，公路运输综合碳排放指标为 $0.179 | 0kgCO_{2e}/(t·km)$，运输服务综合碳排放指标为 $0 | 0.211kgCO_{2e}/元$。

1）采用基于过程的方法计算脚手架工程的材料生产、运输及机械运行碳排放量。

2）根据题目数据，编制表中脚手架分项工程的综合碳排放指标，并根据分项工程的综合碳排放指标计算碳排放量。

8. 论述建筑碳排放计算不确定性的来源，思考建筑工程综合碳排放指标基础项与附加项对控制和分析计算结果的不确定性有何作用。

9. 例 4-14 中，假设材料碳排放因子的近似概率函数采用 Beta-PERT 分布，请利用 Ecoinvent 方法分析材料碳排放量的不确定性。

4.6.2 拓展讨论

1.《建筑碳排放计算标准》（GB/T 51366—2019）对实现建筑节能减排有重要指导作用。结合课程所学与行业需求，思考建筑碳排放计算和评价的标准体系建设方面需要如何完善或改进。

2. 装配式建筑是我国建筑业低碳可持续发展的重要方向之一。结合装配式建筑的特点，谈谈装配式建筑碳排放计算可能存在哪些难点？可以通过哪些措施促进装配式建筑降低碳排放？

表 4-34　脚手架分项工程消耗量定额及材料（机械）综合碳排放指标

工作内容：1. 场内、场外材料搬运。

2. 搭、拆脚手架、挡脚板、上下翻板子。

3. 拆除脚手架后材料的堆放。单位：100m²

定额编号				17-48	17-49	17-50	17-51
项目				脚手架			
				15m 以内		20m 以内	30m 以内
				单排	双排		
名称		计量单位	综合碳排放指标/kgCO₂e	消耗量			
材料	脚手架钢管	kg	2.53 l 0	40.315	56.014	62.279	72.012
	扣件	个	3.00 l 0	16.353	23.331	25.525	30.486
	木脚手板	m³	178 l 0	0.098	0.107	0.118	0.145
	脚手架钢管底座	个	4.20 l 0	0.213	0.217	0.227	0.229
	镀锌钢丝 φ4.0	kg	2.35 l 0	8.616	9.238	9.022	10.200
	圆钉	kg	1.92 l 0	1.084	1.237	1.316	1.384
	红丹防锈漆	kg	3.50 l 0	3.987	5.354	6.340	7.334
	油漆溶剂油	kg	0 l 2.06	0.337	0.488	0.512	0.640
	缆风绳 φ8	kg	2.375 l 0	0.193	0.193	0.215	0.870
	原木	m³	178 l 0	0.003	0.003	0.002	0.003
	垫木 60×60×60	块	0.04 l 0	1.796	1.796	1.835	1.864
	防滑木条	m³	178 l 0	0.001	0.001	0.001	0.001
	挡脚板	m³	178 l 0	0.007	0.007	0.007	0.008
机械	载重汽车 6t	台班	100 l 31	0.140	0.180	0.190	0.190

建筑碳排放实例分析 第5章

本章导读:

第4章详细介绍了建筑生命周期碳排放的计算方法,为进一步了解建筑碳排放计算如何在工程项目中实现,本章将通过实际工程案例的分析,讲解建筑碳排放计算与结果分析的基本过程与要求。考虑到碳排放核算阶段,按第4章介绍的方法统计实际资源、能源消耗量与碳排放因子即可实现,为此本章将侧重于建筑项目的碳排放预算。

学习要点:

- 结合工程案例进一步熟悉建筑碳排放计算与分析的方法。
- 掌握建筑碳排放计算的一般流程。
- 了解建筑碳排放计算报告的编制要求。

5.1 基本要求

1. 主要步骤

建筑项目碳排放计算与分析的主要步骤如下:

1)定义建筑碳排放计算的功能单位与计量单位,功能单位一般可采用"整幢建筑"或"建筑面积",相应计量单位一般采用 tCO_{2e} 或 tCO_{2e}/m^2 ($kgCO_{2e}/m^2$)。

2)确定建筑碳排放计算分析的系统边界,即时间范围、空间尺度及技术目标。

3)根据定义的系统边界与相关规范、标准要求,确定计算对象的碳排放来源与所需的清单数据。

4)搜集并整理基础数据,分阶段、分过程计算碳排放量。

5)结合技术目标对建筑碳排放量的计算结果进行分析与评价。

6)编制建筑碳排放计算报告。

2. 报告编制

建筑碳排放计算报告是对碳排放计算分析结果的综合体现。根据《建筑节能与可再生能源利用通用规范》(GB 55015—2021),建筑碳排放分析报告已成为建设项目可行性研究报告、建设方案和初步设计文件中必不可少的一部分。建筑碳排放分析报告应包括但不限于以下主要内容:

1）编制要求，报告的编制单位、编制时间、编制目标、报告立体及联系人信息等。

2）项目概况，包括项目建设基本信息、设计条件及概况等。

3）编制依据，包括引用的规范标准、碳排放因子数据库或数据来源等。

4）目标定义，包括碳排放计算分析的功能单位、系统边界及采用的方法等。

5）数据获取，包括数据来源、采集手段及数据汇总。

6）清单分析，即建筑碳排放分阶段、分过程计算。

7）结果解释，即计算结果与关键指标的汇总分析与结论。

8）保障措施，对于碳排放预算，应包含项目碳排放控制的对应管理及保障措施等；对于碳排放核算，应包含保障数据采集结果准确性的措施等。

9）真实性声明，应在报告中明确报告主体与编制单位对报告结果负责。

5.2 某少层村镇建筑碳排放分析

5.2.1 案例概况

1. 编制要求

本项目碳排放分析报告的编制目标是分析建筑生命周期碳排放量及单位面积碳排放指标，作为项目设计文件的一部分。

2. 项目概况

本项目为少层乡村节能建筑，项目建设地点位于夏热冬冷地区。建筑总层数为3层，屋脊处建筑总高度为10.18m，1~2层的层高为2.8m，3层为阁楼，最低处层高为2.3m。该建筑由地方统一规划设计，并指导村民自主建设。总建筑面积为357.65m²，设计使用年限为50年，抗震设防烈度为6度，结构安全等级为Ⅱ级。

建筑采用钢-竹组合框架结构进行设计，钢-竹组合框架结构以冷弯薄壁型钢与重组竹材为主要材料，两种材料采用环氧树脂黏结而成。建筑平面图与立面图、结构平面布置图及组合构件截面设计如图5-1~图5-5所示，主要设计参数见表5-1。

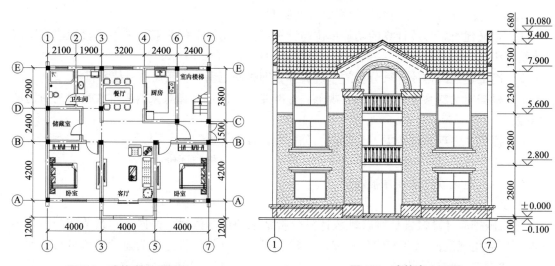

图5-1 建筑底层平面图　　　　　图5-2 建筑南立面图

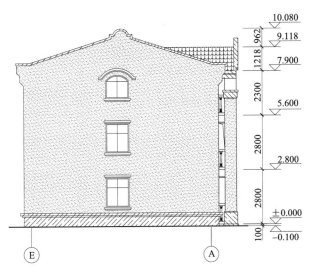

图 5-3　建筑西侧立面图

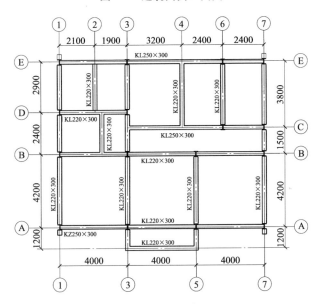

图 5-4　结构平面布置图

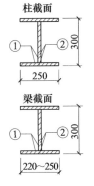

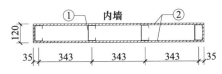

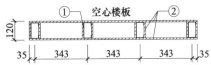

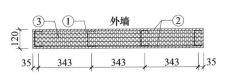

1.冷轧薄壁钢板：框架梁柱的钢板厚度为2～3mm，空心楼板和墙体的钢板厚度为2mm。

2.重组竹板：框架梁柱的重组竹板厚度为20mm，空心楼板和墙体的重组竹板厚度为10mm。
重组竹板和镀锌钢板之间采用环氧树脂黏结。

3.岩棉保温填充物。

图 5-5　组合构件截面设计

表 5-1　主要设计参数

构部件	规格型号与组成	主要参数
基础	柱下独立基础	地基承载力为 60kPa
框架梁、柱	工字形截面钢-竹组合构件	冷弯薄壁钢板采用 Q235b 级钢，重组竹材抗拉强度实测值 124MPa
楼地面与顶棚	瓷砖地面 水泥砂浆打底（20mm） 钢-竹组合空心楼板（120mm） 水泥砂浆找平层（20mm） 顶棚乳胶漆面层	传热系数 1.000W/（m²·K）
屋顶	彩色水泥瓦 细石混凝土（40mm） 屋面保温层（50mm） SBS 防水卷材（2mm） 钢-竹组合空心楼板（120mm） 水泥砂浆找平层（20mm） 顶棚乳胶漆面层	传热系数 0.491W/（m²·K）
内墙	室内墙面乳胶漆 水泥砂浆找平层（20mm） 钢-竹组合墙板（120mm） 水泥砂浆找平层（20mm） 室内墙面乳胶漆	传热系数 1.000W/（m²·K）
外墙	室外墙面涂料 外墙外保温层（30mm） 水泥砂浆（20mm） 钢-竹组合墙板填充岩棉（120mm） 水泥砂浆找平层（20mm） 室内墙面乳胶漆	传热系数 0.660W/（m²·K）
门窗	铝合金门窗	传热系数 2.400W/（m²·K）
楼梯	预制钢梯	采用 Q235b 级钢

5.2.2　碳排放分析

1. 编制依据

本项目碳排放分析报告的编制依据如下：

1）《建筑节能与可再生能源利用通用规范》（GB 55015—2021）。

2）《建筑碳排放计算标准》（GB/T 51366—2019）。

3）《建筑照明设计标准》（GB 50034—2013）。

4)《民用建筑节水设计标准》（GB 50555—2010）。

5）工程设计图与项目预算资料。

6）建筑能耗分析报告。

2. 目标定义

1）功能单位。本项目碳排放计算分析以"整幢建筑"为功能单位，碳排放量以 $kgCO_{2e}$、tCO_{2e} 为计量单位，单位面积的碳排放指标以 $kgCO_{2e}/m^2$ 为计量单位。

2）系统边界。本项目碳排放分析包含生产、建造、运行和处置的建筑生命周期全过程。建筑隐含碳排放计算范围为主体结构与装饰工程，不含水电设备系统，且不考虑维修、维护；建筑运行碳排放计算范围包括供暖、制冷、照明和生活热水系统。

3）计算方法。采用《建筑碳排放计算标准》（GB/T 51366—2019）规定的基于过程的碳排放计算方法，具体见本书第4章内容。

3. 数据获取

1）主要材料消耗量及碳排放因子见表5-2。该建筑为村民自建房，考虑采用现拌混凝土与砂浆。材料消耗量根据设计图和工程预算文件汇总得到，碳排放因子取自《建筑碳排放计算标准》（GB/T 51366—2019）及国内研究资料。表中第30~35项涵盖了工程预算文件"人材机"表中用量较小且相应碳排放因子未知的材料。该部分材料的用量以货币价值表示，相应碳排放因子取该类材料所属生产部门的隐含碳排放强度。

2）材料运输距离，按《建筑碳排放计算标准》（GB/T 51366—2019），所有材料运输距离均取500km，公路运输的碳排放因子取 $0.179kgCO_{2e}/(t \cdot km)$。对于表5-2中第30~35项，按运费估算运输过程碳排放量，运费按材料价格的5%估算，运输部门的隐含碳排放强度取 $0.211kgCO_{2e}/元$。

表 5-2 主要建筑材料消耗量及碳排放因子

序号	材料名称	规格型号	计量单位	消耗量	碳排放因子 /（$kgCO_{2e}$/计量单位）	重量系数 /（t/计量单位）
1	热轧带肋钢筋	HRB400	t	2.04	2340	1.000
2	热轧光圆钢筋	HPB300	t	0.14	2340	1.000
3	冷弯薄壁钢板		kg	15688.50	2.53	0.001
4	钢板与小型型钢		t	4.04	2310	1.000
5	高强螺栓		套	3180.00	0.333	0.000
6	镀锌铁线①		kg	20.45	2.350	0.001
7	铁钉、铁件		kg	62.88	1.920	0.001
8	不锈钢装饰圆管		kg	216.80	6.130	0.001
9	支撑与脚手架		kg	11.50	2.140	0.001
10	木模板与木板材		m³	6.94	487	0.600
11	重组竹		m³	26.84	910.5	1.100
12	普通硅酸盐水泥	PO 42.5	kg	29123.80	0.795	0.001
13	黄砂		t	92.01	2.51	1.000
14	碎石		t	60.89	2.18	1.000

（续）

序号	材料名称	规格型号	计量单位	消耗量	碳排放因子 /（kgCO₂ₑ/计量单位）	重量系数 /（t/计量单位）
15	生石灰		kg	1063.45	1.190	0.001
16	石膏粉		kg	4224.92	0.033	0.001
17	黏土		m³	5.03	4.034	1.600
18	瓷砖	500×500	m²	153.89	19.2	0.005
19	地砖	300×300	m²	332.85	19.2	0.002
20	铝合金门窗		m²	59.11	194	0.048
21	乳胶漆		kg	340.46	4.12	0.001
22	涂料、油漆		kg	890.83	3.50	0.001
23	SBS改性沥青防水卷材	2mm	m²	166.45	0.54	0.002
24	环氧树脂		kg	1095.85	5.91	0.001
25	聚苯乙烯泡沫板		m³	19.62	235.8	0.030
26	岩棉		m³	39.80	180	0.150
27	电焊条		kg	15.90	20.5	0.001
28	水		m³	99.75	0.168	0.000
29	彩色水泥瓦	420×330	千张	1.49	3172	5.200
30	其他水泥制品		元	2828.39	0.589	—
31	其他塑料制品		元	370.51	0.252	—
32	其他化学纤维制品		元	147.04	0.300	—
33	其他竹木制品		元	373.01	0.177	—
34	其他金属制品		元	115.97	0.334	—
35	其他化学制剂		元	4352.09	0.307	—

① 镀锌铁线即镀锌钢丝，此处与定额中术语保持一致。

3）建造阶段，施工机械消耗量、台班能耗及碳排放因子见表5-3。其中，施工机械消耗量根据预算文件中的"人材机"表确定，机械台班能耗由施工机械台班费用定额获得，并根据能源消耗类型计算得到相应碳排放因子。用电碳排放因子取 $0.773kgCO_2ₑ/（kW·h）$，汽油碳排放因子取 $2.936kgCO_2ₑ/kg$。此外，村民自建房不考虑临时办公、生活等活动。需要说明的是，对于碳排放预算阶段，表中的机械台班消耗量数据是根据工程预算文件的"人材机"表整理得到的预估数据，代表的是项目施工过程中机械消耗量的行业（或企业）平均水平，并不代表实际的施工机械消耗量。

表 5-3　施工机械消耗量、台班能耗及碳排放因子

序号	名称	规格型号	计量单位	消耗量	台班能耗 /（kW·h 或 kg/ 计量单位）	碳排放因子 /（kgCO₂ₑ/ 计量单位）
1	电动夯实机	250N·m	台班	1.08	16.6	12.832
2	汽车式起重机	5t	台班	0.40	23.3（汽油）	68.409
3	载货汽车	4t	台班	0.19	25.48（汽油）	74.809
4	电动卷扬机-单筒快速	5kN	台班	22.18	14.7	11.363

（续）

序号	名称	规格型号	计量单位	消耗量	台班能耗 /（kW·h 或 kg/ 计量单位）	碳排放因子 /（kgCO$_{2e}$/ 计量单位）
5	双锥反转出料混凝土搅拌机	500 L	台班	2.13	55.04	42.546
6	灰浆搅拌机	200 L	台班	2.23	8.61	6.656
7	钢筋调直机	14mm	台班	0.14	11.9	9.199
8	钢筋切断机	40mm	台班	0.25	32.1	24.813
9	钢筋弯曲机	40mm	台班	0.92	12.8	9.894
10	摇臂钻床	25mm	台班	2.14	4.67	3.610
11	剪板机	6.3mm×2000mm	台班	0.54	28.64	22.139
12	刨边机	9000mm	台班	0.54	75.9	58.671
13	折方机	4mm×2000mm	台班	1.88	12.8	9.894
14	电动扭力扳手		台班	20.89	3.8	2.937
15	超声波探伤仪	0.0~10000mm	台班	0.19	8	6.184
16	木工圆锯机	500mm	台班	3.20	24	18.552
17	木工压刨床	600mm	台班	0.31	28.6	22.108
18	管子切断机	150mm	台班	1.21	12.9	9.972
19	交流弧焊机	32kW	台班	0.51	96.53	74.618
20	直流弧焊机	32kW	台班	0.74	93.6	72.353
21	对焊机	75 kV·A	台班	0.18	122.9	95.002
22	氩弧焊机	500 A	台班	0.68	70.7	54.651
23	二氧化碳气体保护焊机	500 A	台班	0.51	86.02	66.493
24	混凝土振捣器	插入式	台班	3.54	4	3.092
25	其他小型机具设备		kW·h	29.61	14.7	0.773

4）采用 DEST-2 软件，模拟得到的建筑全年制热与制冷需求量结果如图 5-6 所示，汇总得到全年制热需求量为 2890kW·h，制冷需求量为 6920kW·h。建筑采用户式空调制冷与制热，相应的综合性能系数依据《建筑节能与可再生能源利用通用规范》（GB 55015—2021）分别取 3.6 和 2.6，空调制冷剂采用 R134a，总充注量约为 11.2kg，全球变暖潜势值为 1300。

5）起居室、卧室、厨房、餐厅和卫生间照明功率密度按《建筑节能与可再生能源利用通用规范》（GB 55015—2021）分别取 5W/m^2，各类型房间的照明面积分别为 104.6m^2、112.1m^2、8.5m^2、11.9m^2 和 32.6m^2，年照明时数按《建筑碳排放计算标准》（GB/T 51366—2019）分别取 1980h/年、1620h/年、1152h/年、900h/年和 1980h/年。忽略储藏室和室内楼梯间照明。

6）生活热水采用空气能热水器，建筑居住人数按 6 人考虑，日用水定额按 40L/（人·d），全年供应热水，热水机组性能系数参考产品铭牌取 3.6，管网效率取 82%。设计冷水温度为 5℃，热水温度为 55℃，热水密度为 0.986kg/L。

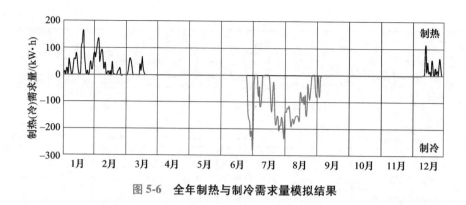

图 5-6　全年制热与制冷需求量模拟结果

7）处置阶段考虑建筑整体拆除、构件破碎、场地平整和垃圾运输过程，相应工程量分别为 357.65m²、273.01t、119.22m² 和 13650.58t·km（垃圾运输距离估算为 50km），碳排放因子分别取 7.8kgCO₂ₑ/m²、2.85kgCO₂ₑ/t、0.62kgCO₂ₑ/m² 和 0.179kgCO₂ₑ/(t·km)。

4. 碳排放量计算

1）生产阶段碳排放量计算包含材料生产和材料运输两个过程，结果见表 5-4。生产阶段的碳排放总量约为 185.4tCO₂ₑ，其中材料生产过程的碳排放量约为 160.9tCO₂ₑ，材料运输过程的碳排放量约为 24.5tCO₂ₑ。

表 5-4　生产阶段碳排放量

序号	名称	碳排放量/kgCO₂ₑ			序号	名称	碳排放量/kgCO₂ₑ		
		材料生产	材料运输	合计			材料生产	材料运输	合计
1	热轧带肋钢筋	4783	183	4966	19	地砖	6391	54	6445
2	热轧光圆钢筋	321	12	333	20	铝合金门窗	11468	254	11722
3	冷弯薄壁钢板	39017	1404	40421	21	乳胶漆	1403	30	1433
4	钢板与小型型钢	9447	361	9808	22	涂料、油漆	3118	80	3198
5	高强螺栓	1060	44	1104	23	SBS 防水卷材	90	36	126
6	镀锌铁线	48	2	50	24	环氧树脂	6476	98	6574
7	铁钉、铁件	121	6	127	25	聚苯乙烯泡沫板	4626	53	4679
8	不锈钢装饰圆管	1329	19	1348	26	岩棉	7164	534	7698
9	支撑与脚手架	25	1	26	27	电焊条	326	1	327
10	木模板与木板材	3382	373	3755	28	水	17	0	17
11	重组竹	24438	2642	27080	29	彩色水泥瓦	4714	692	5406
12	普通硅酸盐水泥	23153	2607	25760	30	其他水泥制品	1665	30	1695
13	黄砂	231	8235	8466	31	其他塑料制品	93	4	97
14	碎石	133	5449	5582	32	其他化学纤维制品	44	2	46
15	生石灰	1266	95	1361	33	其他竹木制品	66	4	70
16	石膏粉	139	378	517	34	其他金属制品	39	1	40
17	黏土	22	721	743	35	其他化学制剂	1336	46	1382
18	瓷砖	2955	69	3024					

2）建造阶段碳排放量计算仅包含施工机械运行过程，机械运行能耗的碳排放量约为 $0.85tCO_{2e}$，具体结果见表 5-5。

表 5-5 建造阶段碳排放量

序号	机械名称	碳排放量/$kgCO_{2e}$	序号	机械名称	碳排放量/$kgCO_{2e}$
1	电动夯实机	14	14	电动扭力扳手	61
2	汽车式起重机	28	15	超声波探伤仪	1
3	载货汽车	14	16	木工圆锯机	59
4	电动卷扬机-单筒快速	252	17	木工压刨床	7
5	双锥反转出料混凝土搅拌机	90	18	管子切断机	12
6	灰浆搅拌机	15	19	交流弧焊机	38
7	钢筋调直机	1	20	直流弧焊机	53
8	钢筋切断机	6	21	对焊机	17
9	钢筋弯曲机	9	22	氩弧焊机	37
10	摇臂钻床	8	23	二氧化碳气体保护焊机	34
11	剪板机	12	24	混凝土振捣器	11
12	刨边机	31	25	其他小型机具设备	23
13	折方机	19			

3）运行阶段碳排放量计算包含建筑采暖、制冷、照明和生活热水四个部分，设计使用年限为 50 年。空调系统的耗电量根据制冷量、制热量模拟结果与空调系统综合性能系数计算；照明系统耗电量根据照明功率密度、面积和照明时数计算；生活热水系统用电量根据热水需热量及空气能热水器热水机组性能系数计算。相应碳排放量计算结果见表 5-6。运行阶段碳排放总量为 $264.9tCO_{2e}$，其中空调系统碳排放量为 $131.9tCO_{2e}$，照明系统碳排放量为 $91.6tCO_{2e}$，生活热水系统的碳排放量为 $41.4tCO_{2e}$。

表 5-6 运行阶段碳排放量计算

系统	碳排放源	年消耗量/$(kW \cdot h)$	消耗总量/$(MW \cdot h)$	碳排放量/tCO_{2e}
空调系统	采暖用电	$2890 \div 2.6 \approx 1111.5$	$1111.5 \times 50 \div 1000 \approx 55.58$	43.0
	制冷用电	$6920 \div 3.6 \approx 1922.2$	$1922.2 \times 50 \div 1000 = 96.11$	74.3
	空调制冷剂	—	11.2（kg）	14.6
照明系统	起居室用电	$5.0 \times 104.6 \times 1980 \div 1000 \approx 1035.5$	$1035.5 \times 50 \div 1000 \approx 51.78$	40.0
	卧室用电	$5.0 \times 112.1 \times 1620 \div 1000 \approx 908.0$	$908.0 \times 50 \div 1000 = 45.40$	35.1
	厨房用电	$5.0 \times 8.5 \times 1152 \div 1000 \approx 49.0$	$49.0 \times 50 \div 1000 = 2.45$	1.9
	餐厅用电	$5.0 \times 11.9 \times 900 \div 1000 \approx 53.6$	$53.6 \times 50 \div 1000 = 2.68$	2.1
	卫生间用电	$5.0 \times 32.6 \times 1980 \div 1000 \approx 322.7$	$322.7 \times 50 \div 1000 = 16.14$	12.5
热水系统	热水机组用电	$\dfrac{4.187 \times 6 \times 40 \times (55-5) \times 365 \times 0.986}{3.6 \times 0.82 \times 3.6 \times 10^3} \approx 1071.5$	$1071.5 \times 50 \div 1000 \approx 53.58$	41.4

4) 处置阶段碳排放量计算包含整体拆除、构件破碎、场地平整和垃圾运输过程，相应碳排放量分别为 $2.8tCO_{2e}$、$2.1tCO_{2e}$、$0.1tCO_{2e}$ 和 $10.6tCO_{2e}$，处置阶段碳排放总量为 $15.6tCO_{2e}$。

5. 结果汇总

根据以上计算结果，汇总得到的碳排放总量、碳排放指标及各阶段占比情况见表 5-7。建筑生命周期碳排放总量计算结果为 $466.75tCO_{2e}$，单位建筑面积的碳排放指标为 $1306kgCO_{2e}/m^2$，其中生产、建造、运行和处置阶段的碳排放指标分别为 $519kgCO_{2e}/m^2$、$2kgCO_{2e}/m^2$、$741kgCO_{2e}/m^2$ 和 $44kgCO_{2e}/m^2$。建筑运行阶段对碳排放总量的贡献最高，约为 56.8%，其次为生产阶段，占比约为 39.7%；而对于该少层乡村建筑，由于施工及拆除过程未采用大型机械设备，建造及处置阶段碳排放量贡献均较小，分别仅约为 0.2% 和 3.4%。

表 5-7　建筑生命周期碳排放计算结果汇总

阶段	过程	碳排放量 /tCO_{2e}	碳排放指标 /($kgCO_{2e}/m^2$)	占比 (%)
生产阶段	材料生产	160.9	450	34.5
	材料运输	24.5	69	5.2
	小计	185.4	519	39.7
建造阶段	机械运行	0.85	2	0.2
	小计	0.85	2	0.2
运行阶段	空调系统	131.9	369	28.3
	照明系统	91.6	256	19.6
	热水系统	41.4	116	8.9
	小计	264.9	741	56.8
处置阶段	现场拆除	5	14	1.1
	垃圾运输	10.6	30	2.3
	小计	15.6	44	3.4
生命周期	合计	466.75	1306	—

5.3　某多层住宅碳排放分析

5.3.1　案例概况

1. 编制要求

本项目采用多种结构方案进行了对比设计。碳排放分析报告的编制目标是对比分析不同结构体系的物化碳排放量，从碳排放指标角度为结构方案的选择提供参考。

2. 项目概况

本工程为多层住宅建筑，建筑共 7 层，标准层层高为 2.8m，檐口高度为 19.97m，屋脊高度为 20.87m。工程总建筑面积为 3647m²，标准层平面分为 2 个单元，共计 28 户。该建筑抗震设防烈度为 7 度，建筑设计使用年限为 50 年。建筑标准层平面图、立面图和剖面图分别如图 5-7~图 5-11 所示。

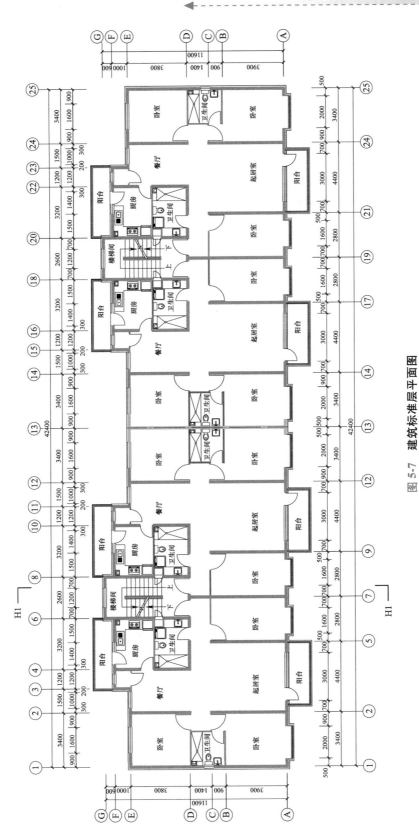

图 5-7 建筑标准层平面图

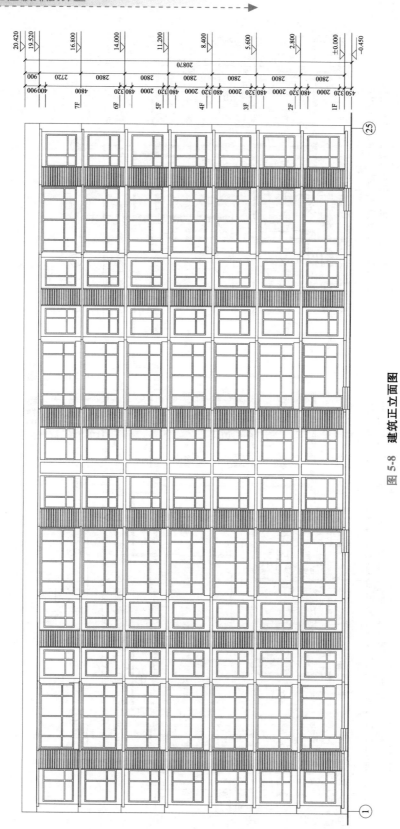

图 5-8　建筑正立面图

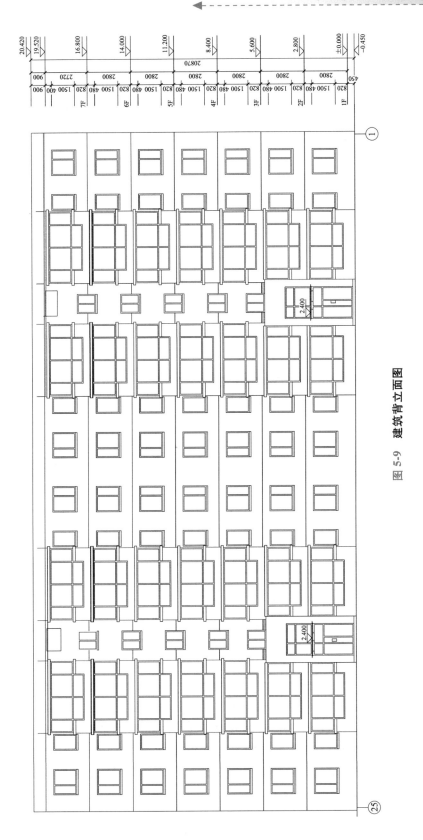

图 5-9　建筑背立面图

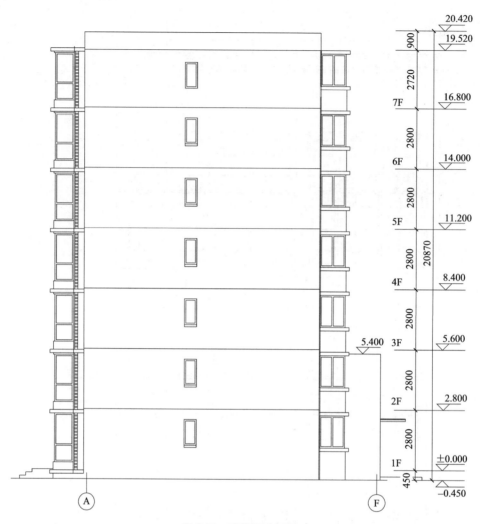

图 5-10　建筑侧立面图

　　在保证相同建筑方案与平、立面布局的情况下，根据《混凝土结构设计规范》（GB 50010—2010）和《砌体结构设计规范》（GB 50003—2011）的相关要求，采用砖砌体结构、混凝土小型空心砌块砌体结构、配筋砌块砌体结构、现浇混凝土框架结构和混凝土剪力墙结构进行对比设计。不同结构体系的主要设计参数见表 5-8。

　　3. 使用面积

　　在建筑布局与建筑面积相同的情况下，由于竖向承重构件的尺寸不同，砖砌体结构、混凝土小型空心砌块砌体结构、配筋砌块砌体结构、混凝土框架结构和混凝土剪力墙结构的净使用面积分别为 2559m²、2701m²、2703m²、2671m² 和 2698m²。空心砌块砌体、配筋砌块砌体和混凝土剪力墙结构的使用面积相近；混凝土框架结构除使用面积略低于以上三种结构，框架柱突出墙面，对室内空间布局与美观有一定影响；而砖砌体结构墙体厚度最大，使用面积显著低于其他结构体系。

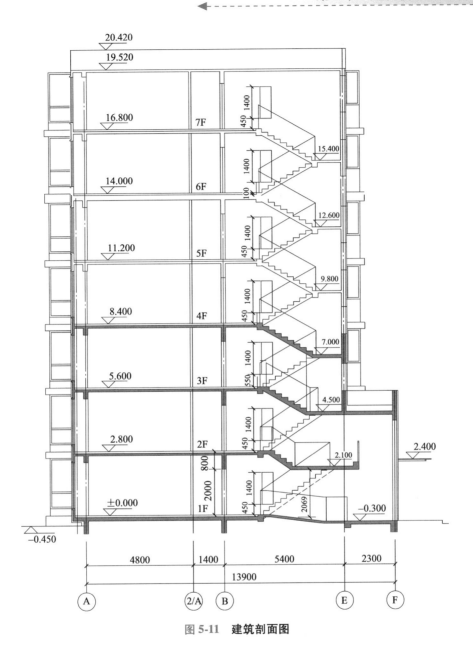

图 5-11　建筑剖面图

表 5-8　不同结构体系的主要设计参数

结构体系	基础形式	主要结构构件尺寸	材料强度
混凝土框架结构	独立基础	框架柱截面 350mm×350mm～400mm×400mm； 框架梁截面 250mm×（400～500）mm	框架梁柱 C30 混凝土
混凝土剪力墙结构	条形基础	剪力墙厚度 200mm； 连梁截面 200mm×400mm	剪力墙 C25 混凝土
砖砌体结构	条形基础	承重墙厚度 240～370mm； 圈梁兼过梁高度 220～400mm	圈梁、构造柱 C25 混凝土 承重墙 M10 实心砖，M10 砂浆

（续）

结构体系	基础形式	主要结构构件尺寸	材料强度
混凝土空心砌块砌体结构	条形基础	承重墙厚度190mm； 圈梁兼过梁高度220~400mm	圈梁、构造柱C25混凝土 承重墙MU10砌块，Mb10砂浆
配筋砌块砌体结构	条形基础	承重墙厚度190mm； 连梁截面190mm×400mm	灌芯C30，其他C25混凝土 承重墙MU15砌块，Mb15砂浆

4. 结构性能

表5-9对比了五种结构体系的结构自重、最大层间位移角、结构底部受剪承载力，以及结构竖向荷载效应与承载力之比。

表5-9　不同结构体系的结构性能对比

结构体系	结构自重/t	最大层间位移角	结构底部受剪承载力/kN		结构竖向荷载效应 与承载力之比
			x方向	y方向	
砖砌体结构	4590	1/2193	1671	1660	0.82
空心砌块砌体结构	4152	1/3535	1110	1103	0.78
配筋砌块砌体结构	4007	1/5794	4860	8142	0.48
混凝土框架结构	3834	1/1472	6384	6368	0.69
混凝土剪力墙结构	4374	1/6196	5580	9569	0.35

5. 工程造价

将建筑工程分为混凝土与砌体结构工程、保温防水工程、装饰装修工程（找平抹灰、瓷砖与地板、门窗）和其他辅助工程（垂直运输、安全防护和其他临时工作）。造价分析结果表明，砖砌体结构和混凝土空心砌块砌体结构的造价相对较低，混凝土剪力墙结构的造价最高，而配筋砌块砌体结构的造价略高于无筋砌体结构，但低于混凝土框架结构和剪力墙结构。

5.3.2　碳排放分析

1. 编制依据

本项目碳排放分析报告的编制依据如下：

1)《建筑碳排放计算标准》（GB/T 51366—2019）。

2) 工程设计图与项目预算资料。

2. 目标定义

1) 功能单位。本项目碳排放计算分析以"整幢建筑"为功能单位，碳排放量以 $kgCO_{2e}$、tCO_{2e} 为计量单位，单位面积的碳排放指标以 $kgCO_{2e}/m^2$ 为计量单位。

2) 系统边界。考虑在相同建筑构造情况下，结构方案选择对建筑运行碳排放的影响不大，为此本项目碳排放分析仅包含材料生产和建筑建造的两个阶段，重点对比分析不同结构体系的物化碳排放差异，碳排放计算范围包含前述混凝土与砌体结构工程、保温防水工程、装饰装修工程和其他辅助工程四个部分。

3) 计算方法。采用《建筑碳排放计算标准》（GB/T 51366—2019）规定的基于过程的碳排放计算方法，具体见本书第4章内容。

3. 数据获取

各分部分项工程的主要材料消耗量、机械运行能耗量、货运量及碳排放因子见表5-10。材料消耗量根据设计图和工程预算文件汇总得到，碳排放因子取自《建筑碳排放计算标准》（GB/T 51366—2019）及国内研究资料。工程预算文件"人材机"表中用量较小且相应碳排放因子未知的材料以货币价值表示，相应碳排放因子取为该类材料所属生产部门的隐含碳排放强度。

商品混凝土和预拌砂浆的运输距离取40km，模板及脚手架考虑双向运输取60km，砖与砌块根据生产商实际位置取100km，其余材料运输距离按《建筑碳排放计算标准》（GB/T 51366—2019）均取500km，公路运输的碳排放因子取$0.179kgCO_{2e}/(t \cdot km)$，运输部门的隐含碳排放强度取$0.211kgCO_{2e}/$元。

施工机械运行能耗量根据"人材机"表所列机械台班数汇总得到，临时照明、生活和办公用电量按面积估算。用电碳排放因子取$0.9kgCO_{2e}/(kW \cdot h)$，汽油碳排放因子取$2.936kgCO_{2e}/kg$，柴油碳排放因子取$3.106kgCO_{2e}/kg$，并考虑机械折旧与维修的碳排放。

表 5-10　分项工程材料与能源消耗量

分部工程	序号	名称	计量单位	碳排放因子/（kgCO₂ₑ/计量单位）	砖砌体结构	空心砌块砌体结构	配筋砌块砌体结构	混凝土框架结构	混凝土剪力墙结构
混凝土与砌体结构工程	1	钢筋	t	2340	85.61	96.43	118.17	139.75	204.72
	2	铁钉、铁线	t	1920	3.22	2.19	1.93	2.30	2.28
	3	普通黏土砖	m³	292	817.54	0.00	0.00	0.00	0.00
	4	混凝土砌块	m³	180	77.02	896.30	758.02	664.86	365.19
	5	水泥砂浆 M15	m³	232	0.00	0.00	35.72	0.00	0.00
	6	水泥砂浆 M10	m³	200	243.57	68.11	0.00	0.00	0.00
	7	混合砂浆 M5	m³	236	6.59	11.33	31.21	58.65	32.11
	8	混凝土 C20	m³	265	41.85	39.10	41.07	43.53	41.07
	9	混凝土 C25	m³	293	948.38	1090.89	773.98	5.38	1392.32
	10	混凝土 C30	m³	316	0.00	0.00	314.76	1043.85	0.00
	11	水	m³	0.168	203.04	158.70	177.34	152.35	284.77
	12	钢模板	t	2340	6.40	5.99	9.05	12.57	18.19
	13	木模板	m³	2310	37.75	27.22	30.42	39.83	36.60
	14	TC-1 改性剂	万元	3070	0.02	0.24	0.15	0.15	0.18
	15	其他金属制品	万元	3338	0.58	0.45	0.50	0.60	0.72
	16	其他塑料制品	万元	2518	0.15	0.14	0.14	0.15	0.17
	17	电	MW·h	900	7.12	12.46	15.09	16.32	25.29
	18	汽油	t	2936	0.77	0.68	0.94	1.19	1.70
	19	维修费	万元	2637	0.31	0.34	0.41	0.48	0.69
	20	折旧费	万元	2264	0.30	0.32	0.39	0.46	0.66
	21	公路运输	kt·km	179	248.46	254.31	250.59	248.59	282.12
	22	运输服务	万元	2110	0.04	0.04	0.04	0.05	0.05

（续）

分部工程	序号	名称	计量单位	碳排放因子/（kgCO₂ₑ/计量单位）	砖砌体结构	空心砌块砌体结构	配筋砌块砌体结构	混凝土框架结构	混凝土剪力墙结构
保温防水工程	1	挤塑聚苯板	t	6120	7.71	7.71	7.71	7.71	7.71
	2	水泥砂浆 M10	m³	200	16.22	16.22	16.22	16.22	16.22
	3	SBS 防水卷材	m²	0.54	695.65	695.65	695.65	695.65	695.65
	4	商品混凝土 C20	m³	265	21.63	21.63	21.63	21.63	21.63
	5	水泥	t	735	0.68	0.68	0.68	0.68	0.68
	6	水	m³	0.168	46.69	46.69	46.69	46.69	46.69
	7	木材	m³	178	7.06	7.06	7.06	7.06	7.06
	8	胶黏剂	万元	3070	5.14	5.14	5.14	5.14	5.14
	9	化学纤维制品	万元	2997	0.36	0.36	0.36	0.36	0.36
	10	石油沥青	万元	2216	2.42	2.42	2.42	2.42	2.42
	11	水泥制品	万元	5886	0.09	0.09	0.09	0.09	0.09
	12	电	MW·h	900	0.09	0.09	0.09	0.09	0.09
	13	维修费	万元	2637	0.01	0.01	0.01	0.01	0.01
	14	折旧费	万元	2264	0.06	0.06	0.06	0.06	0.06
	15	公路运输	kt·km	179	10.35	10.35	10.35	10.35	10.35
	16	运输服务	万元	2110	0.40	0.40	0.40	0.40	0.40
装饰装修工程	1	铁钉、铁线	t	0.28	0.30	0.30	0.30	0.30	0.28
	2	水泥	t	38.15	38.71	38.72	38.59	39.68	38.15
	3	水泥砂浆 M10	m³	307.16	310.76	310.81	310.00	310.68	307.16
	4	混合砂浆 M5	m³	58.09	61.31	61.36	60.63	61.24	58.09
	5	砂（净中砂）	m³	0.09	0.09	0.09	0.09	0.09	0.09
	6	松厚板	m³	5.76	5.78	5.78	5.78	5.78	5.76
	7	石膏粉	t	6.57	6.57	6.57	6.57	6.57	6.57
	8	大白粉	t	17.49	17.49	17.49	17.49	17.49	17.49
	9	外墙涂料	t	3.82	3.82	3.82	3.82	3.82	3.82
	10	钢制防火门	m²	93.20	93.20	93.20	93.20	93.20	93.20
	11	塑钢门窗	m²	1260.90	1260.90	1260.90	1260.90	1260.90	1260.90
	12	实木门	m²	364.60	364.60	364.60	364.60	364.60	364.60
	13	实木地板	m²	1838.13	1987.23	1989.33	1955.73	1984.08	1838.13
	14	陶瓷地砖	t	11.74	11.74	11.74	11.74	11.74	11.74
	15	水	m³	217.45	224.53	224.63	223.04	224.38	217.45
	16	其他金属制品	万元	4.57	4.57	4.57	4.57	4.57	4.57
	17	其他水泥制品	万元	0.15	0.15	0.15	0.15	0.15	0.15
	18	胶	万元	0.35	0.46	0.46	0.45	0.46	0.35

（续）

分部工程	序号	名称	计量单位	碳排放因子/（kgCO₂e/计量单位）	砖砌体结构	空心砌块砌体结构	配筋砌块砌体结构	混凝土框架结构	混凝土剪力墙结构
装饰装修工程	19	油漆溶剂	万元	0.29	0.29	0.29	0.29	0.29	0.29
	20	其他塑料制品	万元	0.14	0.15	0.15	0.15	0.15	0.14
	21	布	万元	0.02	0.02	0.02	0.02	0.02	0.02
	22	电	MW·h	0.15	0.15	0.15	0.15	0.15	0.15
	23	维修费	万元	0.02	0.02	0.02	0.02	0.02	0.02
	24	折旧费	万元	0.19	0.19	0.19	0.19	0.19	0.19
	25	公路运输	kt·km	93.33	94.49	94.51	94.25	94.96	93.33
	26	运输服务	万元	0.28	0.28	0.28	0.28	0.28	0.28
其他辅助工程	1	钢筋	t	2340	0.41	0.41	0.41	0.41	0.41
	2	铁钉、铁线	t	1920	0.77	0.77	0.77	0.77	0.77
	3	水泥	t	735	3.27	3.27	3.27	3.27	3.27
	4	混砂	m³	3.64	5.82	5.82	5.82	5.82	5.82
	5	石子	m³	3.4	9.20	9.20	9.20	9.20	9.20
	6	石灰	t	1190	1.84	1.84	1.84	1.84	1.84
	7	防锈漆	t	3500	0.21	0.21	0.21	0.21	0.21
	8	钢管	t	2310	2.41	2.41	2.41	2.41	2.41
	9	扣件	t	2310	0.82	0.82	0.82	0.82	0.82
	10	脚手板	m³	178	5.62	5.62	5.62	5.62	5.62
	11	油漆溶剂油	万元	2216	0.02	0.02	0.02	0.02	0.02
	12	安全网	万元	2997	3.07	3.07	3.07	3.07	3.07
	13	电	MW·h	900	37.98	37.98	43.79	43.79	43.79
	14	柴油	t	3106	0.84	0.84	0.84	0.84	0.84
	15	维修费	万元	2637	1.60	1.60	1.87	1.87	1.87
	16	折旧费	万元	2264	1.48	1.48	1.72	1.72	1.72
	17	公路运输	kt·km	179	15.01	15.01	15.01	15.01	15.01
	18	运输服务	万元	2110	0.15	0.15	0.15	0.15	0.15

4. 碳排放量计算

1）混凝土与砌体结构工程的物化阶段碳排放量计算结果见表5-11，砖砌体结构、空心砌块砌体结构、配筋砌块砌体结构、混凝土框架结构和混凝土剪力墙结构的碳排放量分别为957.59tCO₂e、877.40tCO₂e、926.81tCO₂e、997.27tCO₂e和1187.45tCO₂e。在混凝土与砌体结构分项工程中，空心砌块砌体结构的碳排放最低，而混凝土剪力墙结构显著高于其他结构体系。不同结构体系的物化碳排放量主要由钢筋、混凝土和砌体材料的消耗量差异引起。从碳排放构成角度看，各结构方案中材料生产过程的碳排放占比均在93%以上，运输碳排放占比为4%~5%，而施工机械碳排放占比仅为2%~3%。

表 5-11　混凝土与砌体结构工程的物化阶段碳排放量计算结果　（单位：tCO₂ₑ）

序号	名称	砖砌体结构	空心砌块砌体结构	配筋砌块砌体结构	混凝土框架结构	混凝土剪力墙结构
1	钢筋	200.32	225.64	276.51	327.01	479.03
2	铁钉、铁线	6.18	4.20	3.71	4.41	4.37
3	普通黏土砖	238.72	0.00	0.00	0.00	0.00
4	混凝土砌块	13.86	161.33	136.44	119.67	65.73
5	水泥砂浆 M15	0.00	0.00	8.29	0.00	0.00
6	水泥砂浆 M10	48.71	13.62	0.00	0.00	0.00
7	混合砂浆 M5	1.56	2.67	7.36	13.84	7.58
8	混凝土 C20	11.09	10.36	10.88	11.54	10.88
9	混凝土 C25	277.87	319.63	226.77	1.58	407.95
10	混凝土 C30	0.00	0.00	99.46	329.86	0.00
11	水	0.03	0.03	0.03	0.03	0.05
12	钢模板	14.97	14.02	21.18	29.40	42.56
13	木模板	87.20	62.87	70.27	92.02	84.55
14	TC-1 改性剂	0.06	0.73	0.59	0.47	0.27
15	其他金属制品	1.93	1.51	1.68	1.99	2.39
16	其他塑料制品	0.37	0.35	0.36	0.38	0.42
17	电	6.41	11.22	13.58	14.69	22.76
18	汽油	2.26	2.01	2.77	3.48	5.00
19	维修费	0.82	0.89	1.09	1.26	1.81
20	折旧费	0.68	0.71	0.89	1.04	1.50
21	公路运输	44.47	45.52	44.86	44.50	50.50
22	运输服务	0.08	0.09	0.09	0.10	0.10

2）保温防水工程的物化阶段碳排放量计算结果见表 5-12。采用五种结构体系时的建筑保温与防水工程物化碳排放量相同，均为 83.98tCO₂ₑ，其中材料生产的碳排放量占比达到 96.5%，运输过程碳排放占比为 3.2%，而施工机械碳排放仅为 0.3%，可忽略不计。

表 5-12　保温防水工程的物化阶段碳排放量计算结果　（单位：tCO₂ₑ）

序号	名称	砖砌体结构	空心砌块砌体结构	配筋砌块砌体结构	混凝土框架结构	混凝土剪力墙结构
1	挤塑聚苯板	47.17	47.17	47.17	47.17	47.17
2	水泥砂浆 M10	3.24	3.24	3.24	3.24	3.24
3	SBS 防水卷材	0.38	0.38	0.38	0.38	0.38
4	商品混凝土 C20	5.73	5.73	5.73	5.73	5.73
5	水泥	0.50	0.50	0.50	0.50	0.50
6	水	0.01	0.01	0.01	0.01	0.01

（续）

序号	名称	砖砌体结构	空心砌块砌体结构	配筋砌块砌体结构	混凝土框架结构	混凝土剪力墙结构
7	木材	1.26	1.26	1.26	1.26	1.26
8	胶黏剂	15.78	15.78	15.78	15.78	15.78
9	化学纤维制品	1.08	1.08	1.08	1.08	1.08
10	石油沥青	5.36	5.36	5.36	5.36	5.36
11	水泥制品	0.52	0.52	0.52	0.52	0.52
12	电	0.08	0.08	0.08	0.08	0.08
13	维修费	0.03	0.03	0.03	0.03	0.03
14	折旧费	0.14	0.14	0.14	0.14	0.14
15	公路运输	1.85	1.85	1.85	1.85	1.85
16	运输服务	0.85	0.85	0.85	0.85	0.85

3）装饰装修工程的物化阶段碳排放计算结果见表 5-13。采用五种结构方案时的建筑装饰装修工程碳排放量相近，砖砌体结构、空心砌块砌体结构、配筋砌块砌体结构、混凝土框架结构和混凝土剪力墙结构的碳排放量分别为 329.42tCO_{2e}、332.38tCO_{2e}、332.43tCO_{2e}、331.81tCO_{2e} 和 333.14tCO_{2e}，碳排放差异主要由墙地面抹灰和地板面积不同引起。其中材料生产过程的碳排放占比平均为 94.6%，运输过程的碳排放占比为 5.2%，机械运行碳排放仅占比 0.2%。

4）假定考虑相同的临时照明、办公与生活用电量，其他辅助工程的物化阶段碳排放计算结果见表 5-14，砖砌体结构、空心砌块砌体结构、配筋砌块砌体结构、混凝土框架结构和混凝土剪力墙结构的碳排放量分别为 72.89tCO_{2e}、72.89tCO_{2e}、79.41tCO_{2e}、79.41tCO_{2e} 和 79.41tCO_{2e}，碳排放差异主要由综合脚手架分项工程引起。其中材料生产过程的碳排放占比为 32%~35%，机械运行碳排放占比为 60%~65%，运输过程的碳排放占比约为 4%。

表 5-13　装饰装修工程的物化阶段碳排放量计算结果　　　　（单位：tCO_{2e}）

序号	名称	砖砌体结构	空心砌块砌体结构	配筋砌块砌体结构	混凝土框架结构	混凝土剪力墙结构
1	铁钉、铁线	0.53	0.58	0.58	0.57	0.58
2	水泥	28.04	28.45	28.46	28.37	29.16
3	水泥砂浆 M10	61.43	62.15	62.16	62.00	62.14
4	混合砂浆 M5	13.71	14.47	14.48	14.31	14.45
5	砂（净中砂）	0.00	0.00	0.00	0.00	0.00
6	松厚板	1.03	1.03	1.03	1.03	1.03
7	石膏粉	0.22	0.22	0.22	0.22	0.22
8	大白粉	2.62	2.62	2.62	2.62	2.62
9	外墙涂料	13.37	13.37	13.37	13.37	13.37
10	钢制防火门	5.69	5.69	5.69	5.69	5.69
11	塑钢门窗	152.57	152.57	152.57	152.57	152.57

（续）

序号	名称	砖砌体结构	空心砌块砌体结构	配筋砌块砌体结构	混凝土框架结构	混凝土剪力墙结构
12	实木门	1.62	1.62	1.62	1.62	1.62
13	实木地板	5.33	5.76	5.77	5.67	5.75
14	陶瓷地砖	7.05	7.05	7.05	7.05	7.05
15	水	0.04	0.04	0.04	0.04	0.04
16	其他金属制品	15.24	15.24	15.24	15.24	15.24
17	其他水泥制品	0.89	0.89	0.89	0.89	0.89
18	胶	1.08	1.41	1.41	1.39	1.41
19	油漆溶剂	0.65	0.65	0.65	0.65	0.65
20	其他塑料制品	0.36	0.38	0.38	0.37	0.38
21	布	0.03	0.05	0.05	0.05	0.05
22	电	0.14	0.14	0.14	0.14	0.14
23	维修费	0.06	0.06	0.06	0.06	0.06
24	折旧费	0.43	0.43	0.43	0.43	0.43
25	公路运输	16.71	16.91	16.92	16.87	17.00
26	运输服务	0.58	0.60	0.60	0.59	0.60

表 5-14　其他辅助工程的物化阶段碳排放量计算结果　　　　（单位：tCO_{2e}）

序号	名称	砖砌体结构	空心砌块砌体结构	配筋砌块砌体结构	混凝土框架结构	混凝土剪力墙结构
1	钢筋	0.96	0.96	0.96	0.96	0.96
2	铁钉、铁线	1.48	1.48	1.48	1.48	1.48
3	水泥	2.40	2.40	2.40	2.40	2.40
4	混砂	0.02	0.02	0.02	0.02	0.02
5	石子	0.03	0.03	0.03	0.03	0.03
6	石灰	2.19	2.19	2.19	2.19	2.19
7	防锈漆	0.75	0.75	0.75	0.75	0.75
8	钢管	5.56	5.56	5.56	5.56	5.56
9	扣件	1.89	1.89	1.89	1.89	1.89
10	脚手板	1.00	1.00	1.00	1.00	1.00
11	油漆溶剂油	0.04	0.04	0.04	0.04	0.04
12	安全网	9.21	9.21	9.21	9.21	9.21
13	电	34.18	34.18	39.42	39.42	39.42
14	柴油	2.60	2.60	2.60	2.60	2.60
15	维修费	4.22	4.22	4.94	4.94	4.94
16	折旧费	3.34	3.34	3.90	3.90	3.90
17	公路运输	2.69	2.69	2.69	2.69	2.69
18	运输服务	0.33	0.33	0.33	0.33	0.33

5. 结果汇总

不同结构方案的建筑物化阶段碳排放计算结果汇总于表5-15。砖砌体结构、空心砌块砌体结构、配筋砌块砌体结构、混凝土框架结构和混凝土剪力墙结构的物化阶段碳排放总量分别为 $1443.9tCO_{2e}$、$1366.6tCO_{2e}$、$1422.6tCO_{2e}$、$1492.5tCO_{2e}$ 和 $1683.9tCO_{2e}$。其中，空心砌块砌体结构的物化碳排放量最低，两种无筋砌体结构的平均物化碳排放量为 $1405.25tCO_{2e}$。配筋砌块砌体结构与混凝土框架结构的物化碳排放量略高于无筋砌体结构，而混凝土剪力墙结构的碳排放量高于无筋砌体结构近20%。

不同结构方案各阶段、各分部工程对物化碳排放总量的贡献比例相近。按建筑物化阶段划分，材料生产过程对物化碳排放总量的贡献均在90%以上，而材料运输及建筑建造过程的碳排放量贡献分别为4%~5%。按分部工程划分，混凝土与砌体结构工程对建筑物化碳排放量的平均贡献约为2/3，装饰装修工程的贡献为20%~25%，而保温防水工程和其他辅助工程的碳排放贡献为5%~6%。

表5-15 建筑物化阶段碳排放计算结果汇总

分类依据	分项	计量单位	砖砌体结构	空心砌块砌体结构	配筋砌块砌体结构	混凝土框架结构	混凝土剪力墙结构
物化阶段	材料	tCO_{2e}	1320.9	1237.8	1284.4	1352.5	1527.2
	运输	tCO_{2e}	67.6	68.8	68.2	67.8	73.9
	施工	tCO_{2e}	55.4	60.0	70.0	72.2	82.8
分部工程	混凝土与砌体结构工程	tCO_{2e}	957.59	877.40	926.81	997.27	1187.45
	保温防水工程	tCO_{2e}	83.98	83.98	83.98	83.98	83.98
	装饰装修工程	tCO_{2e}	329.42	332.38	332.43	331.81	333.14
	其他辅助工程	tCO_{2e}	72.89	72.89	79.41	79.41	79.41
合计	物化碳排放总量	tCO_{2e}	1443.9	1366.6	1422.6	1492.5	1683.9
	碳排放指标	$kgCO_{2e}/m^2$	395.9	374.7	390.1	409.2	461.7

5.4 某高层住宅碳排放分析

5.4.1 案例概况

1. 编制要求

本项目碳排放分析报告的编制目标是分析建筑生命周期碳排放量及单位面积碳排放指标，作为项目设计文件的一部分。

2. 项目概况

某高层住宅，总建筑面积为 $17558.72m^2$，地上部分建筑面积为 $16491.72m^2$。地上16层，地下1层，标准层平面每层3个单元，标准层层高为3m，建筑总高度为54.300m。本工程项目所在城市的建筑气候分区为严寒A区。建筑标准层平面图、立面图及剖面图分别如图5-12~图5-16所示。

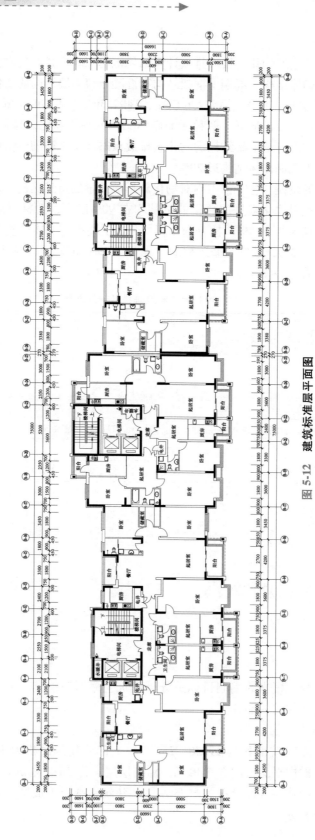

图 5-12　建筑标准层平面图

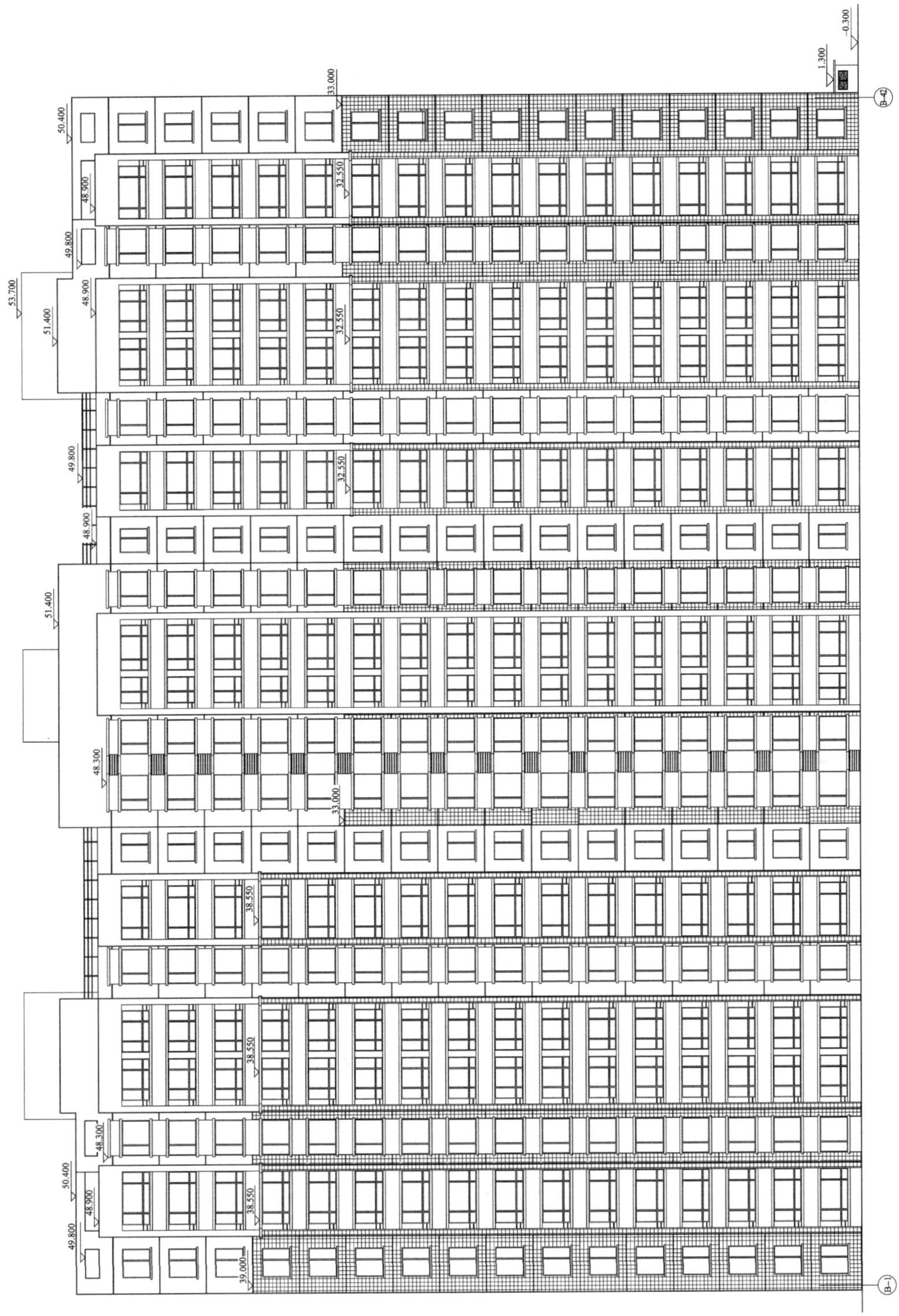

图 5-13　建筑正立面图

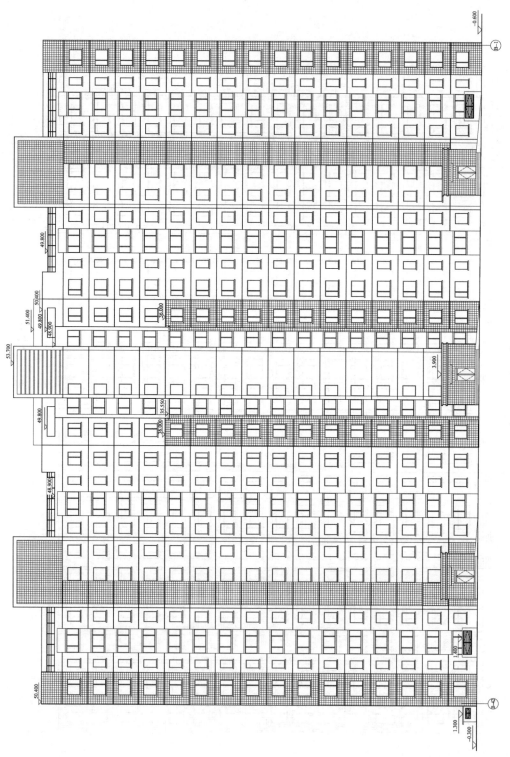

图 5-14 建筑背立面图

图 5-15　建筑侧立面图

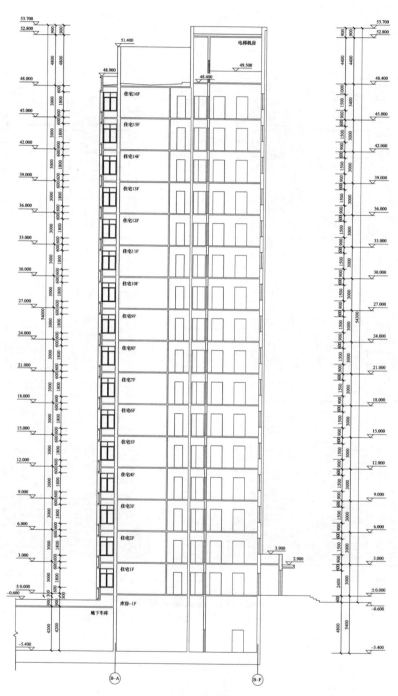

图 5-16　建筑剖面图

该建筑的设计使用年限为 50 年，建筑抗震设防烈度为 6 度，建筑抗震设防分类为标准设防类，场地类别为 II 类，建筑结构安全等级为二级。50 年一遇的基本风压为 $0.55kN/m^2$，地面粗糙度为 b 类。建筑采用剪力墙结构设计，剪力墙的抗震等级为四级，剪力墙、梁板的混凝土强度等级为 C30，主体结构剪力墙厚度为 200mm。填充墙体采用混凝土小型空心砌块。基础采用预应力混凝土管桩，桩径为 400mm，基础混凝土强度等级为 C30。

5.4.2　碳排放分析

1. 编制依据

本项目碳排放分析报告的编制依据如下：

1）《建筑节能与可再生能源利用通用规范》（GB 55015—2021）。

2）《建筑碳排放计算标准》（GB/T 51366—2019）。

3）《建筑照明设计标准》（GB 50034—2013）。

4）《民用建筑节水设计标准》（GB 50555—2010）。

5）工程设计图与项目预算资料。

6）建筑能耗分析报告。

2. 目标定义

1）功能单位。本项目碳排放计算分析以"整幢建筑"为功能单位，碳排放量以 $kgCO_{2e}$、tCO_{2e} 为计量单位，单位面积的碳排放指标以 $kgCO_{2e}/m^2$ 为计量单位。

2）系统边界。本项目碳排放分析包含生产、建造、运行和处置的建筑生命周期全过程。建筑隐含碳排放计算范围为主体结构与装饰工程（不含瓷砖、地板、顶棚等业主二次装修工程）、水电设备系统，并考虑建筑维修、维护；建筑运行碳排放计算范围包括供暖与制冷、照明和生活热水系统。

3）计算方法。采用《建筑碳排放计算标准》（GB/T 51366—2019）规定的基于过程的碳排放计算方法，并利用投入产出分析方法补充计算，具体见本书第 4 章内容。

3. 数据获取

1）主要材料消耗量及碳排放因子见表 5-16。材料消耗量根据设计图和工程造价文件汇总得到，碳排放因子取自《建筑碳排放计算标准》（GB/T 51366—2019）及国内研究资料。工程造价文件"人材机"表中用量较小且相应碳排放因子未知的材料以货币价值表示，相应碳排放因子取为该类材料所属生产部门的隐含碳排放强度。

2）材料运输距离，按《建筑碳排放计算标准》（GB/T 51366—2019），预拌灰土、砂浆和混凝土的运输距离取 40km，其余材料运输距离均取 500km，公路运输的碳排放因子取 $0.179kgCO_{2e}/(t \cdot km)$。对于按运费估算碳排放的材料，运费取为材料价格的 5%，运输部门的隐含碳排放强度取 $0.211kgCO_{2e}/元$。

3）建造阶段，施工机械台班消耗量、台班能耗见表 5-17，施工过程总能耗见表 5-18。其中，施工机械消耗量根据预算文件中的"人材机"表确定，机械台班能耗由施工机械台班费用定额获得。用电碳排放因子取 $0.773kgCO_{2e}/(kW \cdot h)$，汽油碳排放因子取 $2.936kgCO_{2e}/kg$，柴油碳排放因子取 $3.106kgCO_{2e}/kg$。此外，按投入产出分析方法估计机械维修和折旧的碳排放量，相应机械生产与维修部门的碳排放因子分别取 $0.264kgCO_{2e}/元$ 和 $0.226kgCO_{2e}/元$。

表 5-16　主要建筑材料消耗量

分类	材料	计量单位	消耗量	碳排放因子/（kgCO$_{2e}$/计量单位）	分类	材料	计量单位	消耗量	碳排放因子/（kgCO$_{2e}$/计量单位）
土建材料	钢筋	t	889.66	2340	土建材料	支撑钢管	t	52.41	2530
	型钢	t	1.44	2310		钢模板	t	44	2400
	镀锌铁线	t	15.65	2350		扣件	t	4.39	2310
	铁钉、铁件	t	7.94	1920		木模板	m³	85.15	178
	混合砂浆 M5	m³	367.94	236.6		支撑方木、脚手板	m³	308.86	178
	混合砂浆 M10	m³	916.31	234.1		其他水泥制品	万元	0.95	5885.8
	水泥砂浆 M7.5	m³	166.85	181.5		布	万元	2.82	1918.9
	水泥砂浆 M10	m³	621	200.2		其他塑料制品	万元	1.72	2518.3
	素水泥浆	m³	149.24	952.3		其他金属制品	万元	20.22	3338.4
	商品混凝土 C10	m³	123.64	172.4		胶黏剂	万元	29.16	3069.8
	商品混凝土 C20	m³	160.99	265.2	电气材料	水泥砂浆 M10	m³	14	201
	商品混凝土 C25	m³	151.37	293.2		小型型钢	t	0.9	2310
	商品混凝土 C30	m³	5765	316.9		镀锌铁线	t	0.16	2350
	商品混凝土 C35	m³	2494.59	363.1		钢丝	t	0.05	2375
	超流态混凝土 C30	m³	1044.69	333		电焊条	t	0.29	20500
	预拌灰土 3∶7	m³	66.18	394.4		油漆、涂料	t	0.04	3500
	页岩实心砖	千块	52.29	292		线缆 BV-2.5mm²	km	55.05	124
	混凝土空心砌块	m³	2127.29	180		线缆 BV-4mm²	km	0.66	182
	砂子	m³	604.85	3.6		线缆 BV-6mm²	km	0.05	257
	碎石	m³	5.52	3.4		线缆 BV-10mm²	km	6.11	426
	PVC 塑料管	km	0.58	11189.2		线缆 BV-16mm²	km	0.02	651
	石膏粉	t	43.42	32.8		PVC 塑料管	t	4	7930
	大白粉	t	115.68	150		焊接钢管	t	1.93	2530
	钢制防火门	m²	1794.72	125		插座、开关	万元	1.5	2291
	塑钢门窗	m²	4590.48	121		电表箱	万元	11.64	2291
	涂料	t	25.76	3500		灯具	万元	0.36	2129
	EPS 保温板	m³	1343.55	251		其他电工器材	万元	0.9	2413
	SBS 防水卷材	10³m²	3.69	540		其他木材制品	万元	0.18	1767
	再生橡胶卷材	10³m²	0.95	3462.1		其他金属制品	万元	0.7	3338
	电焊条	t	6.77	20500		其他塑料制品	万元	0.7	2518
	安全网	10³m²	20.29	3700		布	万元	0.12	1919
	木材	m³	8.09	178		其他专用化学品	万元	0.09	3070
	水	m³	5452.75	0.2					

（续）

分类	材料	计量单位	消耗量	碳排放因子/ (kgCO$_{2e}$/计量单位)	分类	材料	计量单位	消耗量	碳排放因子/ (kgCO$_{2e}$/计量单位)
水暖材料	水泥 32.5MPa	t	0.9	735	水暖材料	铸铁散热器	t	5.26	2280
	水泥砂浆 M10	m^3	0.03	201		木材	m^3	0.33	178
	砂子	m^3	1.32	3.6		油漆、涂料	t	0.15	3500
	碎石	m^3	0.82	3.4		水	m^3	268.48	0.2
	小型型钢	t	2.02	2310		其他金属制品	万元	22.26	3338
	镀锌铁线	t	0.06	2350		其他塑料制品	万元	1.35	2518
	电焊条	t	0.23	20500		胶黏剂	万元	0.14	3070
	钢管	t	12.77	2530		油漆溶剂	万元	0.04	2216
	衬塑钢管 DN40	t	0.37	2530		布	万元	0.1	1919
	铸铁排水管	t	7.73	2280		其他专用化学品	万元	0.05	3070
	PVC 给水排水管	t	3.68	7930					

表 5-17　施工机械台班消耗量、台班能耗

分类	机械	消耗量 /台班	电力 /(kW·h/台班)	柴油 /(kg/台班)	汽油 /(kg/台班)
土建施工	履带式长螺旋钻机 Φ400mm	49.43	844.40		
	门式起重机 10t	0.81	88.29		
	门式起重机 20t	0.31	207.10		
	自升式塔式起重机 QTZ40	91.30	115.00		
	自升式塔式起重机 1000kN·m	0.50	170.02		
	自升式塔式起重机 QTZ30	604.00	105.00		
	施工电梯 75m 以内	314.29	45.66		
	施工电梯 100m 以内	249.33	45.66		
	电动卷扬机 50kN	167.80	33.60		
	电动卷扬机 2t	2233.40	67.10		
	木工圆锯机 1000mm	86.81	74.00		
	混凝土振捣器，平板式	8.26	4.00		
	混凝土振捣器，插入式	877.98	9.00		
	混凝土输送泵 30m^3/h	0.36	207.30		
	混凝土输送泵 60m^3/h	92.12	347.80		
	钢筋切断机 Φ40mm 以内	87.30	32.10		
	钢筋弯曲机 Φ40mm 以内	140.63	12.80		
	钢筋调直机 Φ14mm	11.30	11.90		
	石料切割机	23.84	8.50		
	型钢剪断机 500mm	0.20	53.20		
	剪板机 40mm×3100mm	0.04	104.80		

（续）

分类	机械	消耗量/台班	电力/(kW·h/台班)	柴油/(kg/台班)	汽油/(kg/台班)
土建施工	摇臂钻床 50mm	0.25	9.87		
	多辊板料校平机 16mm×2000mm	0.04	120.60		
	刨边机 12000mm	0.05	75.90		
	对焊机 75kV·A	41.95	122.90		
	点焊机 75kV·A	805.43	154.63		
	直流电焊机 32kW	126.62	90.80		
	直流电焊机 40kW	9.27	96.94		
	电焊条烘干箱 60cm×50cm×75cm	1.60	13.90		
	组合烘箱	1.60	136.00		
	电动空气压缩机 10m³/min	16.58	403.20		
	电动空气压缩机 10m³/min	0.14	403.20		
	电锤 520W	740.27	1.40		
	履带式单斗液压挖掘机 0.6m³	6.38		33.68	
	履带式单斗液压挖掘机 0.8m³	18.41		50.23	
	履带式单斗液压挖掘机 1.25m³	0.61		78.24	
	履带式挖掘机 1m³ 以内	0.50		48.97	
	履带式推土机 75kW	17.57		53.99	
	载重汽车 15t	6.00		56.74	
	载重汽车 6t	231.86		33.24	
	载重汽车 8t	4.00		35.49	
	自卸汽车 12t	149.68		46.59	
	机动翻斗车 1t	75.74		6.03	
	电动打夯机	122.03		16.60	
	汽车式起重机 16t	4.48		35.85	
	汽车式起重机 20t	9.00		38.41	
	平板拖车组 40t	1.00		57.37	
	汽车式起重机 5t	92.57			23.30
电气施工	汽车式起重机 5t	1.49			23.30
	载重汽车 4t	0.36			25.48
	载重汽车 5t	0.14		32.19	
	弯管机 φ108mm	0.42	32.1		
	直流电焊机 20kW	67.66	72.46		
	电锤 520W	16.98	1.40		

（续）

分类	机械	消耗量 /台班	电力 /(kW·h/台班)	柴油 /(kg/台班)	汽油 /(kg/台班)
水暖施工	汽车式起重机 16t	0.36		35.85	
	电动卷扬机 1t	1.03	85.50		
	管子切断套丝机 φ159mm	23.45	3.36		
	立式钻床 φ25mm	12.16	4.03		
	立式钻床 φ50mm	0.33	6.45		
	普通车床 φ630mm×2000mm	0.16	30.17		
	台式钻床 φ16mm	8.51	3.98		
	弯管机 φ108mm	5.92	32.1		
	直流电焊机 20kW	120.59	72.46		
	热熔焊接机 SH-63	14.77	4.01		
	交流电焊机 32kV·A	1.24	90.80		
	电焊条烘干箱 60cm×50cm×75cm	10.02	13.90		

表 5-18　建筑施工过程能耗汇总

分类	项目	计量单位	数量	分类	项目	计量单位	数量	分类	项目	计量单位	数量
土建施工	机械用电	MW·h	498.66	电气施工	机械用电	MW·h	4.94	水暖施工	机械用电	MW·h	9.50
	机械柴油	t	20.37		机械柴油	t	0.00		机械柴油	t	0.01
	机械汽油	t	2.16		机械汽油	t	0.04		机械汽油	t	0.00
	机械运输	万元	1.35		机械运输	万元	0.04		机械运输	万元	0.01
	机械维修	万元	17.86		机械维修	万元	0.05		机械维修	万元	0.04
	机械折旧	万元	26.41		机械折旧	万元	0.02		机械折旧	万元	0.03
其他	临时用电	MW·h	56.00								

4）尽管该建筑已投入使用多年，但未能获得实际能耗数据。经实地调查发现，该建筑位于严寒地区，建筑住户极少使用空调制冷，故计算中暂不考虑空调制冷的碳排放。另外，建筑由市政集中供热，采用 DEST-2 软件模拟得到建筑全年需热量为 0.2537GJ/(m^2·年），综合供热效率取 75%，单位供热量的碳排放因子取 0.11tCO_{2e}/GJ（按型煤考虑）。

5）建筑各房间照明功率密度取值依据《建筑节能与可再生能源利用通用规范》（GB 55015—2021），起居室、卧室、厨房、餐厅、卫生间的照明功率密度为 5W/m^2，地下室的照明功率密度为 1.9W/m^2，公共区域应急照明功率密度为 0.2W/m^2。各类型房间的照明面积分别为 3256.2m^2、4367.5m^2、1329.8m^2、696.0m^2、874.9m^2、889.2m^2 和 2606.3m^2。年照明时数按《建筑碳排放计算标准》（GB/T 51366—2019）分别取 1980h/年、1620h/年、1152h/年、900h/年、1980h/年、360h/年和 8760h/年。

6）生活热水采用普通电热水器，建筑总户数为 176 户，户均人数按 3 人考虑，入住率取 80%。日用水定额取 20L/(人·d)，全年供应热水，热源效率取 95%，管网效率取 87%。设计冷水温度为 5℃，热水温度为 55℃，热水密度为 0.986kg/L。

7）预估建筑部品部件使用寿命，屋面、塑钢门窗、排水管道在设计使用年限内维修1次，室内散热器更换3次，建筑整体粉刷4次。各维修维护工程的材料及能源消耗量见表5-19。

表5-19 维修维护工程的材料与能耗消耗量

分项	项目	计量单位	工程量	项目	计量单位	工程量
一次屋面维修	EPS保温板	m³	253.26	PVC排水管 φ110mm	t	0.97
	预拌砂浆 M10	m³	21.49	水	m³	80.36
	素水泥浆	t	1.28	其他水泥制品	万元	0.23
	商品混凝土 C20	m³	40.00	布	万元	0.01
	钢筋	t	0.03	其他塑料制品	万元	0.29
	铁钉、铁件	t	0.13	其他专用化学品	万元	2.34
	木材	m³	2.90	其他金属制品	万元	0.12
	SBS防水卷材	10³m²	4.64	电	MW·h	0.20
一次门窗更换	塑钢门窗	m²	4590.48	电	MW·h	0.54
	其他金属制品	万元	15.72	机械维修	万元	0.65
	其他水泥制品	万元	0.55	机械折旧	万元	0.08
一次墙面粉刷	石膏粉	t	43.42	水	m³	191.59
	滑石粉	t	115.68	其他专用化学品	万元	2.47
	油漆、涂料	t	24.69	电	MW·h	0.11
一次保温更换	聚苯乙烯泡沫塑料板	m³	1090.29	钢管	t	13.28
	预拌砂浆 M10	m³	208.68	木材	m³	28.31
	素水泥浆	m³	9.89	直角扣件	t	4.30
	松厚板	m³	0.45	其他专用化学品	万元	27.05
	水	m³	56.40	电	MW·h	0.37
	镀锌铁线	t	3.60	柴油	t	1.21
	防锈漆	t	1.16	机械维修	万元	0.63
	安全网	t	0.74	机械折旧	万元	0.29
一次排水管更换	水泥 32.5MPa	t	0.51	PVC排水管	t	3.13
	砂子	m³	0.65	铸铁排水管	t	7.73
	碎石	m³	0.40	油漆	t	0.75
	小型型钢	t	1.07	其他金属制品	万元	4.46
	镀锌钢丝	t	0.02	其他塑料制品	万元	12.41
	电焊条	t	0.09	其他专用化学品	万元	0.18
	水	m³	69.88	布	万元	0.05
	木材	m³	0.16	电	MW·h	3.50
	焊接钢管	t	3.82	柴油	t	0.01

（续）

分项	项目	计量单位	工程量	项目	计量单位	工程量
一次散热器更换	水泥 32.5MPa	t	0.31	铸铁散热器	t	5.26
	砂子	m^3	0.52	木材	m^3	0.11
	碎石	m^3	0.28	水	m^3	11.07
	小型型钢	t	0.66	布	万元	0.08
	镀锌铁线	t	0.03	其他金属制品	万元	3.97
	电焊条	t	0.12	其他专用化学品	万元	0.71
	焊接钢管	t	7.03	电	MW·h	5.15

8）处置阶段考虑建筑整体拆除、构件破碎、场地平整和垃圾运输过程，相应工程量分别为 17558.2m^2、33713.8t、1032.87m^2 和 1348553.0t·km（垃圾运输距离估算为 40km），碳排放因子分别取 7.8kgCO_{2e}/m^2、2.85kgCO_{2e}/t、0.62kgCO_{2e}/m^2 和 0.179kgCO_{2e}/(t·km)。

4. 碳排放量计算

1）生产阶段碳排放量计算包含材料生产和材料运输两个过程，结果见表 5-20。生产阶段的碳排放总量为 9255.3tCO_{2e}，其中材料生产过程的碳排放量为 8572.9tCO_{2e}，材料运输过程的碳排放量为 682.4tCO_{2e}。土建材料生产阶段的碳排放总量为 8969.6tCO_{2e}，其中材料生产过程的碳排放量为 8295.8tCO_{2e}，材料运输过程的碳排放量为 673.8tCO_{2e}；电气材料生产阶段的碳排放总量为 98.4tCO_{2e}，其中材料生产过程的碳排放量为 95.6tCO_{2e}，材料运输过程的碳排放量为 2.8tCO_{2e}；水暖材料生产阶段的碳排放总量为 187.2tCO_{2e}，其中材料生产过程的碳排放量为 181.4tCO_{2e}，材料运输过程的碳排放量为 5.8tCO_{2e}。

表 5-20 生产阶段碳排放量

分类	材料	碳排放量/kgCO_{2e}			材料	碳排放量/kgCO_{2e}		
		材料生产	材料运输	合计		材料生产	材料运输	合计
土建材料	钢筋	2081804	79625	2161429	大白粉	17352	10353	27705
	型钢	3326	129	3455	钢制防火门	224340	6425	230765
	镀锌铁线	36778	1401	38179	塑钢门窗	555448	10271	565719
	铁钉、铁件	15245	711	15956	涂料	90160	2306	92466
	混合砂浆 M5	87055	4742	91797	EPS 保温板	337231	6012	343243
	混合砂浆 M10	214508	11809	226317	SBS 防水卷材	1993	1387	3380
	水泥砂浆 M7.5	30283	2150	32433	再生橡胶卷材	3289	357	3646
	水泥砂浆 M10	124324	8003	132327	电焊条	138785	606	139391
	素水泥浆	142121	1923	144044	安全网	75073	545	75618
	商品混凝土 C10	21316	2125	23441	木材	1440	362	1802
	商品混凝土 C20	42695	2766	45461	水	1091	0	1091
	商品混凝土 C25	44382	2601	46983	支撑钢管	132597	4691	137288
	商品混凝土 C30	1826929	99066	1925995	钢模板	105600	3938	109538
	商品混凝土 C35	905786	42867	948653	扣件	10141	393	10534

（续）

分类	材料	碳排放量/tCO₂ₑ			材料	碳排放量/tCO₂ₑ		
		材料生产	材料运输	合计		材料生产	材料运输	合计
土建材料	超流态混凝土 C30	347882	17952	365834	木模板	15157	3810	18967
	预拌灰土 3∶7	26101	853	26954	支撑方木、脚手板	54977	13821	68798
	页岩实心砖	15269	12308	27577	其他水泥制品	5592	100	5692
	混凝土空心砌块	382912	228471	611383	布	5411	298	5709
	砂子	2177	78494	80671	其他塑料制品	4331	181	4512
	碎石	19	771	790	其他金属制品	67502	2133	69635
	PVC 塑料管	6490	73	6563	胶黏剂	89515	3076	92591
	石膏粉	1424	3886	5310				
电气材料	水泥砂浆 M10	2814	180	2994	PVC 塑料管	31720	358	32078
	小型型钢	2079	81	2160	焊接钢管	4883	173	5056
	镀锌铁线	376	14	390	插座、开关	3437	158	3595
	钢丝	119	4	123	电表箱	26667	1228	27895
	电焊条	5945	26	5971	灯具	766	38	804
	油漆、涂料	140	4	144	其他电工器材	2172	95	2267
	线缆 BV-2.5mm²	6826	152	6978	其他木材制品	318	19	337
	线缆 BV-4mm²	120	3	123	其他金属制品	2337	74	2411
	线缆 BV-6mm²	13	0	13	其他塑料制品	1763	74	1837
	线缆 BV-10mm²	2603	59	2662	布	230	13	243
	线缆 BV-16mm²	13	0	13	其他专用化学品	276	9	285
水暖材料	水泥 32.5MPa	662	81	743	铸铁散热器	11993	471	12464
	水泥砂浆 M10	6	0	6	木材	59	15	74
	砂子	5	171	176	油漆、涂料	525	13	538
	碎石	3	114	117	水	54	0	54
	小型型钢	4666	181	4847	其他金属制品	74304	2348	76652
	镀锌铁线	141	5	146	其他塑料制品	3399	142	3541
	电焊条	4715	21	4736	胶黏剂	430	15	445
	钢管	32308	1143	33451	油漆溶剂	89	4	93
	衬塑钢管 DN40	936	33	969	布	192	11	203
	铸铁排水管	17624	692	18316	其他专用化学品	154	5	159
	PVC 给水排水管	29182	329	29511				

2）建造阶段碳排放量计算仅包含施工机械运行、现场临时用电及机械维修与折旧，结果见表 5-21。建造阶段的碳排放总量为 619.84tCO₂ₑ，其中机械运行的碳排放量为 466.41tCO₂ₑ（用电、柴油、汽油的碳排放量分别为 396.63tCO₂ₑ、63.32tCO₂ₑ 和 6.46tCO₂ₑ），机械运输、维修与折旧的碳排放量为 110.13tCO₂ₑ，现场临时用电的碳排放量为 43.3tCO₂ₑ。

表 5-21　建造阶段碳排放量　　　　（单位：tCO_{2e}）

分类	项目	碳排放量	分类	项目	碳排放量	分类	项目	碳排放量
土建施工	机械用电	385.47	电气施工	机械用电	3.82	水暖施工	机械用电	7.34
	机械柴油	63.27		机械柴油	0.01		机械柴油	0.04
	机械汽油	6.33		机械汽油	0.13		机械汽油	0.00
	机械运输	2.84		机械运输	0.09		机械运输	0.02
	机械维修	47.16		机械维修	0.12		机械维修	0.10
	机械折旧	59.68		机械折旧	0.05		机械折旧	0.07
其他	临时用电	43.3						

3）运行阶段碳排放量计算包含建筑采暖、照明、生活热水与维修维护四个部分，设计使用年限为 50 年。建筑维修维护碳排放量根据预估维修维护次数与工程量计算，结果见表 5-22。采暖系统能耗根据需热量和综合供热效率计算；照明系统耗电量根据照明功率密度、面积和照明时数计算；生活热水系统用电量根据热水需热量及空气能热水器热水机组性能系数计算，相应碳排放量计算结果见表 5-23。

表 5-22　维修维护碳排放量

分项	维修维护次数	一次维修维护碳排放量/tCO_{2e}				维修维护碳排放总量/tCO_{2e}			
		材料	运输	施工	合计	材料	运输	施工	合计
屋面维修	1	99.7	3.9	0.2	103.8	99.7	3.9	0.2	103.8
门窗更换	1	611.1	11.8	2.1	625.0	611.1	11.8	2.1	625.0
墙面粉刷	4	112.8	16.7	0.1	129.6	451.3	66.8	0.3	518.4
外保温更换	1	467.4	12.4	6.2	486.0	467.4	12.4	6.2	486.0
排水管更换	1	105.3	3.5	2.8	111.6	105.3	3.5	2.8	111.6
散热器更换	3	52.1	2.7	4.1	58.9	156.4	8.0	12.2	176.6

表 5-23　日常运行碳排放量

系统	碳排放源	年消耗量/（kW·h）	消耗总量/（MW·h）	碳排放量/tCO_{2e}
采暖	集中供暖	$\dfrac{0.2537 \times 17558.72}{0.75}$GJ ≈ 5939.5GJ	（5939.5×50÷1000）TJ ≈ 297.0TJ	32670
照明	起居室	5.0×3256.2×1980÷1000=32236.4	32236.4×50÷1000≈1611.8	1245.9
	卧室	5.0×4367.5×1620÷1000≈35376.8	35376.8×50÷1000≈1768.8	1367.3
	厨房	5.0×1329.8×1152÷1000≈7659.6	7659.6×50÷1000≈383.0	296.0
	餐厅	5.0×696.0×900÷1000=3132.0	3132.0×50÷1000≈156.6	121.1
	卫生间	5.0×874.9×1980÷1000=8661.5	8661.5×50÷1000≈433.1	334.8
	地下室	1.9×889.2×360÷1000=608.2	608.2×50÷1000≈30.4	23.5
	应急照明	0.2×2606.3×8760÷1000=4566.2	4566.2×50÷1000≈228.3	176.5
生活热水	热水机组	$\dfrac{4.187 \times 176 \times 3 \times 0.8 \times 20 \times (55-50) \times 365 \times 0.986}{0.95 \times 0.87 \times 3.6 \times 10^3}$ ≈ 213920.0	213920.0×50÷1000=10696	8268.0

运行阶段碳排放总量为 46524.5tCO$_{2e}$，其中建筑日常运行碳排放量为 44503.1tCO$_{2e}$，建筑维修维护碳排放量为 2021.4tCO$_{2e}$。日常运行中，采暖系统碳排放量为 32670.0tCO$_{2e}$，照明系统碳排放量为 3565.1tCO$_{2e}$，生活热水系统的碳排放量为 8268.0tCO$_{2e}$。维修维护中，屋面维修、门窗更换、墙面粉刷、外保温更换、排水管更换和散热器更换的碳排放量分别为 103.8tCO$_{2e}$、625.0tCO$_{2e}$、518.4tCO$_{2e}$、486.0tCO$_{2e}$、111.6tCO$_{2e}$ 和 176.6tCO$_{2e}$。

4）处置阶段碳排放量计算包含整体拆除、构件破碎、场地平整和垃圾运输过程，相应碳排放量分别为 137.0tCO$_{2e}$、96.1tCO$_{2e}$、0.6tCO$_{2e}$ 和 383.2tCO$_{2e}$，处置阶段碳排放总量为 616.9tCO$_{2e}$。

5. 结果汇总

根据以上计算结果，汇总得到的碳排放总量、碳排放指标及各阶段占比情况见表 5-24。建筑生命周期碳排放总量计算结果为 57016.54tCO$_{2e}$，单位建筑面积的碳排放指标为 3247.2kgCO$_{2e}$/m^2，其中生产、建造、运行和处置阶段的碳排放指标分别为 527.1kgCO$_{2e}$/m^2、35.4kgCO$_{2e}$/m^2、2649.6kgCO$_{2e}$/m^2 和 35.1kgCO$_{2e}$/m^2。建筑运行阶段对碳排放总量的贡献最高，约达 81.6%，其次为生产阶段，占比约为 16.2%；建造及处置阶段碳排放量贡献较小，均约为 1.1%。此外，包含生产、建造、维修维护与拆除过程的建筑隐含碳排放总量为 12513.44tCO$_{2e}$（占比约为 21.9%），其余 44503.1tCO$_{2e}$（占比约为 78.1%）为运行碳排放量。

此外，分析表明建筑采暖系统对建筑生命周期碳排放量的贡献高达 57.3%。该建筑采用市政集中供暖，供暖方式为热电联产燃煤锅炉。若将燃煤锅炉升级为燃油或燃气锅炉，根据燃料含碳量可得单位供热量的碳排放因子分别为 0.073tCO$_{2e}$/GJ 和 0.056tCO$_{2e}$/GJ，相应供热系统综合效率假定提升至 80%。依据上述条件计算可得，升级为燃油或燃气锅炉后，年均供暖碳排放量可分别下降至 406.5tCO$_{2e}$/年和 311.8tCO$_{2e}$/年，相比于燃煤锅炉的减排比例可分别达到 37.8% 和 52.3%，全生命周期可分别减排 12340tCO$_{2e}$（21.4%）和 17075tCO$_{2e}$（29.6%）。

表 5-24　建筑生命周期碳排放计算结果汇总

阶段	过程	碳排放量 /tCO$_{2e}$	碳排放指标 /(kgCO$_{2e}$/m^2)	占比（%）
生产阶段	材料生产	8572.9	488.2	15.0
	材料运输	682.4	38.9	1.2
	小计	9255.3	527.1	16.2
建造阶段	机械运行	466.41	26.6	0.8
	机械运输、维修与折旧	110.13	6.3	0.2
	临时用电	43.3	2.5	0.1
	小计	619.84	35.4	1.1
运行阶段	采暖系统	32670.0	1860.6	57.3
	照明系统	3565.1	203.0	6.3
	生活热水系统	8268.0	470.9	14.5
	维修维护系统	2021.4	115.1	3.5
	小计	46524.5	2649.6	81.6

（续）

阶段	过程	碳排放量 /tCO$_{2e}$	碳排放指标 /（kgCO$_{2e}$/m^2）	占比（%）
处置阶段	现场拆除	233.7	13.3	0.4
	垃圾运输	383.2	21.8	0.7
	小计	616.9	35.1	1.1
生命周期	合计	57016.54	3247.2	100.0

5.5 本章习题

5.5.1 知识考查

1. 完成以下工程案例的碳排放计算，并编制建筑生命周期碳排放分析报告。

某高层住宅，总建筑面积为 12970.67m^2，地上共 17 层，标准层平面每层 3 个单元，标准层层高为 3m，建筑檐口高度为 51.100m。建筑标准层平面图及各房间使用面积（m^2）如图 5-17 所示。该建筑的设计使用年限为 50 年，建筑抗震设防烈度为 7 度，建筑抗震设防分类为标准设防类，建筑结构安全等级为二级。建筑采用剪力墙结构设计，剪力墙、梁板的混凝土强度等级为 C30，主体结构剪力墙厚度为 200mm。建筑生命周期碳排放计算所需资料如下：

1）主要建筑材料消耗量见表 5-25。材料消耗量根据设计图和工程造价文件汇总得到。珍珠岩和水泥珍珠岩的碳排放因子分别取 995kgCO$_{2e}$/t 和 278kgCO$_{2e}$/m^3，其余材料的碳排放因子参考本章例题及附录 B。

2）材料运输距离，按《建筑碳排放计算标准》（GB/T 51366—2019），砂浆和混凝土的运输距离取 40km，其余材料运输距离均取 500km。对于按运费估算碳排放的材料，运费取为材料价格的 5%。

3）建造阶段，施工机械台班消耗量见表 5-26，其他临时活动用电量为 42.5MW·h。

4）该建筑由燃煤（型煤）锅炉集中供热，采用 DEST-2 软件模拟得到建筑全年需热量为 3397GJ/年，综合供热效率取 78%；全年需冷量为 14.2kW·h/（m^2·年），空调制冷综合性能系数取 3.0。根据区域实际调查，单位建筑面积的全年炊事活动天然气用量为 0.85m^3/（m^2·年）。

5）建筑各房间照明功率密度取值依据《建筑照明设计标准》（GB 50034—2013），起居室、卧室、厨房、餐厅、卫生间的照明功率密度为 6W/m^2，公共区域应急照明功率密度为 0.1W/m^2。年照明时数按《建筑碳排放计算标准》（GB/T 51366—2019）分别取 1980h/年、1620h/年、1152h/年、900h/年、1980h/年和 8760h/年。

6）生活热水采用空气能热水器，户均人数按 3 人考虑，入住率取 90%。日用水定额按 20L/（人·d），全年供应热水，热水机组性能系数取 3.6，管网效率取 87%。设计冷水温度为 5℃，热水温度为 55℃，热水密度为 0.986kg/L。

7）预估建筑部品部件使用寿命如下：屋面 30 年，门窗 25 年，墙面粉刷 15 年，一次维修维护工程的主要材料及能源消耗量见表 5-27。

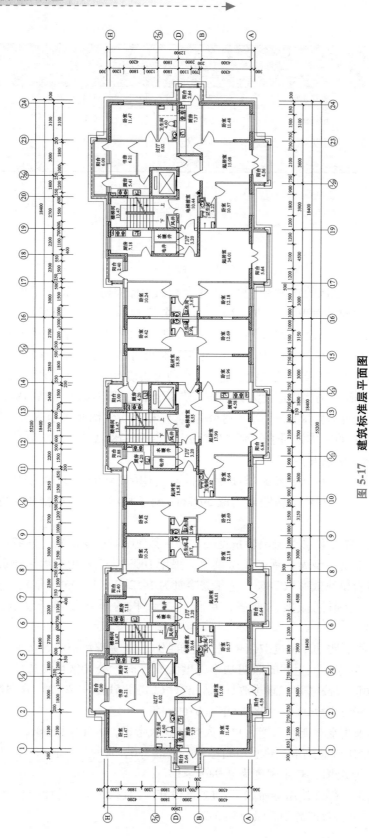

图 5-17　建筑标准层平面图

表 5-25 主要建筑材料消耗量

材料	计量单位	消耗量	重量系数 /(t/计量单位)	材料	计量单位	消耗量	重量系数 /(t/计量单位)
钢筋	t	688.73	1	石膏粉	m^3	28.37	1
型钢	t	4.55	1	滑石粉	t	71.87	1
镀锌铁线	t	8.86	1	涂料	t	5.29	1
铁钉、铁件	t	17.93	1	钢质防火门	m^2	416.8	0.04
砂	m^3	26.97	1.45	塑钢门窗	m^2	3458.32	0.025
珍珠岩	t	6.59	1	电焊条	t	2.54	1
水泥珍珠岩	m^3	35.74	0.36	安全网	t	3.35	1
水泥 32.5MPa	t	56.55	1	水	m^3	4910.66	1
混合砂浆 M5	m^3	109.13	1.8	瓷砖	t	19.22	1
水泥砂浆 M7.5	m^3	26.07	1.8	钢模板	t	18.91	1
水泥砂浆 M10	m^3	1259.07	1.8	脚手架钢管	t	47.36	1
页岩实心砖	千块	51.84	2.63	脚手架扣件	t	6.18	1
混凝土空心砌块	m^3	1229.36	1.2	木模板	m^3	189.76	0.5
商品混凝土 C10	m^3	59.84	2.4	其他水泥制品	万元	2.91	
商品混凝土 C20	m^3	442.21	2.4	其他金属制品	万元	12.12	
商品混凝土 C30	m^3	4480.17	2.4	其他塑料制品	万元	6.73	
超流态混凝土 C30	m^3	1903.01	2.4	化学纤维制品	万元	1.08	
素水泥浆	t	47.88	0.704 (水泥)	胶黏剂	万元	18.78	
EPS 保温板	m^3	1121.47	0.05	油漆溶剂	万元	1.04	
SBS 防水卷材	$10^3 m^2$	6.91	4.2	布	万元	2.25	
木材	m^3	8.73	0.5	其他专用化学品	万元	3.63	

表 5-26 施工机械台班消耗量

名称	规格型号	计量单位	数量	名称	规格型号	计量单位	数量
柴油打桩机		台班	0.50	履带式长螺旋钻机	ϕ400mm	台班	0.82
柴油打桩机	5t 以外	台班	0.50	履带式长螺旋钻机	ϕ600mm	台班	148.12
电		kW·h	503234.46	履带式单斗液压挖掘机	斗容量 0.6m^3	台班	12.55
电锤	520W	台班	1207.72	履带式推土机	75kW	台班	9.81
电动打夯机		台班	16.17	木工圆锯机	ϕ500mm	台班	117.00
电动多级离心清水泵	ϕ100mm	台班	198.71	刨边机	12000mm	台班	0.01
电动卷扬机	单筒快速 2t	台班	1284.42	平板拖车组	40t	台班	2.00
电动卷扬机	单筒慢速 5t	台班	2.74	汽车式起重机	16t	台班	6.25
电动空气压缩机	10m^3/min	台班	6.49	汽车式起重机	20t	台班	16.00
电动气泵		台班	789.42	汽车式起重机	40t	台班	5.00

（续）

名称	规格型号	计量单位	数量	名称	规格型号	计量单位	数量
电渣焊机		台班	36.14	汽车式起重机	5t	台班	64.10
对话机		台班	620.21	汽车式起重机	8t	台班	7.00
钢板校平机	30mm×2600mm	台班	0.01	砂轮切割机	φ500mm	台班	0.98
钢筋调直机	φ14mm	台班	10.20	施工电梯	75m 以内	台班	0.50
钢筋切断机	φ40mm 以内	台班	85.63	石料切割机		台班	31.05
钢筋弯曲机	φ40mm	台班	0.41	双笼施工电梯	100m	台班	309.70
钢筋弯曲机	φ40mm 以内	台班	268.18	型钢剪断机	500mm	台班	0.05
管子切断机	φ60mm	台班	15.68	型钢校正机		台班	0.05
焊条烘干箱		台班	18.63	摇臂钻床	φ50mm	台班	0.06
灰浆搅拌机	400L	台班	0.34	载重汽车	15t	台班	9.00
回程费		元	5085.28	载重汽车	6t	台班	151.15
混凝土输送泵	60m³/h	台班	236.75	载重汽车	8t	台班	14.00
混凝土振捣器	插入式	台班	540.83	直流电焊机	32kW	台班	154.56
混凝土振捣器	平板式	台班	36.01	直流电焊机	40kW	台班	3.69
机动翻斗车	1t	台班	149.07	桩头止水环机械费		元	1050.00
机械费调整		元	6.64	自升式塔式起重机	1250kN·m	台班	0.50
剪板机	20mm×2500mm	台班	0.04	自升式塔式起重机	1500kN·m	台班	395.87
剪板机	40mm×3100mm	台班	0.01	自升式塔式起重机	QTZ30	台班	9.83
卷扬机	5t 以内	台班	174.33	自卸汽车	12t	台班	52.00
龙门式起重机	10t	台班	0.20				

表 5-27　维修维护工程的主要材料与能耗的消耗量

项目	名称	计量单位	消耗量	项目	名称	计量单位	消耗量
一次屋面维修	EPS 保温板	m³	57.51	一次门窗更换	塑钢门窗	m²	3458.32
	水泥	t	5.11		其他水泥制品	万元	0.41
	珍珠岩	t	6.59		其他金属制品	万元	11.84
	水泥珍珠岩	m³	35.74		电	MW·h	0.4
	水	m³	38.3535	一次墙面粉刷	石膏粉	t	28.37
	素水泥浆	t	2.62		滑石粉	t	71.87
	木材	m³	0.20		涂料	t	3.69
	SBS 防水卷材	10³m²	4.32		水	m³	133.26
	其他水泥制品	万元	0.24		油漆溶剂	万元	0.92
	电	MW·h	0.12		其他水泥制品	万元	1.56
					其他金属制品	万元	1.27
					电	MW·h	1.09

8）处置阶段考虑建筑整体拆除、构件破碎、场地平整和垃圾运输过程，相应工程量分别为 12971m²、21814t、800m² 和 872557t・km。

2. 某 2 层民房分别采用钢筋混凝土框架结构和混凝土砌块砌体结构进行设计，并开展建筑物化阶段碳排放的对比分析。该房屋的总建筑面积为 188.78m²，其中一层面积为 101.32m²，二层面积为 87.46m²。建筑层高为 3m，采用坡屋顶及水泥瓦屋面，屋脊至室外地面高度为 7.45m。建筑抗震设防烈度为 6 度，抗震设防类别为丙类。建筑平面图如图 5-18～图 5-20 所示。两种结构方案的建造过程材料及能源的消耗量见表 5-28，经整理的不同数据来源的碳排放因子清单数据见表 5-29。根据各碳排放因子清单数据分别计算碳排量并编制碳排放分析报告，对比两种结构方案的物化碳排放指标。

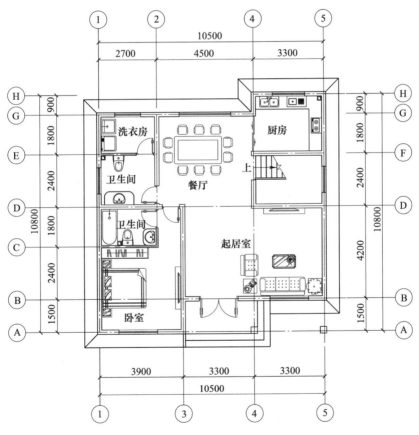

图 5-18　建筑一层平面图

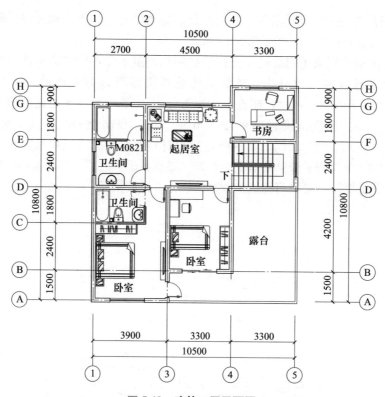

图 5-19　建筑二层平面图

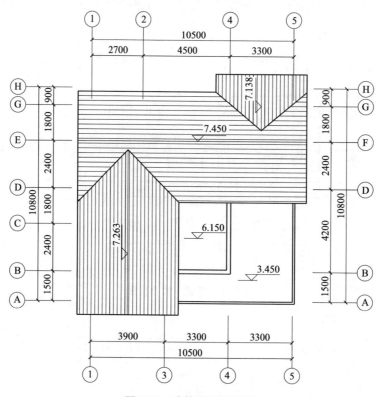

图 5-20　建筑屋面平面图

表 5-28　建造过程的材料及能源的消耗量

序号	材料名称	计量单位	重量系数 /（t/计量单位）	消耗量	
				框架结构	砌体结构
1	HRB400 钢筋	t	1.00	6.79	2.83
2	HPB300 钢筋	t	1.00	0.46	1.80
3	镀锌铁线	kg	1.0E-03	48.47	34.32
4	铁件	kg	1.0E-03	18.39	18.39
5	钢支撑与脚手架	t	1.00	0.68	0.40
6	木板材、木模板	m³	0.60	4.36	2.95
7	复合硅酸盐水泥 PC 32.5	t	1.00	0.02	0.01
8	普通硅酸盐水泥 PO 42.5	t	1.00	37.34	35.88
9	白色硅酸盐水泥 425#	t	1.00	0.04	0.04
10	净砂	t	1.00	108.10	107.37
11	碎石	t	1.00	98.53	92.62
12	生石灰	t	1.00	1.04	1.04
13	石膏粉	t	1.00	2.45	2.45
14	黏土	m³	1.60	4.90	4.90
15	轻集料混凝土实心砖 190mm×90mm×53mm	千块	1.09	7.93	0.00
16	轻集料混凝土砌块 390mm×190mm×190mm	m³	0.60	48.36	0.00
17	混凝土实心砖 190mm×90mm×53mm	千块	1.81	0.00	10.40
18	混凝土砌块 390mm×190mm×190mm	m³	1.20	0.00	63.44
19	瓷砖 500mm×500mm	m²	5.00E-03	124.36	124.36
20	地砖 300mm×300mm	m²	1.80E-03	159.52	159.52
21	防水卷材 2mm	m²	2.40E-03	143.32	143.32
22	EPS 保温板 50mm	m²	1.50E-03	128.23	128.23
23	电焊条	kg	1.0E-03	18.68	4.51
24	乳胶漆	kg	1.0E-03	197.86	198.43
25	聚氨酯丙烯酸外墙涂料	kg	1.0E-03	125.11	125.11
26	彩色水泥瓦 420mm×330mm	千张	5.20	1.25	1.25
27	塑钢门窗	m²	0.025	36.48	36.48
28	铝合金门	m²	0.03	4.35	4.35
29	水	m³	1.00	109.20	97.62
30	竹木制品	元		1373.72	1094.38
31	水泥制品	元		1049.47	1049.47
32	金属制品	元		496.15	293.53
33	塑料制品	元		577.87	600.48
34	化学纤维	元		294.07	177.34

（续）

序号	材料名称	计量单位	重量系数/（t/计量单位）	消耗量	
				框架结构	砌体结构
35	化学制剂	元		3604.38	3443.20
36	公路运输	kt·km		15.70	17.96
37	汽油	kg		71.51	43.40
38	柴油	kg		11.80	5.89
39	电	kW·h		744.05	542.61

表 5-29 碳排放因子清单数据

序号	材料名称	计量单位	碳排放因子/（kgCO₂ₑ/计量单位）								
			Q01	Q02	Q03	Q04	Q05	Q06	Q07	Q08	Q09
1	HRB400 钢筋	t	2140	2340	2000	2310	1450	2208	2485	2300	2790
2	HPB300 钢筋	t	2140	2340	2000	2310	1450	2208	2485	2300	2790
3	镀锌铁线	kg	2.35	2.28		2.20		1.01			3.08
4	铁件	kg	1.92	2.28		2.20		1.01			3.08
5	脚手架钢管	t	2140	2310	2000	2190	1450	1381	1650	2320	2790
6	木材、木模板	m³	487			139	644	74	74	164	−843
7	复合硅酸盐水泥 PC 32.5	t	604	735	800	977	759	629	862	838	574
8	普通硅酸盐水泥 PO 42.5	t	795	735	800	977	759	792	862	1180	574
9	白色硅酸盐水泥 425#	t	874	735	800	977	759	792	862	1180	574
10	净砂	t	6.60	2.51		3.49		2.00	2.27	23.29	50.00
11	碎石	t	4.40	2.18		3.17	3.76	2.00	2.27	2.14	2.00
12	生石灰	t	1190	1190		1750	1200	1200	1200	2212	458
13	石膏粉	t	125.50	32.80		193.00				192.90	210.00
14	黏土	m³	0.80	4.30		2.06				1.22	
15	轻集料混凝土实心砖	千块	304.5	304.5	304.5	304.5	304.5	304.5	304.5	304.5	304.5
16	轻集料混凝土砌块	m³	180.0	201.6	200.0	171.0	201.6	195.0	291.2	201.6	146.0
17	混凝土实心砖	千块	304.5	304.5	304.5	304.5	304.5	304.5	304.5	304.5	304.5
18	混凝土砌块	m³	180.0	201.6	200.0	171.0	201.6	195.0	291.2	201.6	146.0
19	瓷砖 500mm×500mm	m²	19.2			19.5	22.9	16.9	16.3	14.8	16.8
20	地砖 300mm×300mm	m²	19.2			19.5	22.9	16.9	16.3	14.8	16.8
21	防水卷材 2mm	m²	0.54		2.37	2.38			12.95		
22	EPS 保温板 50mm	m²	11.79	7.53		33.45		25.61	25.61	4.94	4.70
23	电焊条	kg	20.50			2.20	20.50				
24	乳胶漆	kg	4.12			6.55	4.31	0.89	6.90		3.60

178

（续）

序号	材料名称	计量单位	碳排放因子/（kgCO$_{2e}$/计量单位）								
			Q01	Q02	Q03	Q04	Q05	Q06	Q07	Q08	Q09
25	外墙涂料	kg	3.50			6.55	4.31	0.89	2.60		3.60
26	彩色水泥瓦	千张	3172.00								
27	塑钢门窗	m^2	100.4	121.0	121.0	98.4	121.0	121.0	121.0	121.0	121.0
28	铝合金门	m^2	238.0	254.0	254.0	46.3	254.0	19.1	254.0	254.0	254.0
29	水	m^3	0.21	0.17		0.26	0.42			0.26	
30	竹木制品	元	0.18								
31	水泥制品	元	0.59								
32	金属制品	元	0.33								
33	塑料制品	元	0.25								
34	化学纤维	元	0.30								
35	化学制剂	元	0.31								
36	公路运输	kt·km	170.0	147.0	172.2	170.0	292.0	170.0	153.5	227.0	199.4
37	汽油	kg	2.94	2.92	2.98	2.94			2.93	3.26	2.94
38	柴油	kg	3.11	3.10	3.16	3.11	3.16	3.16	3.10	3.37	3.11
39	电	kW·h	0.77	0.70	0.87	0.85	0.79	0.87	0.75	1.04	0.76

5.5.2 拓展讨论

1. 结合本章工程实例分析结果，谈谈如何降低建筑全生命周期碳排放？

2. 思考《建筑节能与可再生能源利用通用规范》（GB 55015—2021）提出"编制碳排放分析报告"的规定，对实现建筑节能减排的意义。

本章导读：

第4章学习了单体建筑全生命周期的组成和碳排放的计量方法，并通过第5章的工程案例进一步加深了对相关知识的理解。需要进一步考虑的是，第4章介绍分级系统边界时提到过，建筑碳排放也需要从不同空间尺度上去考虑。近年来，我国经济高质量发展，为满足人们日益增长的美好生活需要，除建筑运行消耗了大量的能源外，大量的工程建设也造成了不可忽视的资源与能源消耗。因此，实现全国及各地区建筑业碳排放测算，对了解建筑碳排放宏观水平、发展趋势、峰值预测，以及制定建筑业减排政策、技术路径等具有重要意义。

本章将首先介绍目前较为成熟的建筑业能耗统计方法，在此基础上介绍建筑业碳排放测算的基本原理与实用方法，总结建筑业碳排放分析的常用数据指标，并通过实际案例进一步说明相关理论知识。此外，建筑业能耗与碳排放的测算对象具有多样化特征，既可以是一个街区、城市，也可以是某一地区或全国。为便于读者掌握根据统计数据实现建筑业碳排放测算的方法，本章建筑业碳排放测算对象为有能源统计数据及能源平衡表的省级行政区域，其他对象的建筑业碳排放测算读者可参考本章所学内容，查阅相关文献资料。

需要注意的是，在单体建筑碳排放计算时，经常依据建筑物的使用寿命采用"全生命周期"来表达一幢建筑从原料获取到最终处置的所有阶段。而在建筑业碳排放测算时，一般以统计数据为基础，得出某一年度内所有新建、在建建筑的材料消耗与建造过程碳排放及既有建筑的运行过程碳排放等。在这一测算口径内，并不包含某幢建筑的完整生命周期，而是从全产业链角度对年度内建筑业各环节、各过程资源、能源消耗的分析。为此，在建筑业碳排放测算中，采用"全过程"的表达方式更为准确。

此外，由于分析目标不同，建筑业碳排放统计测算存在多种口径，本章介绍的方法包含了上述"建筑业全过程"。读者在学习与实际工作中，应根据具体问题与目标，结合本章所学选择适当、合理的测算方法与口径。

学习要点：

- 了解建筑业能耗统计的一般方法。
- 掌握建筑业碳排放统计的基本原理与方法。
- 掌握建筑业碳排放的常用统计指标。
- 了解建筑业碳排放统计的数据来源与测算过程。

6.1 建筑业能耗统计方法

6.1.1 建筑能耗的基本概念

在我国"九五"计划实施的初期，把建筑能耗定义为建筑建造能耗（包括建筑材料的生产能耗与建筑的现场施工能耗）与建筑日常使用能耗之和。这也是我国对建筑广义能耗的最初定义。考虑到建筑建造能耗主要归属于第二产业，而建筑日常使用能耗主要归属于第三产业和居民生活消费，从宏观分析的角度出发，两者存在显著不同的特点，须加以区别对待。因此，2000年后，住房和城乡建设部对建筑能耗重新进行了定义，即专指建筑使用过程的能耗，也即狭义的能耗。

近年来面临全球化石能源储量骤减及全球气候变化的双重危机，建筑节能问题得到了前所未有的重视。由此，全生命周期（全过程）能耗的概念在世界范围内得到了广泛认可。从概念上来说，全生命周期（全过程）能耗涵盖了建筑的维修、维护能耗，拆除能耗，以及废弃物处置能耗，内容较传统的广义能耗更为丰富。图6-1详细地说明了不同建筑能耗定义方式的区别与联系。

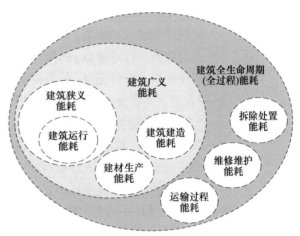

图6-1 建筑能耗定义方式的区别与联系

与传统的能耗定义方式相比，采用全生命周期（全过程）能耗的定义方法，可对建筑能耗情况及节能潜力进行系统性的分析，避免仅注重运行节能，而造成生产、建造及处置能耗大幅增加的情况。例如，当过度增加建筑保温措施时，可能出现生产、建造过程能耗显著提高而抵消运行节能的情况。

6.1.2 建筑业能耗测算方法

1. 运行能耗统计

既有建筑运行能耗是建筑生命周期能耗中占比最大的一部分，相关的统计方法得到了较多的研究。但受行业分类与统计方法的限制，我国能源数据按"工厂法"进行统计，不仅未直接给出各类建筑日常使用的能耗数据，而且无法通过简单的部门叠加直接获得。为此，国内学者通过深入剖析能源统计资料的来源与构成，提出了建筑业能耗的三种间接测算方法。

（1）宏观模型 宏观模型是利用能源平衡表进行建筑运行能耗测算的方法。我国每年均编制各省级行政区域的能源平衡表，其中将终端能源消费量分为七个部分：①农、林、牧、渔业；②工业；③建筑业；④交通运输、仓储和邮政业；⑤批发、零售业和住宿、餐饮业；⑥其他（主要是其他第三产业）；⑦居民生活（分城镇与乡村）。其中，第①、②项的终端能源消费主要用于生产活动,建筑运行能耗占比很小;第③项主要与施工建造过程相关;第④项的终端能源消费主要为移动源消耗;第⑤、⑥项与公共建筑的运行能耗相关;第⑦项与居住建筑的运行能耗相关。因此,区域建筑运行能耗可主要依据第⑤~⑦项按以下公式进行测算:

$$Q'^{OPE} = Q'^{PB} + Q'^{RB} = \sum_j Q_j'^{PB} + \sum_j Q_j'^{RB} \tag{6-1}$$

$$Q_j^{PB} = \gamma_j^{PB}(Q_j^{⑤} + Q_j^{⑥}) \tag{6-2}$$

$$Q_j^{RB} = \gamma_j^{RB} Q_j^{⑦} \tag{6-3}$$

式中　　Q'^{OPE} ——建筑运行能耗总量(标准量)(tce);

Q'^{PB} ——公共建筑运行能耗总量(标准量)(tce);

Q'^{RB} ——居住建筑运行能耗总量(标准量)(tce);

$Q_j'^{PB}$ ——公共建筑运行对能源 j 的消耗量(标准量)(tce);

$Q_j'^{RB}$ ——居住建筑运行对能源 j 的消耗量(标准量)(tce);

Q_j^{PB} ——公共建筑运行对能源 j 的消耗量(实物量);

Q_j^{RB} ——居住建筑运行对能源 j 的消耗量(实物量);

$Q_j^{⑤}$ ——"批发、零售业和住宿、餐饮业"对能源 j 的终端消耗量;

$Q_j^{⑥}$ ——"其他"对能源 j 的终端消耗量;

$Q_j^{⑦}$ ——"居民生活"对能源 j 的终端消耗量;

γ_j^{PB} ——公共建筑运行能耗统计中对能源 j 的计入比例;

γ_j^{RB} ——居住建筑运行能耗统计中对能源 j 的计入比例。

关于在建筑运行能耗统计中的各类能源计入比例,我国学者进行了大量的分析与研究。一般认为,考虑能源的移动源消耗,第⑤~⑦项中汽油消耗量的计入比例应取 0~0.05,柴油计入比例应取 0.05~1.0,其他类型能源一般可取 1.0。我国生态环境部于 2021 年发布了《省级二氧化碳排放达峰行动方案编制指南》,参考该指南附件 6 对服务业(包括第三产业中扣除交通运输的部分)和居民生活领域的能耗统计规定,公共建筑和居住建筑运行能耗的汽油计入比例可分别取 0.02 和 0.01,柴油计入比例可分别取 1.0 和 0.05,其他能源(主要包含煤炭、电力、热力、煤气、液化石油气、天然气等)计入比例可取 1.0。

📖 延伸阅读:关于"工厂法"

　　"工厂法"是以工业企业作为一个整体,按工业生产活动的最终成果来计算工业产值的方法。采用"工厂法"时,企业内部不允许重复计算,不能简单地将企业内部各个车间的产出相加。如棉纺织印染联合厂,既生产棉纱、棉布,又生产印染布,这个厂的总产值只能计算纱的商品量、棉布商品量和印染布商品量的价值。因此,工业总产出(总产值)="成品价值"±"半成品、在制品期末期初结存差额"+"工业性作业价值"。

　　对工业部门计算总产出,通常采用"工厂法",以生产经营单位为主体进行计算。另外,工业总产值的划分也是按"工厂法"进行的,即一个工业企业在正常情况下生产的主要产品的性质属于轻工业,则该企业的全部总产值作为轻工业总产值;一个工业企业生产的主要产品的性质属于重工业,则该企业的全部总产值作为重工业总产值。

对于能耗统计来说，采用"工厂法"对工业、服务业的能耗进行统计时，若生产经营单位的主要产品或服务属于某一部门，则该生产经营单位的全部能耗均归属于该部门。即相应部门能耗中，既包含了为生产产品和提供服务所消耗的能源，又包含了生产经营场所（即各类建筑）日常运行所消耗的能源。而对于后者来说，在建筑业全过程能耗统计时，应纳入运行能耗的测算边界之内。

（2）微观模型　微观模型指通过抽样调查对建筑运行能耗进行估计的方法，即根据对既有建筑的跟踪调查结果，得出不同类型建筑运行能耗的平均指标（通常为单位建筑面积的全年耗能量指标），进而根据各类建筑的总拥有量推断出运行过程建筑能耗总量。《建筑节能与可再生能源利用通用规范》（GB 55015—2021）附录A对不同气候区新建建筑平均能耗指标进行了规定（见本书表4-7和表4-8），可作为新建建筑能耗估算时的参考。

（3）终端电器使用模型　终端电器使用模型指根据电器与照明情况估计建筑用电量的方法。该方法需要对民用建筑各类电器拥有量、平均工作时长、功率等条件做多方面假定，所得估计结果的准确性相对较差，目前较少采用。

【例6-1】　某地区某年度能源平衡表中的终端能源消费量第③~⑦项见表6-1，各类能源折标准煤系数参考《中国能源统计年鉴》按表6-2取值，电力和热力按等价热值折算为标准煤。采用宏观模型对该地区建筑运行能耗总量进行测算。

表6-1　某地区终端能源消费量

项　　目	原煤 /10^4t	汽油 /10^4t	煤油 /10^4t	柴油 /10^4t	天然气 /10^8m³	LNG /10^4t	热力 /10^{10}kJ	电力 /(10^8kW·h)
③建筑业		0.90		9.80			80.00	11.14
④交通运输、仓储和邮政业	230.45	261.41	69.77	110.40	4.35	1.62	996.10	30.57
⑤批发、零售业和住宿、餐饮业	447.73	43.01		39.10	0.98		4108.22	53.30
⑥其他	394.75	35.01		39.00			4552.96	89.80
⑦居民生活	273.15	50.05		45.86	8.60		29461.79	182.29
城镇	156.35	46.26		40.89	8.60		29461.79	112.05
乡村	116.80	3.79		4.97				70.24

表6-2　能源折标准煤系数

能源类型	原煤	汽油	煤油	柴油	天然气	LNG	热力	电力
计量单位	10^4t	10^4t	10^4t	10^4t	10^8m³	10^4t	10^{10}kJ	10^8kW·h
折标系数/(10^4tce/计量单位)	0.7143	1.4714	1.4714	1.4571	13.3	1.7572	0.03412	1.229

解：对于公共建筑，按表6-1中第⑤~⑥项核算，其中汽油的计入比例取0.02，其他能源取1.0。则公共建筑运行能耗的标准量为

$$Q'^{PB}_{原煤} = \left[(447.73 + 394.75) \times 0.7143 \right] \times 10^4 \text{tce} \approx 601.78 \times 10^4 \text{ tce}$$

$$Q'^{PB}_{汽油} = \left[(43.01 + 35.01) \times 0.02 \times 1.4714 \right] \times 10^4 \text{tce} \approx 2.30 \times 10^4 \text{ tce}$$

$$Q'^{PB}_{柴油} = \left[(39.10 + 39.00) \times 1.4571 \right] \times 10^4 \text{tce} \approx 113.80 \times 10^4 \text{ tce}$$

$$Q'^{PB}_{天然气} = (0.98 \times 13.3) \times 10^4 tce \approx 13.03 \times 10^4 tce$$

$$Q'^{PB}_{热力} = [(4108.22 + 4552.96) \times 0.03412] \times 10^4 tce \approx 295.52 \times 10^4 tce$$

$$Q'^{PB}_{电力} = [(53.30 + 89.80) \times 1.229] \times 10^4 tce \approx 175.87 \times 10^4 tce$$

$$Q'^{PB} = \sum_j Q'^{PB}_j = 1202.30 \times 10^4 tce$$

对于居住建筑，按表 6-1 中第 ⑦ 项核算，其中汽油和柴油的计入比例分别取 0.01 和 0.05，其他能源取 1.0。则居住建筑运行能耗的标准量为

$$Q'^{RB}_{原煤} = (273.15 \times 0.7143) \times 10^4 tce \approx 195.11 \times 10^4 tce$$

$$Q'^{RB}_{汽油} = (50.05 \times 0.01 \times 1.4714) \times 10^4 tce \approx 0.74 \times 10^4 tce$$

$$Q'^{RB}_{柴油} = (45.86 \times 0.05 \times 1.4571) \times 10^4 tce \approx 3.34 \times 10^4 tce$$

$$Q'^{RB}_{天然气} = (8.6 \times 13.3) \times 10^4 tce = 114.38 \times 10^4 tce$$

$$Q'^{RB}_{热力} = (29461.79 \times 0.03412) \times 10^4 tce \approx 1005.24 \times 10^4 tce$$

$$Q'^{RB}_{电力} = (182.29 \times 1.229) \times 10^4 tce \approx 224.03 \times 10^4 tce$$

$$Q'^{RB} = \sum_j Q'^{RB}_j = 1542.84 \times 10^4 tce$$

因此，地区建筑运行能耗总量为

$$Q'^{OPE} = Q'^{PB} + Q'^{RB} = 2745.14 \times 10^4 tce$$

【例 6-2】 在例 6-1 中，能源平衡表提供的能源加工转换投入产出量及各类能源的折标系数见表 6-3。若电力、热力消费按当量热值折算为标准煤，计算该地区建筑运行能耗标准量。

表 6-3 能源加工转换投入 (−) 产出 (+) 量及折标系数

项目		能源投入产出量		折标系数
名称	计量单位	火电	供热	/（10^4tce/计量单位）
原煤	10^4t	−4385.19	−3260.92	0.7143
其他洗煤	10^4t	−115.96	−122.38	0.6822
煤制品	10^4t	—	−9.12	0.5286
煤矸石	10^4t	−378.83	−197.47	0.2857
焦炉煤气	10^8m³	−3.49	−0.16	0.5714
高炉煤气	10^8m³	−9.26	−6.38	0.1286
转炉煤气	10^8m³	−0.45	—	0.2714
柴油	10^4t	−0.38	−0.12	1.4571
燃料油	10^4t	−0.48	−7.54	1.4286
炼厂干气	10^4t	−4.88	−78.79	1.5714
天然气	10^8m³	−1.35	−4.72	13.3
热力	10^{10}kJ	—	49223.85	
电力	10^8kW·h	910.23	—	

解：根据表 6-3 数据，地区火力发电量为 910.23×10^8kW·h，发电的能源投入总量为 (4385.19 × 0.7143 + 115.96 × 0.6822 + 378.83 × 0.2857 + 3.49 × 0.5714 + 9.26 ×

$0.1286 + 0.45 \times 0.2714 + 0.38 \times 1.4571 + 0.48 \times 1.4286 + 4.88 \times 1.5714 + 1.35 \times 13.3) \times 10^4 \text{tce}$

$\approx 3349.85 \times 10^4 \text{tce}$

由此可计算，按等价热值计算的电力折标系数为

$$\lambda_{\text{ce}}^{\text{电力}} = (3349.85 / 910.23) \times 10^4 \text{tce} / (10^8 \text{kW} \cdot \text{h}) \approx 3.68 \times 10^4 \text{tce} / (10^8 \text{kW} \cdot \text{h})$$

地区供热总量为 $49223.85 \times 10^{10} \text{kJ}$，供热的能源投入总量为

$(3260.92 \times 0.7143 + 122.38 \times 0.6822 + 9.12 \times 0.5286 + 197.47 \times 0.2857 + 0.16 \times$

$0.5714 + 6.38 \times 0.1286 + 0.12 \times 1.4571 + 7.54 \times 1.4286 + 78.79 \times 1.5714 + 4.72 \times 13.3) \times 10^4 \text{tce}$

$\approx 2672.45 \times 10^4 \text{tce}$

由此可计算，按等价热值计算的热力折标系数为

$$\lambda_{\text{ce}}^{\text{热力}} = (2672.45 / 49223.85) \times 10^4 \text{tce} / 10^{10} \text{kJ} \approx 0.0543 \times 10^4 \text{tce} / 10^{10} \text{kJ}$$

在例 6-1 的计算结果中，重新计算电力、热力相关项的能耗消费标准量

$$Q_{\text{热力}}^{\prime \text{PB}} = \left[(4108.22 + 4552.96) \times 0.0543 \right] \times 10^4 \text{tce} \approx 470.30 \times 10^4 \text{tce}$$

$$Q_{\text{电力}}^{\prime \text{PB}} = \left[(53.30 + 89.80) \times 3.68 \right] \times 10^4 \text{tce} \approx 526.61 \times 10^4 \text{tce}$$

$$Q_{\text{热力}}^{\prime \text{RB}} = (29461.79 \times 0.0543) \times 10^4 \text{tce} \approx 1599.78 \times 10^4 \text{tce}$$

$$Q_{\text{电力}}^{\prime \text{RB}} = (182.29 \times 3.68) \times 10^4 \text{tce} \approx 670.83 \times 10^4 \text{tce}$$

则按等价热值计算的公共建筑运行能耗的标准量为

$$Q^{\prime \text{PB}} = \left[1202.30 - (295.52 + 175.87) + (470.30 + 526.61) \right] \times 10^4 \text{tce} = 1727.82 \times 10^4 \text{tce}$$

居住建筑运行能耗的标准量为

$$Q^{\prime \text{RB}} = \sum_j Q_j^{\prime \text{RB}} = \left[1542.84 - (1005.24 + 224.03) + (1599.78 + 670.83) \right] \times 10^4 \text{tce}$$

$$= 2584.18 \times 10^4 \text{tce}$$

地区建筑运行能耗总量为

$$Q^{\prime \text{OPE}} = Q^{\prime \text{PB}} + Q^{\prime \text{RB}} = 4312.00 \times 10^4 \text{tce}$$

2. 隐含能耗统计

建筑隐含能耗指全过程能耗中扣除运行能耗的部分，主要包括建筑材料生产能耗；材料与设备运输能耗；建造、维修维护与拆除处置能耗。

（1）建筑材料生产能耗　理论上，建筑材料生产能耗应根据区域建筑业的建材消耗量和材料生产的能耗强度指标进行测算，但受限于现有统计数据资料的覆盖面，一般采用以下三种近似方法。一是根据统计年鉴资料中"分行业能源终端消费量"中的建材相关行业能耗，按一定的比例进行测算；二是根据建筑材料的经济投入量与相关建材生产部门的单位产值能耗指标进行测算；三是根据钢材、水泥等大宗建材的消费量与综合能耗强度进行测算，该方法目前较为常用。钢材、水泥和铝材的综合能耗强度可参考历年《中国能源统计年鉴》提供的"钢可比能耗""电解铝交流电耗""水泥综合能耗"等数据（见表 6-4），玻璃可参考《平板玻璃单位产品能源消耗限额》（GB 21340—2013），木材可参考《林区木材生产综合能耗》（LY/T 1444—2017）。

此外，建筑材料生产能耗有表 6-5 所示的两类测算口径。中国建筑节能协会发布的《中国建筑能耗研究报告（2020）》依惯例采用口径 2 进行统计与测算，其主要原因如下：首先，口径 1 的建筑材料消耗量数据跨年份，与建筑运行过程测算当年能耗的统计口径不一

致；其次，我国现有能源统计资料中，无法对当年竣工的房屋建筑的建材消耗量与能耗指标等数据进行拆分。

表 6-4　我国钢材、电解铝及水泥能耗（引自《中国能源统计年鉴 2020》）

能耗指标	单位	2005 年	2010 年	2011 年	2012 年	2013 年	2014 年	2015 年	2016 年	2017 年	2018 年	2019 年	2020 年
钢可比能耗	kgce/t	732	681	675	674	662	654	644	640	634	613	605	603
电解铝交流电耗	kW·h/t	14575	13979	13913	13844	13740	13596	13562	13599	13577	13555	13257	13244
水泥综合能耗	kgce/t	149	143	142	140	139	138	137	135	135	132	131	128

注：综合能耗中的电耗均按发电煤耗折算为标准量。

表 6-5　建筑材料生产能耗的统计口径

分类	统计口径	工程范围	时间范围
口径 1	当年竣工建设项目的建筑材料生产能耗	当年竣工的工程建设项目	包括当年竣工建设项目在当年及往年的建筑材料消耗总量
口径 2	当年所有建设项目的建筑材料生产能耗	当年所有的工程建设项目	包括当年工程建设项目的当年建筑材料消耗量

（2）材料与设备运输能耗　材料与设备运输能耗一般列入交通运输、仓储和邮电业等部门，按现有统计数据资料较难进行单独测算分析。

（3）建造、维修维护与拆除处置能耗　建造、维修维护与拆除处置过程的能耗主要与能源平衡表中"终端能源消费量"的第③项（建筑业）相关，以下统称为施工能耗。施工能耗可采用类似运行能耗的统计方法进行测算，且参考《省级二氧化碳排放达峰行动方案编制指南》，各类能源的计入比例均可取 1.0。需要注意的是，终端能源消费统计口径内中并未对施工、维修及拆除过程的能耗比例进行细分，且上述建筑业能耗量不仅包含房屋建筑，也包含基础设施建设。

为便于进一步理解，图 6-2 对以上区域建筑业运行能耗及隐含能耗的统计方法进行了总结。

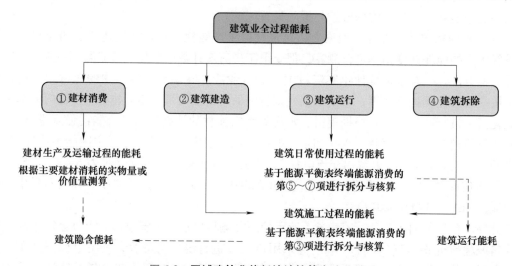

图 6-2　区域建筑业能耗统计核算方法总结

【例6-3】　在例6-1的基础上，已知地区主要建筑材料消耗量及材料生产的综合能耗指标见表6-6。电力、热力按当量热值折算为标准煤，计算该地区建筑业隐含能耗总量。

表6-6　某地区建筑材料消费量及材料生产的综合能耗指标

材料	名称	钢材	水泥	木材	玻璃	铝材
	计量单位	10^4t	10^4t	10^4m³	10^4重量箱	10^4t
消费量		1650.94	1690.27	853.89	39.52	3.99
综合能耗指标/(10^4tce/计量单位)		0.605	0.131	0.05	0.014	4.06

解：地区建筑隐含能耗按材料消费和建筑施工两个过程分别计算。根据表6-6的数据可计算建筑材料消费的隐含能耗量为

$$(16520.94 \times 0.605 + 1690.27 \times 0.131 + 853.89 \times 0.05 +$$

$$39.52 \times 0.014 + 3.99 \times 4.06) \times 10^4 \text{tce} \approx 1279.69 \times 10^4 \text{tce}$$

根据表6-1中建筑业终端能源消费量可计算建筑施工的隐含能耗量为

$$(0.90 \times 1.4714 + 9.80 \times 1.4571 + 80.00 \times 0.03412 +$$

$$11.14 \times 1.229) \times 10^4 \text{tce} \approx 32.02 \times 10^4 \text{tce}$$

因此，该地区建筑业隐含能耗总量为

$$(1279.69 + 32.02) \times 10^4 \text{tce} = 1311.71 \times 10^4 \text{tce}$$

6.1.3　碳排放统计与能耗统计

建筑业碳排放统计与能耗统计在方法上有密切联系，但也存在一定差别。首先，在数据基础方面，全过程能耗统计主要依托于能源平衡表等能源统计数据；碳排放统计需以能耗统计数据为基础，并结合碳排放因子等其他数据资料。其次，在数据表达方面，能源统计需区分一次能源与二次能源的概念，在核算能耗总量时二次能源有"当量热值"与"等价热值"等多种核算方式；碳排放统计统一以"当量二氧化碳排放量"为计量单位，核算结果更具统一性。最后，在结果分析方面，按各类能源热值折算为标准煤得出的能源消费总量数据，会丢失品位、效率等信息；而碳排放量与能耗密切相关且无品位差别，不仅可描述对气候环境的影响，还可一定程度上反映能源消费水平。

6.2　建筑业碳排放测算方法

6.2.1　运行碳排放测算

1. 一般方法

建筑运行碳排放主要来源于日常使用过程中的能源消耗（如建筑暖通系统、照明、热

水、炊事和电器设备等），故测算方法与能耗测算类似。根据功能用途，房屋建筑可分为居住建筑、公共建筑和工业建筑三类。对于省级行政区域，参考能耗测算方法，居住建筑碳排放可主要由能源平衡表终端能源消耗量中的第⑦项"居民生活"进行拆分与测算；公共建筑碳排放主要由第⑤项"批发、零售业和住宿、餐饮业"和第⑥项"其他"进行拆分与测算；而工业建筑能耗包含在"工业"能耗内，占比较小且难以拆分，一般不予考虑。因此，如图6-3所示，区域建筑运行碳排放量可按公共建筑与居住建筑分类、分项进行统计与核算。根据能耗测算公式（6-1）~式（6-3），碳排放的测算可采用如下公式：

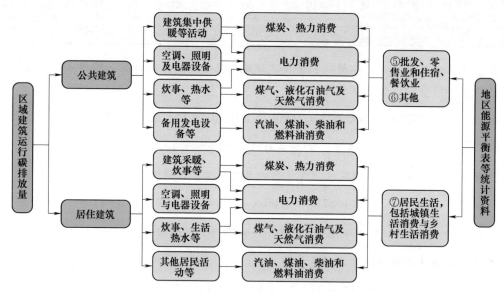

图6-3　建筑运行碳排放量的统计方法

$$E^{OPE} = E^{PB} + E^{RB} = \sum_j E_j^{PB} + \sum_j E_j^{RB} \tag{6-4}$$

$$E_j^{PB} = Q_j^{PB} EF_j^e \tag{6-5}$$

$$E_j^{RB} = Q_j^{RB} EF_j^e \tag{6-6}$$

式中　E^{OPE}——建筑运行碳排放总量（tCO_{2e}）；

　　　E^{PB}——公共建筑运行碳排放量（tCO_{2e}）；

　　　E^{RB}——居住建筑运行碳排放量（tCO_{2e}）；

　　　E_j^{PB}——公共建筑运行消耗能源 j 产生的碳排放量（tCO_{2e}）；

　　　E_j^{RB}——居住建筑运行消耗能源 j 产生的碳排放量（tCO_{2e}）；

　　　EF_j^e——能源 j 的碳排放因子（tCO_{2e}/计量单位）。

2. 公共建筑

由于第④项"交通运输、仓储和邮政业"主要为运输工具的能耗，仅有少量电力及热力用于仓储建筑、车站、机场、港务建筑等运行过程，且数据无法拆分，目前一般不予考虑。因此，公共建筑碳排放量可依据能源平衡表终端能源消费量中的第⑤和⑥项测算，并可根据能源消费类型与用途大致分为以下四类：

1）终端煤炭消费的直接碳排放和热力消费的间接碳排放，主要用于建筑集中供热等活动。

2）终端电力消费的间接碳排放，主要用于空调、照明及电器设备等建筑用电活动。

3）终端煤气、液化石油气及天然气消耗的直接碳排放，主要用于炊事、热水等燃气使用活动。

4）终端汽油、煤油、柴油和燃料油消费的直接碳排放量，主要用于备用发电设备等。

3. 居住建筑

城镇与乡村居住建筑碳排放量可分别依据能源平衡表终端能源消费量中的第⑦项"城镇居民生活"与"乡村居民生活"子目进行测算，与公共建筑相似，碳排放测算也可根据能源消费类型与用途大致分为以下四类：

1）终端煤炭消费的直接碳排放和热力消费的间接碳排放，对于城镇建筑主要用于建筑集中供热等活动，对于乡村建筑一般采用分散式供暖，终端热力消费量统计数据常为零，煤炭消费的碳排放主要用于分散式采暖及炊事活动。

2）终端电力消费的间接碳排放，主要用于空调、照明及电器设备等建筑用电活动。

3）终端煤气、液化石油气及天然气消耗的直接碳排放，主要用于炊事、生活热水等燃气使用活动。

4）终端汽油、煤油、柴油和燃料油消费的直接碳排放量，主要用于其他居民活动。

4. 能源碳排放因子

《中国能源统计年鉴》能源平衡表中以实物量统计了各类能源的终端消费量，而《建筑碳排放计算标准》（GB/T 51366—2019）提供的能源碳排放因子，以热值为计量单位。为进行碳排放量测算，可结合《中国能源统计年鉴》附录提供的各类能源平均低位发热值数据，按照本书第 3 章式（3-6）测算以能耗实物量为计量单位的碳排放因子。

【例 6-4】　在例 6-1 的基础上，能源平均低位发热值参考《中国能源统计年鉴》及《公共机构能源资源消费统计制度》，相应取值见表 6-7，计算该地区建筑运行碳排放量。

表 6-7　能源平均低位发热值

能源类型	原煤	汽油	柴油	天然气	LNG	燃料油	炼厂干气	其他洗煤	煤制品	煤矸石	焦炉煤气	高炉煤气	转炉煤气
计量单位	kg	kg	kg	m^3	kg	kg	kg	kg	kg	kg	m^3	m^3	m^3
低位发热值/（kJ/计量单位）	20908	43070	42652	38931	51434	41816	45998	19969	15472	8363	17354	3763	7945

解：各类能源单位热值的 CO_2、CH_4 和 N_2O 排放因子，参考本书第 3 章数据如下取值，见表 6-8。

表 6-8　各类能源单位热值的 CO_2、CH_4 和 N_2O 排放因子

排放因子	原煤	汽油	柴油	天然气	LNG	燃料油	炼厂干气	其他洗煤	煤制品	煤矸石	焦炉煤气	高炉煤气	转炉煤气
CO_2/（tCO_2/TJ）	90.89	67.91	72.59	55.54	61.81	75.82	65.40	91.31	110.7	92.71	44.37	259.6	181.9
CH_4/（$kgCH_4$/TJ）	1	3	3	1	3	3	1	1	1	1	1	1	1
N_2O/（kgN_2O/TJ）	1.5	0.6	0.6	0.1	0.6	0.6	0.1	1.5	1.5	1.5	0.1	0.1	0.1

CH_4 和 N_2O 的全球变暖潜势值分别取 29.8 和 273，结合表 6-6 的平均低位发热值，根据式（3-6）计算得到以实物量为计量单位的能源碳排放因子，见表 6-9。

表 6-9　以实物量为计量单位的能源碳排放因子

能源类型	原煤	汽油	柴油	天然气	LNG	燃料油	炼厂干气	其他洗煤	煤制品	煤矸石	焦炉煤气	高炉煤气	转炉煤气
计量单位	kg	kg	kg	m^3	kg	kg	kg	kg	kg	kg	m^3	m^3	m^3
碳排放因子 /（$kgCO_{2e}$/计量单位）	1.910	2.936	3.107	2.164	3.192	3.181	3.011	1.832	1.720	0.779	0.771	0.977	1.446

以原煤为例，上述数据计算方法如下：

$$EF^e_{原煤} = \left[10^{-6} \times (90.89 + 0.001 \times 29.8 + 0.0015 \times 273) \times 20908\right] kgCO_{2e}/kg$$
$$\approx 1.910\ kgCO_{2e}/kg$$

利用表 6-3 数据计算电力及热力碳排放因子。能源加工转换的碳排放量计算见表 6-10。

表 6-10　能源加工转换的碳排放量

项目	计量单位	碳排放因子 /（$10^4 tCO_{2e}$/计量单位）	能源投入产出量		碳排放量	
			火电	供热	火电	供热
原煤	$10^4 t$	1.910	-4385.19	-3260.92	8375.71	6228.36
其他洗煤	$10^4 t$	1.832	-115.96	-122.38	212.44	224.20
煤制品	$10^4 t$	1.720		-9.12	0.00	15.69
煤矸石	$10^4 t$	0.779	-378.83	-197.47	295.11	153.83
焦炉煤气	$10^8 m^3$	7.71	-3.49	-0.16	26.91	1.23
高炉煤气	$10^8 m^3$	9.77	-9.26	-6.38	90.47	62.33
转炉煤气	$10^8 m^3$	14.46	-0.45		6.51	0.00
柴油	$10^4 t$	3.107	-0.38	-0.12	1.18	0.37
燃料油	$10^4 t$	3.181	-0.48	-7.54	1.53	23.98
炼厂干气	$10^4 t$	3.011	-4.88	-78.79	14.69	237.24
天然气	$10^8 m^3$	21.64	-1.35	-4.72	29.21	102.14

故火力发电和供热的碳排放总量分别为 $9053.76 \times 10^4 tCO_{2e}$ 和 $7049.37 \times 10^4 tCO_{2e}$，发电量和供热量分别为 $910.23 \times 10^8\ kW \cdot h$ 和 $49223.85 \times 10^{10} kJ$。可计算得到地区电力、热力的碳排放因子分别为

$$EF^e_{电力} = \left[(9053.76 \times 10^4)/(910.23 \times 10^5)\right] tCO_{2e}/(MW \cdot h) \approx 0.995 tCO_{2e}/(MW \cdot h)$$

$$EF^e_{热力} = \left[(7049.37 \times 10^4)/(49223.85 \times 10^4)\right] tCO_{2e}/GJ \approx 0.143 tCO_{2e}/GJ$$

利用上述碳排放因子，根据例 6-1 的运行能耗计算结果，利用式（6-5）和式（6-6）计

算可得地区建筑运行碳排放量，见表6-11。

表6-11 地区建筑运行碳排放量

能源类型	名称	原煤	汽油	柴油	天然气	热力	电力
	计量单位	10^4t	10^4t	10^4t	10^8m³	10^{10}kJ	10^8kW·h
碳排放因子/(10^4tCO$_{2e}$/计量单位)		1.910	2.936	3.107	21.64	0.143	9.95
公共建筑能耗量		842.48	1.5604	78.10	0.98	8661.18	143.10
居住建筑能耗量		273.15	0.5005	2.293	8.60	29461.79	182.29
城镇居住建筑		156.35	0.4626	2.0445	8.60	29461.79	112.05
乡村居住建筑		116.80	0.0379	0.2485	0.00	0.00	70.24
公共建筑碳排放量/10^4tCO$_{2e}$		1609.14	4.58	242.66	21.21	1238.55	1423.85
居住建筑碳排放量/10^4tCO$_{2e}$		521.72	1.47	7.12	186.10	4213.04	1813.79
城镇居住建筑/10^4tCO$_{2e}$		298.63	1.36	6.35	186.10	4213.04	1114.90
乡村居住建筑/10^4tCO$_{2e}$		223.09	0.11	0.77	0.00	0.00	698.89
建筑运行碳排放量/10^4tCO$_{2e}$		2130.86	6.05	249.78	207.31	5451.59	3237.64

按式（6-4）将表6-11中数据加和可得

$$E^{PB} = \sum_j E_j^{PB} = 4539.99 \times 10^4 tCO_{2e}$$

$$E^{RB} = \sum_j E_j^{RB} = 6743.24 \times 10^4 tCO_{2e}$$

$$E^{OPE} = E^{PB} + E^{RB} = 11283.23 \times 10^4 tCO_{2e}$$

注意：本例中采用根据地区能源加工转换投入量得到的发电碳排放因子进行了简化计算。由于一般来说地区发电量并不等于用电量（特别是用电量大于发电量时），实际区域建筑业用电碳排放核算时，采用区域电网的平均碳排放因子或第3章介绍的用电磁排放因子更为合理。

6.2.2 隐含碳排放测算

1. 一般方法

区域建筑隐含碳排放主要来源于建筑建造、维修维护及拆除过程中建材及能源消费。如图6-4所示，根据建材消费与施工能耗统计数据，区域建筑隐含碳排放量可考虑材料消费、材料运输和建筑施工三个过程按下列公式测算：

$$E^{EMB} = E^{MAT} + E^{TRA} + E^{CON} = \sum_i E_i^{MAT} + \sum_i E_i^{TRA} + \sum_j E_j^{CON} \tag{6-7}$$

$$E_i^{MAT} = Q_i^{MAT} EF_i^{MAT} \tag{6-8}$$

$$E_i^{TRA} = Q_i^{MAT} \sum_k \lambda_{ik}^{MAT} \bar{d}_{ik}^{TRA} EF_k^{TRA} \tag{6-9}$$

$$E_j^{CON} = Q_j^{CON} EF_j^e \tag{6-10}$$

式中　E^{EMB}——建筑隐含碳排放总量（tCO$_{2e}$）；

　　　E^{MAT}——建筑材料消费的间接碳排放量（tCO$_{2e}$）；

E^{TRA} ——建筑材料运输的碳排放量（tCO_{2e}）；

E^{CON} ——建筑施工的碳排放量（tCO_{2e}）；

E_i^{MAT} ——建筑材料 i 消费的碳排放量（tCO_{2e}）；

E_i^{TRA} ——建筑材料 i 运输的碳排放量（tCO_{2e}）；

E_j^{CON} ——建筑施工消耗能源 j 产生的碳排放量（tCO_{2e}）；

Q_i^{MAT} ——建筑材料 i 的消耗量（t）；

$\lambda_{ik}^{\text{MAT}}$ ——建筑材料 i 的消耗量中采用运输方式 k 的比例；

$\bar{d}_{ik}^{\text{TRA}}$ ——建筑材料 i 采用运输方式 k 的平均运距（km）；

Q_j^{CON} ——建筑施工对能源 j 的消费量；

EF_i^{MAT} ——建筑材料 i 的碳排放因子（tCO_{2e}/t）；

EF_k^{TRA} ——运输方式 k 的碳排放因子 $\left[tCO_{2e}/(t\cdot km)\right]$。

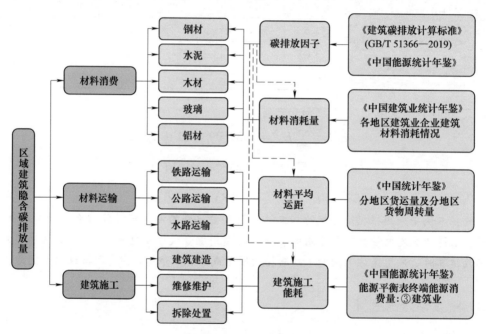

图 6-4 区域建筑隐含碳排放量的统计方法

2. 建材生产

对于省级行政区域，建筑材料消费量可由《中国建筑业统计年鉴》中的"各地区建筑业企业建筑材料消耗情况"获得。统计资料中提供了各地区钢材、水泥、木材、玻璃及铝材五种基本建材的消费情况。各类建材的碳排放因子既需要考虑能源消耗的碳排放（与材料隐含能耗对应），又需要考虑非能源碳排放及原料投入的隐含碳排放。碳排放因子的取值可采用以下方式之一：

1）不考虑不同年份的生产水平差异，碳排放因子统一按《建筑碳排放计算标准》（GB/T 51366—2019）取值。

2）考虑表 6-4 所示历年综合能耗强度的不同，并叠加原料投入的隐含碳排放及非能源碳排放，按本书第 3 章介绍的方法测算历年建材碳排放因子取值。

需要注意的是，包括《中国建筑能耗研究报告》等资料，在对区域建筑业材料碳排放量进行测算时一般以"材料消费量"为依据，而非"材料生产量"。此外，建筑材料的碳排放是在工业生产活动中产生的，在建筑业全过程分析中属于间接碳排放。

【例 6-5】 参考《建筑碳排放计算标准》（GB/T 51366—2019）及本书第 3 章数据，钢材、水泥、木材、玻璃和铝材的碳排放因子分别取 $2.05tCO_{2e}/t$、$0.735tCO_{2e}/t$、$0.178tCO_{2e}/t$、$1.13tCO_{2e}/t$ 和 $20.50tCO_{2e}/t$，五种主要建筑材料的消耗量见表 6-6，计算建筑材料消费的隐含碳排放量。

解： 木材的平均密度按 $500kg/m^3$ 计算，1 重量箱玻璃按 50kg 考虑，根据式（6-8）可计算五种材料消费的隐含碳排放量分别为

$$E^{MAT}_{钢材} = (1650.94 \times 2.05) \times 10^4 tCO_{2e} \approx 3384.43 \times 10^4 tCO_{2e}$$

$$E^{MAT}_{水泥} = (1690.27 \times 0.735) \times 10^4 tCO_{2e} \approx 1242.35 \times 10^4 tCO_{2e}$$

$$E^{MAT}_{木材} = (853.89 \times 0.5 \times 0.178) \times 10^4 tCO_{2e} \approx 76.00 \times 10^4 tCO_{2e}$$

$$E^{MAT}_{玻璃} = (39.52 \times 0.05 \times 1.13) \times 10^4 tCO_{2e} \approx 2.23 \times 10^4 tCO_{2e}$$

$$E^{MAT}_{铝材} = (3.99 \times 20.50) \times 10^4 tCO_{2e} \approx 81.80 \times 10^4 tCO_{2e}$$

故地区建筑材料消费的隐含碳排放量为

$$E^{MAT} = \sum_i E^{MAT}_i = 4786.81 \times 10^4 tCO_{2e}$$

【例 6-6】 根据《中国水泥年鉴 2015》获得 2014 年全国水泥及水泥熟料产量分别为 24.76 亿 t 和 14.17 亿 t，水泥综合能耗按表 6-4 取 138kgce/t，标准煤的折算碳排放因子按 $2.46kgCO_{2e}/kgce$ 计算，水泥熟料生产的非能源碳排放（石灰石分解与有机碳燃烧）按《省级温室气体清单编制指南》取 $538kgCO_{2e}/t$。不考虑其他低值原料，估算当年水泥的碳排放因子。

解： 根据水泥和水泥熟料产量估算水泥中的熟料比例为

$$14.17/24.76 \approx 0.572$$

根据熟料生产的非能源碳排放与熟料投入比例，计算水泥生产的非能源碳排放为

$$(538 \times 0.572)kgCO_{2e}/t \approx 307.7kgCO_{2e}/t$$

根据综合能耗计算水泥生产的耗能碳排放为

$$(138 \times 2.46)kgCO_{2e}/t \approx 339.5kgCO_{2e}/t$$

故当年水泥的碳排放因子估计值为

$$(307.7 + 339.5)kgCO_{2e}/t = 647.2kgCO_{2e}/t$$

3. 建材运输

建筑材料运输的碳排放量可根据上述材料消费量统计数据与材料的平均运输距离测算。一般来说，建筑材料多采用铁路、公路及水路运输三种方式。《中国统计年鉴 2021》给出了全国范围内货物运输的平均运距（见表 6-12），以及分地区的货运量及货物周转量数据。此外，对于铁路运输，《中国统计年鉴 2021》还给出了"按货类分国家铁路货物运输量"的数据（见表 6-13）。

表 6-12　全国货物运输平均运距（引自《中国统计年鉴 2021》）　（单位：km）

运输方式	2005 年	2010 年	2011 年	2012 年	2013 年	2014 年	2015 年	2016 年	2017 年	2018 年	2019 年	2020 年
铁路	770	759	749	748	735	722	707	714	731	716	688	670
公路	65	177	182	187	181	183	184	183	181	180	174	176
水路	2261	1806	1771	1781	1419	1551	1496	1525	1477	1410	1391	1390
总计	431	438	431	424	410	436	427	425	411	397	423	428

注：总计中的货物运输平均运距是按货物总周转量/货物总重量计算的。

表 6-13　按货类分国家铁路货物运输量

（引自《中国统计年鉴 2021》）

材料种类	2019 年			2020 年		
	货运量 /10^4t	货物周转量 /(10^6 t·km)	平均运距 /km	货运量 /10^4t	货物周转量 /(10^6 t·km)	平均运距 /km
钢铁及有色金属	20467	179369	876	22649	182474	806
金属矿石	46246	237270	511	49081	246080	501
非金属矿石	7824	45341	580	8330	44511	534
磷矿石	1347	10669	792	1401	11438	816
矿建材料	12022	38987	324	12545	41082	327
水泥	2418	8969	371	2052	7358	359
木材	1996	15374	770	1468	9514	648

注：表中"货运量"指货物的重量，与第 4 章中单体建筑运输碳排放计算中定义的"货运量"概念不同。

以上数据均可作为建筑材料运输距离的计算依据。值得注意的是，按式（6-9）计算运输碳排放时，还需要清楚 λ_{ik}^{MAT} 的取值，即三种运输方式在材料运输中的占比情况。

综合而言，对于省级行政区，建筑材料运输的碳排放量可按下列步骤测算。

1）根据《中国统计年鉴》提供的"分地区货运量"和"分地区货物周转量"计算分地区铁路、公路及水路运输的货物平均运距，即

$$\bar{d}_{ik}^{TRA} = \bar{d}_k^{TRA} = 10^4 \frac{Q_K^{TRA}}{Q_K^{MAT}} \tag{6-11}$$

式中　$\bar{d}_k^{TRA}$——某地区采用运输方式 k 的货物平均运距（km）；

Q_k^{TRA}——某地区采用运输方式 k 的货物周转量（亿 t·km）；

Q_k^{MAT}——某地区采用运输方式 k 的货运量（万 t）。

2）根据"分地区货运量"计算采用不同运输方式的货物占比，即

$$\lambda_{ik}^{MAT} = \lambda_k^{MAT} = \frac{Q_k^{MAT}}{\sum_{k=1}^{3} Q_k^{MAT}} \tag{6-12}$$

式中　λ_k^{MAT}——某地区货物运输中采用运输方式 k 的货运量比例。

3）根据《建筑碳排放计算标准》（GB/T 51366—2019）确定各类运输方式的平均碳排放因子。

4）将以上数据代入式（6-9）计算地区建筑材料运输碳排放量。

【例6-7】 某地区某年度铁路、公路和水路运输的货运量分别为12603万t、35521万t和538万t，货物周转量分别为839.63亿t·km、694.04亿t·km和51.09亿t·km，五种主要建筑材料的消耗量见表6-6，计算建筑材料运输的碳排放量。

解：根据式（6-11），地区铁路、公路及水路运输货物的平均运距为

$$\overline{d}^{TRA}_{铁路} = (10^4 \times 839.63/12603)km \approx 666km$$

$$\overline{d}^{TRA}_{公路} = (10^4 \times 694.04/35521)km \approx 195km$$

$$\overline{d}^{TRA}_{水路} = (10^4 \times 51.09/538)km \approx 950km$$

根据式（6-12），采用不同运输方式的货物占比为

$$\lambda^{MAT}_{铁路} = Q^{MAT}_{铁路}/\sum_{k=1}^{3} Q^{MAT}_k = 12603/(12603 + 35521 + 538) \approx 0.259$$

$$\lambda^{MAT}_{公路} = Q^{MAT}_{公路}/\sum_{k=1}^{3} Q^{MAT}_k = 35521/(12603 + 35521 + 538) \approx 0.730$$

$$\lambda^{MAT}_{水路} = Q^{MAT}_{水路}/\sum_{k=1}^{3} Q^{MAT}_k = 538/(12603 + 35521 + 538) \approx 0.011$$

查阅本书表3-17，取铁路、公路和水路运输的平均碳排放因子分别为0.010kgCO_2e/(t·km)、0.170kgCO_2e/(t·km)和0.015kgCO_2e/(t·km)。

将表6-6提供的材料消费量数据统一以"万t"为计量单位，并根据式（6-9）计算地区建筑材料运输碳排放量，见表6-14。

表6-14 地区建筑材料运输碳排放量

材料	消费量/10^4t	碳排放量/10^4tCO_2e
钢材	1650.94	1650.94×(0.259×666×0.010+0.730×195×0.170+0.011×950×0.015)×10^{-3}≈43.06
水泥	1690.27	1690.27×(0.259×666×0.010+0.730×195×0.170+0.011×950×0.015)×10^{-3}≈44.08
木材	426.95	426.95×(0.259×666×0.010+0.730×195×0.170+0.011×950×0.015)×10^{-3}≈11.14
玻璃	1.98	1.98×(0.259×666×0.010+0.730×195×0.170+0.011×950×0.015)×10^{-3}≈0.05
铝材	3.99	3.99×(0.259×666×0.010+0.730×195×0.170+0.011×950×0.015)×10^{-3}≈0.10
合计	3774.13	$E^{TRA} = \sum_i E^{TRA}_i = 43.06 + 44.08 + 11.14 + 0.05 + 0.10 = 98.43$

4. 建筑施工

对于省级行政区域，能源平衡表终端能源消费量的第③项提供了建筑业的能耗数据，可作为建筑施工碳排放量的测算依据。其中，用于碳排放量测算的能耗数据主要包括以下三种：

1）煤炭，包括原煤、洗精煤、其他洗煤、型煤、焦炭等。

2）油品，汽油、煤油、柴油、燃料油、液化石油气等，润滑油、溶剂油、石蜡等能源在碳排放测算时一般不予考虑。

3）天然气、热力和电力。

此外，按上述能耗数据计算的施工碳排放既包含新建建筑的建造、既有建筑的维修维护，又包含废弃建筑的拆除过程。现有统计口径下，计算结果一般无法再做进一步拆分。

【例 6-8】 能源碳排放因子按例 6-4 的计算结果取值，根据表 6-1 的终端能源消费数据计算区域建筑业施工碳排放总量。

根据表 6-1 中建筑业终端能源消费量，可计算建筑施工中各类能源消费的碳排放量，见表 6-15。

表 6-15 建筑施工中各类能源消费的碳排放量

	名称	汽油	柴油	热力	电力
建筑业终端能源	计量单位	$10^4 t$	$10^4 t$	$10^{10} kJ$	$10^8 kW \cdot h$
	消费量	0.90	9.80	80.00	11.14
能源碳排放因子/($10^4 tCO_{2e}$/计量单位)		2.936	3.107	0.143	9.95
碳排放量/$10^4 tCO_{2e}$		2.64	30.45	11.44	110.84

故建筑施工的隐含碳排放总量为

$$E^{CON} = \sum_j E_j^{CON} = (2.64 + 30.45 + 11.44 + 110.84) \times 10^4 tCO_{2e} = 155.37 \times 10^4 tCO_{2e}$$

📖 **延伸阅读：关于建筑业碳排放测算与分析用到的统计年鉴资料**

（1）《中国统计年鉴》 由国家统计局主编，系统收录了全国和各省、自治区、直辖市经济、社会各方面的统计数据，是一部全面反映我国经济和社会发展情况的资料性年刊。根据《中国统计年鉴》可获得地区生产总值、人口数、建筑业增加值、房屋建筑施工与竣工面积等数据。

（2）《中国能源统计年鉴》 由国家统计局能源统计司主编，是一部全面反映我国能源建设、生产、消费、供需平衡的权威性资料书。《中国能源统计年鉴》收录的全国及地区能源平衡表提供了建筑运行与隐含碳排放计算所需的各类能耗数据。

（3）《中国建筑业统计年鉴》 由国家统计局固定资产投资统计司主编，是一部全面反映中国建筑业发展情况的权威资料，收录了全国和各省、自治区、直辖市有关建筑业发展方面的统计数据。根据《中国建筑业统计年鉴》可获得建筑材料消费量、房屋建筑业增加值、施工面积等数据。

6.2.3 全过程碳排放测算

表 6-16 进一步总结了省域建筑业全过程碳排放量的测算依据。省域建筑业全过程碳排放量可由运行碳排放量与隐含碳排放量相加得到，即

$$E = E^{OPE} + E^{EMB} \tag{6-13}$$

式中 E——区域建筑业全过程碳排放量（tCO_{2e}）。

表 6-16　省域建筑业全过程碳排放量测算依据总结

分类	项目	所需数据	主要数据来源	测算说明
运行碳排放	日常使用	公共建筑与居住建筑终端能源消费量	《中国能源统计年鉴》	按一定比例扣除与建筑运行不相关的汽油、柴油等
		以实物量为计量单位的能源碳排放因子	《建筑碳排放计算标准》	结合《中国能源统计年鉴》提供的各类能源平均低位发热值测算
隐含碳排放	建材消费	主要建筑材料消费量	《中国建筑业统计年鉴》	考虑钢材、木材、水泥、玻璃和铝材五种常用建材
		建材碳排放因子	《建筑碳排放计算标准》	结合《中国能源统计年鉴》提供的综合能耗数据及《省级温室气体清单编制指南》提供的非能源碳排放数据测算
	建材运输	铁路、公路及水路运输的平均运距与占比	《中国统计年鉴》	根据货运量和货物周转量测算不同运输方式的平均运距与占比
		运输碳排放因子	《建筑碳排放计算标准》	铁路、公路及水路运输取自各自碳排放因子的平均值
	建筑施工	施工活动的终端能源消费量	《中国能源统计年鉴》	包含建造、维修维护及拆除活动，能耗需扣除润滑油、溶剂油、石蜡等
		以实物量为计量单位的能源碳排放因子	《建筑碳排放计算标准》	结合《中国能源统计年鉴》提供的各类能源平均低位发热值测算

6.3　建筑业碳排放统计指标

6.3.1　碳排放总量指标

在控制全球气候变化、推行碳排放交易的背景下，作为建筑领域实现"双碳"目标与碳排放权分配的数据基础，区域建筑业全过程碳排放的总量指标至关重要，是建筑业碳排放测算的基本指标。建筑业碳排放总量指标按空间尺度可分为全域碳排放总量和地区碳排放总量；而按碳排放来源可分为全过程碳排放总量和分过程碳排放总量。各碳排放总量指标间的关系表示如下：

$$E_t^{\mathrm{T}} = \sum_g E_{gt} = \sum_g E_{gt}^{\mathrm{OPE}} + \sum_g E_{gt}^{\mathrm{EMB}} \tag{6-14}$$

$$E_{gt} = E_{gt}^{\mathrm{OPE}} + E_{gt}^{\mathrm{EMB}} \tag{6-15}$$

式中　E_t^{T}——年度 t 内全域建筑业碳排放总量（$\mathrm{tCO_{2e}}$）；

$\quad\quad E_{gt}$——年度 t 内区域 g 的建筑业全过程碳排放总量（$\mathrm{tCO_{2e}}$）；

$\quad\quad E_{gt}^{\mathrm{OPE}}$——年度 t 内区域 g 的建筑运行碳排放总量（$\mathrm{tCO_{2e}}$）；

$\quad\quad E_{gt}^{\mathrm{EMB}}$——年度 t 内区域 g 的建筑隐含碳排放总量（$\mathrm{tCO_{2e}}$）。

6.3.2　碳排放强度指标

建筑业碳排放强度指标用于反映一定社会经济与生产技术水平条件下，按一定计量标准得到的归一化的碳排放数值，即

$$I'_{gt}(S_{gt}) = \frac{E'_{gt}}{S_{gt}} \tag{6-16}$$

式中　$I'_{gt}(S_{gt})$——以 S_{gt} 为计量标准的年度 t 内区域 g 的建筑业碳排放强度指标（tCO_{2e}/计量单位）；

E'_{gt}——年度 t 内区域 g 的某一建筑业碳排放总量指标（tCO_{2e}）；

S_{gt}——年度 t 内区域 g 作为计量标准的社会经济或技术水平数量指标。

建筑业碳排放强度指标的计量标准有多种不同选择，常用标准包括但不限于：

1）地区生产总值（GDP）或建筑业增加值等经济指标，用于反映单位经济增量的建筑业碳排放水平，其中单位 GDP 的碳排放强度是国民经济统计核算中最为常用的一类指标，如我国"十一五"至"十四五"规划纲要中均提及了单位 GDP 二氧化碳排放强度下降比例的相关指标要求。

2）地区人口数，反映地区建筑业碳排放量的人均贡献。

3）居民可支配收入，反映地区生活水平对建筑业碳排放量的影响。

4）建筑面积，对于隐含碳排放强度指标，可考虑当年建筑施工面积等；对于运行碳排放强度指标，可考虑既有建筑面积等。

6.3.3　碳排放比例指标

建筑业碳排放比例指标可以相对量的形式直观地表示各年度、各地区、各过程碳排放的构成情况与发展趋势，是碳排放核算分析的一类常用指标。按比例指标的类型可具体分为贡献率指标和变化率指标等。

1. 贡献率指标

1）建筑业碳排放总量对全社会碳排放总量的贡献率指标，用于分析建筑业对全社会碳排放总量及减排目标的影响。这一类贡献率指标可按下式计算：

$$p'_{gt} = \frac{E'_{gt}}{E_{gt}^{all}} \tag{6-17}$$

式中　p'_{gt}——年度 t 内区域 g 某一建筑碳排放总量指标对全社会碳排放总量的贡献率；

E'_{gt}——年度 t 内区域 g 的某一建筑碳排放总量指标（tCO_{2e}）；

E_{gt}^{all}——年度 t 内区域 g 的全社会碳排放总量（tCO_{2e}）。

2）区域建筑业碳排放量对全域建筑业碳排放总量的贡献率指标，用于分析判断建筑业节能减排的重点区域。这一类贡献率指标可按下式计算：

$$q'_{gt} = \frac{E'_{gt}}{E_t'^{T}} \tag{6-18}$$

式中　q'_{gt}——年度 t 内区域 g 某一建筑碳排放总量指标对相应全域总量指标的贡献率；

$E_t'^{T}$——年度 t 内与 E'_{gt} 相对应的全域建筑碳排放总量指标（tCO_{2e}）。

3）某一过程（生产、施工或运行）碳排放总量对区域建筑碳排放总量的贡献率指标，用于分析建筑业全过程碳排放的构成比例与减排的重点领域。这一类贡献率指标可按下式计算：

$$\lambda'_{gt} = \frac{E'_{gt}}{E_{gt}} \tag{6-19}$$

式中　λ'_{gt} ——年度 t 内区域 g 某一过程碳排放量对建筑全过程碳排放总量的贡献率。

2. 变化率指标

区域建筑业碳排放是与时空相关的面板数据。为分析建筑业碳排放总量和强度指标随时间的变化规律及发展趋势，可采用定基变化率和逐年变化率两种形式。

1）碳排放定基变化率指标，即某年度建筑业碳排放总量或强度指标相较于基准年的变化率，可按下式计算：

$$\rho'_{gt_0} = \frac{E'_{gt}}{E'_{gt_0}} - 1 \text{ 或} \frac{I'_{gt}}{I'_{gt_0}} - 1 \tag{6-20}$$

式中　ρ'_{gt_0} ——年度 t 内区域 g 某一建筑业碳排放指标相较于基准年 t_0 的变化率；

E'_{gt_0} ——基准年 t_0 内区域 g 的某一建筑业碳排放总量指标；

I'_{gt_0} ——基准年 t_0 内区域 g 的某一建筑业碳排放强度指标。

2）碳排放逐年变化率指标，即某年度建筑业碳排放总量或强度指标相较于上一年度的变化率，可按下式计算：

$$\rho'_{gt} = \frac{E'_{gt}}{E'_{g(t-1)}} - 1 \text{ 或} \frac{I'_{gt}}{I'_{g(t-1)}} - 1 \tag{6-21}$$

式中　ρ'_{gt} ——年度 t 内区域 g 某一建筑业碳排放指标相较于上一年度（$t-1$）的变化率；

$E'_{g(t-1)}$ ——上一年度（$t-1$）内区域 g 的某一建筑业碳排放总量指标；

$I'_{g(t-1)}$ ——上一年度（$t-1$）内区域 g 的某一建筑业碳排放强度指标。

6.3.4　碳排放均衡性指标

考虑面板数据中时空信息的影响，区域建筑业碳排放水平的差异性、均衡性等问题随之而来。其中，碳排放的差异性可通过 6.3.3 小节介绍的总量指标、强度指标和比例指标进行测算与分析；而碳排放的均衡性可利用经济学与环境学中基尼系数、负荷系数等相关指标进行评价。

1. 碳排放基尼系数

基尼系数是 1943 年美国经济学家阿尔伯特·赫希曼根据劳伦茨曲线（Lorenz curve）所定义的判断收入分配公平程度的指标。如图 6-5 所示，实线为绝对公平收入分配曲线，虚线为实际收入分配曲线，则收入分配基尼系数可表示为

$$\text{Gini} = \frac{A}{A+B} \tag{6-22}$$

式中　Gini——根据劳伦茨曲线计算的收入分配基尼系数；

A——图 6-5 中实线和虚线所围成图形的面积；

B——图 6-5 中虚线与横、纵轴所围成图形的面积。

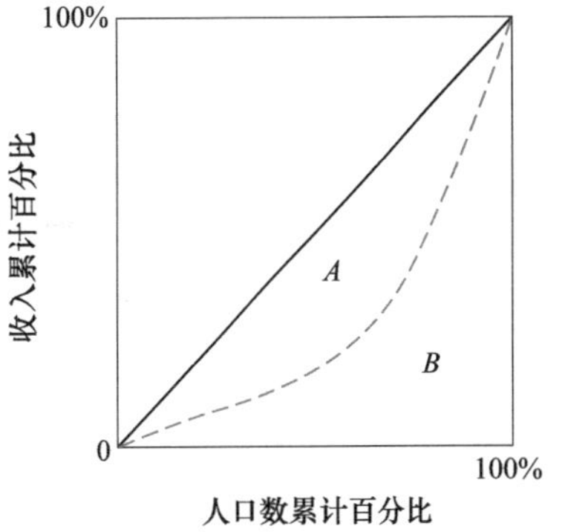

具体分析时，可根据劳伦茨曲线上的数据点采用梯形面积法按下式计算

$$\text{Gini} = 1 - \sum_{i=1}^{n} (x_i - x_{i-1})(y_i + y_{i-1}) \tag{6-23}$$

图 6-5　收入分配的劳伦茨曲线

式中　　x_i——人口数累计百分比，按收入由低到高排列，当 $i=1$，$x_{i-1}=0$；

　　　　y_i——收入累计百分比，当 $i=1$，$y_{i-1}=0$。

近年来基尼系数被推广应用于环境科学领域，描述在相同经济贡献率的状态下，资源、能源消耗或污染物排出的公平程度。采用基尼系数评价建筑业碳排放均衡性时，被分配的指标（图中纵轴）采用某一年度碳排放总量指标，根据分析目标不同，既可采用全过程碳排放总量，又可采用生产、施工及运行的分过程碳排放量；而分配准则（图中的横轴）可采用碳排放强度指标中提及的地区生产总值、建筑业增加值、地区人口数、居民可支配收入和建筑面积等。由此计算得到的碳排放基尼系数表示在不同准则下区域建筑业碳排放的均衡性（公平程度）。

碳排放基尼系数所对应的"公平性"水平可参考联合国相关组织的通用规定，即 Gini<0.2 为绝对平均，0.2<Gini<0.3 为比较平均，0.3<Gini<0.4 为相对合理，0.4 为警戒值，0.4<Gini<0.5 为差距较大，Gini>0.5 为差距悬殊。

2. 碳排放负荷系数

碳排放基尼系数反映了区域建筑业碳排放的整体均衡性，并不能实现对各区域的比较。最为直观的方法是利用各区域碳排放总量指标与分配准则取值的比值进行比较。进一步地，考虑某区域建筑业碳排放在总体中所处的水平，可采用全域碳排放总量指标与分配准则取值的比值进行归一化处理，这一归一化指标即碳排放负荷系数。根据上述定义，碳排放负荷系数可按下式计算

$$EBC_{gt} = \frac{E'_{gt}}{S_{gt}} \cdot \frac{\sum_g S_{gt}}{\sum_g E'_{gt}} \qquad (6\text{-}24)$$

式中　　EBC_{gt}——年度 t 内区域 g 的建筑业碳排放负荷系数。

碳排放负荷系数的内涵可以从"生态阈值"的角度理解。"生态阈值"指某一环境区域对人类活动造成影响的最大容纳量。若将碳排放总量作为"生态阈值"，将地区生产总值、人口数等社会经济与技术水平指标作为"人类活动的影响"，则碳排放强度为两者之比。由此，当区域建筑业碳排放强度高于全域建筑业平均值时，即碳排放负荷系数大于1，说明区域建筑业的碳排放强度较高，属于碳排放"粗放型"；而当区域建筑业碳排放强度低于全域建筑业平均值时，即碳排放负荷系数小于1，说明区域建筑业的碳排放强度较低，属于碳排放"集约型"；而当区域建筑业碳排放强度恰好等于全域建筑业平均值时，即有碳排放负荷系数等于1，说明区域建筑业的碳排放强度处于临界状态。因此，通过比较碳排放负荷系数，可分析各区域建筑业的碳排放强度发展不平衡时，哪些区域应作为"节能减排"的重点。

需要指出的是，当已知碳排放强度阈值或有预定阈值目标时，可采用上述指标替换式（6-24）中的 $\sum_g S_{gt} / \sum_g E'_{gt}$ 进行标准化处理。由此得到的碳排放负荷系数若大于1，说明已突破了排放限值，须进行强制减排。此外，现阶段我国各区域建筑业碳排放均大于0，根据定义可知碳排放负荷系数也大于0；而在未来建筑业实现碳中和后，碳排放负荷系数可能小于0，此时该指标越小，说明区域建筑业的固碳、储碳能力越强。

【例6-9】 某年度某地27个辖区的建筑业全过程碳排放量及人口数见表6-17，评价建筑业全过程碳排放的均衡性。

表6-17 某年度某地27个辖区的建筑业全过程碳排放量及人口数

辖区	碳排放量 /10^4tCO$_{2e}$	人口数 /万人	辖区	碳排放量 /10^4tCO$_{2e}$	人口数 /万人	辖区	碳排放量 /10^4tCO$_{2e}$	人口数 /万人
1	6.52	2.60	10	52.48	16.33	19	89.71	16.98
2	9.55	2.94	11	54.90	16.94	20	108.53	47.90
3	24.19	10.60	12	55.39	17.26	21	134.11	52.76
4	33.11	11.88	13	57.17	11.24	22	136.88	19.76
5	40.65	20.35	14	65.49	27.13	23	143.13	23.12
6	48.25	6.62	15	70.71	9.52	24	144.75	36.48
7	48.33	10.87	16	71.61	30.11	25	161.58	29.58
8	49.66	13.37	17	72.79	21.09	26	202.03	29.73
9	50.36	15.76	18	73.47	12.38	27	243.13	22.74

解：（1）计算地区建筑业碳排放基尼系数

1）计算地区总人口数及建筑业全过程碳排放量分别为536.04万人和2248.48×10^4tCO$_{2e}$。

2）根据表6-17数据计算人均碳排放强度，以辖区1为例：

$$辖区1的人均碳排放强度 = \frac{E_1}{S_1} = \frac{6.52}{2.60}tCO_{2e}/人 \approx 2.508\ tCO_{2e}/人$$

3）将表中数据按人均碳排放强度由低至高排序，并计算各辖区建筑全过程碳排放量、人口数的百分比及累计百分比，计算结果见表6-18。

表6-18 各辖区建筑全过程碳排放量、人口数的百分比及累计百分比

辖区	碳排放量 /10^4tCO$_{2e}$	人口数 /万人	人均碳排放 /（tCO$_{2e}$/人）	人口数 百分比（%）	碳排放量 百分比（%）	人口数 累计百分比（%）	碳排放量 累计百分比（%）
5	40.65	20.35	1.998	3.80	1.81	3.80	1.81
20	108.53	47.90	2.266	8.94	4.83	12.73	6.63
3	24.19	10.60	2.282	1.98	1.08	14.71	7.71
16	71.61	30.11	2.378	5.62	3.18	20.33	10.90
14	65.49	27.13	2.414	5.06	2.91	25.39	13.81
1	6.52	2.60	2.508	0.49	0.29	25.87	14.10
21	134.11	52.76	2.542	9.84	5.96	35.72	20.06

（续）

辖区	碳排放量/10^4tCO_{2e}	人口数/万人	人均碳排放/(tCO_{2e}/人)	人口数百分比（%）	碳排放量百分比（%）	人口数累计百分比（%）	碳排放量累计百分比（%）
4	33.11	11.88	2.787	2.22	1.47	37.93	21.53
9	50.36	15.76	3.195	2.94	2.24	40.87	23.77
12	55.39	17.26	3.209	3.22	2.46	44.09	26.24
10	52.48	16.33	3.214	3.05	2.33	47.14	28.57
11	54.90	16.94	3.241	3.16	2.44	50.30	31.01
2	9.55	2.94	3.248	0.55	0.42	50.85	31.44
17	72.79	21.09	3.451	3.93	3.24	54.78	34.68
8	49.66	13.37	3.714	2.49	2.21	57.28	36.88
24	144.75	36.48	3.968	6.81	6.44	64.08	43.32
7	48.33	10.87	4.446	2.03	2.15	66.11	45.47
13	57.17	11.24	5.086	2.10	2.54	68.21	48.01
19	89.71	16.98	5.283	3.17	3.99	71.37	52.00
25	161.58	29.58	5.462	5.52	7.19	76.89	59.19
18	73.47	12.38	5.935	2.31	3.27	79.20	62.46
23	143.13	23.12	6.191	4.31	6.37	83.51	68.82
26	202.03	29.73	6.795	5.55	8.99	89.06	77.81
22	136.88	19.76	6.927	3.69	6.09	92.75	83.90
6	48.25	6.62	7.289	1.23	2.15	93.98	86.04
15	70.71	9.52	7.428	1.78	3.14	95.76	89.19
27	243.13	22.74	10.692	4.24	10.81	100.00	100.00

4）根据人口数及碳排放量累计百分比，绘制图6-6所示劳伦茨曲线，并按式（6-23）计算得到地区建筑业碳排放基尼系数为 Gini = 0.2663，即地区建筑业全过程碳排放分配公平度属于"比较平均"。

（2）计算碳排放负荷系数　由地区总人口数及建筑业全过程碳排放量得到地区人均碳排放强度为

$$地区人均碳排放强度 = \frac{\sum\limits_{g} E_g}{\sum\limits_{g} S_g} = \frac{2248.48}{536.04} tCO_{2e}/人$$

$$\approx 4.195 tCO_{2e}/人$$

根据式（6-24）计算各辖区建筑业全过程碳排放负荷系数，并将结果绘制于图6-7中，以辖区1为例：

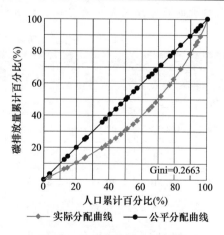

图6-6　地区建筑业全过程碳排放分配的劳伦茨曲线

$$EBC_1 = \frac{E_1}{S_1} \cdot \frac{\sum\limits_g S_g}{\sum\limits_g E_g} = \frac{2.508}{4.195} \approx 0.598$$

图 6-7 中，EBC 数值点位于直线 $y = 1$（图中加粗水平线）上侧的辖区，建筑业全过程人均碳排放强度高于地区平均水平，反之亦然。

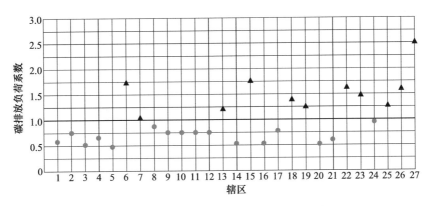

图 6-7 各辖区建筑业全过程碳排放负荷系数

6.4 建筑业碳排放测算实例

6.4.1 基础数据

根据以下资料测算 2015—2019 年某地区建筑业全过程碳排放量，并分析相应的碳排放强度与比例指标。

1）由地区能源平衡表得到的历年"能源加工转换投入产出量"数据见表 6-19。

2）由地区能源平衡表得到的历年"建筑业终端能源消费量"数据见表 6-20。

3）由地区能源平衡表得到的历年"批发、零售业和住宿、餐饮业"（商业）和"其他"终端能源消费量数据见表 6-21。

4）由地区能源平衡表得到的历年分城镇与乡村"居民生活"终端能源消费量数据见表 6-22。

5）历年主要建筑材料消耗量数据见表 6-23。

6）历年地区铁路、公路及水路运输的货运量及货物周转量数据见表 6-24。

7）燃料、材料及运输的碳排放因子均按定值考虑，并分别参考例 6-4、例 6-5 和例 6-7 的计算结果，电力和热力碳排放因子近似按地区历年发电和供热能耗核算。

8）2015—2019 年，地区建筑业总产值分别为 5652 亿元、6046 亿元、6426 亿元、7072 亿元和 7812 亿元；人口数分别为 2415 万人、2420 万人、2418 万人、2424 万人和 2428 万人。

表 6-19　历年地区能源加工转换投入产出量

年份	项目	原煤/10⁴t	焦炉煤气/10⁸m³	高炉煤气/10⁸m³	转炉煤气/10⁸m³	柴油/10⁴t	燃料油/10⁴t	石油焦/10⁴t	炼厂干气/10⁴t	天然气/10⁸m³	热力/10¹⁰kJ	电力/(10⁸kW·h)
2019	发电	−2634.17	−0.72	−86.12	−2.52	−2.87		−16.85	−0.15	−25.98	−1151.82	812.02
	供热	−211.1				−0.13		−17.24	−0.21	−7.2	6762.38	
2018	发电	−2811.3	−0.97	−83.11	−1.83	−3.35		−17.66	−0.55	−23.02	−1101.34	832.82
	供热	−215.72				−0.16		−14.07	−0.66	−5.67	6303.86	
2017	发电	−2928.24	−0.94	−78.01	−2.02	−3.63		−16.48	−0.27	−19.25	−913.4	846.28
	供热	−278.57				−0.13	−0.18	−13.31	−0.46	−3.61	6833.75	
2016	发电	−2783.35	−0.75	−91.85	−2.08	−3.09		−16.18	−0.54	−17.88	−889.92	817.79
	供热	−287.98				−0.3	−0.14	−15.78	−0.75	−3.3	7046.39	
2015	发电	−2745.09	−0.25	−95.19	−2.02	−0.92	−3.22	−15.61	−0.47	−15.71	−864.42	810.34
	供热	−295.65				−0.11	−0.14	−16.26	−0.64	−2.53	6908.33	

表 6-20　历年地区建筑业终端能源消费量

年份	原煤/10⁴t	汽油/10⁴t	煤油/10⁴t	柴油/10⁴t	燃料油/10⁴t	LNG/10⁴t	天然气/10⁸m³	热力/10¹⁰kJ	电力/(10⁸kW·h)
2019	1.49	26.04		26.5	6.85	3.3	0.11	5.4	47
2018	1.35	26.74		25.97	4.56	3.28	0.1	3.62	43.68
2017	1.55	27.09		26.55	4.75	3.21	0.11	3.44	44.31
2016	6.68	25.99	0.67	21.93	5.78	2.19	0.1	17.86	41.45
2015	10.68	25.99	0.67	21.93	4.86	2.19	0.09	17.86	36.04

表 6-21　历年地区商业和其他服务业终端能源消费量

年份	分项	原煤/10⁴t	其他煤气/10⁸m³	汽油/10⁴t	煤油/10⁴t	柴油/10⁴t	燃料油/10⁴t	LNG/10⁴t	天然气/10⁸m³	热力/10¹⁰kJ	电力/(10⁸kW·h)
2019	商业	1.80		62.50		85.15	0.11	6.80	2.70	11.82	87.73
	其他	1.80		92.60		76.34	0.05	5.80	6.90	36.93	377.48
	合计	3.60		155.10	0.00	161.49	0.16	12.60	9.60	48.75	465.21
2018	商业	2.00		63.89		88.15		6.68	2.68	23.25	88.83
	其他	2.00		92.91		77.34		5.66	6.66	82.82	349.79
	合计	4.00		156.80	0.00	165.49		12.34	9.34	106.07	438.62
2017	商业	2.00		75.69		76.23		7.38	2.80	24.92	82.18
	其他	2.00		105.95		156.13		6.01	6.36	58.69	316.41
	合计	4.00		181.64	0.00	232.36		13.39	9.16	83.61	398.59
2016	商业	17.42		72.51		75.09		7.50	2.61	16.87	81.89
	其他	24.57		100.96	0.02	146.31		6.10	5.76	124.62	293.49
	合计	41.99		173.47	0.02	221.40		13.60	8.37	141.49	375.38

（续）

年份	分项	原煤 /10^4t	其他煤气 /10^8m^3	汽油 /10^4t	煤油 /10^4t	柴油 /10^4t	燃料油 /10^4t	LNG /10^4t	天然气 /10^8m^3	热力 /10^{10}kJ	电力 /(10^8kW·h)
2015	商业	27.42	0.12	65.54		67.37	3.26	9.50	2.82	32.56	78.29
	其他	31.57	0.05	97.10	0.02	140.86	1.78	6.77	6.35	83.95	269.24
	合计	58.99	0.17	162.64	0.02	208.23	5.04	16.27	9.17	116.51	347.53

表 6-22　历年地区居民生活终端能源消费量

年份	分项	原煤 /10^4t	其他煤气 /10^8m^3	汽油 /10^4t	柴油 /10^4t	LNG /10^4t	天然气 /10^8m^3	热力 /10^{10}kJ	电力 /(10^8kW·h)
2019	城镇居民生活	2.20		180.50	5.50	6.50	13.93		241.39
	乡村居民生活	1.90		38.00	4.50	10.99	2.20		3.65
	合计	4.10		218.50	10.00	17.49	16.13		245.04
2018	城镇居民生活	2.00		178.29	5.39	6.31	13.15		239.98
	乡村居民生活	2.00		37.42	4.10	11.18	2.68		3.57
	合计	4.00		215.71	9.49	17.49	15.83		243.55
2017	城镇居民生活	2.00		240.67	16.78	6.32	12.06		225.29
	乡村居民生活	2.00		41.69	17.10	11.19	2.46		3.50
	合计	4.00		282.36	33.88	17.51	14.52		228.79
2016	城镇居民生活	14.81		221.27	24.20	7.92	11.84		214.48
	乡村居民生活	4.40		34.06	18.98	14.02	2.41		3.24
	合计	19.21		255.33	43.18	21.94	14.25		217.72
2015	城镇居民生活	24.81	0.19	203.88	23.96	7.92	11.21		182.72
	乡村居民生活	5.40	0.01	31.87	18.77	17.31	2.29	0.33	2.77
	合计	30.21	0.20	235.75	42.73	25.23	13.50	0.33	185.49

表 6-23　历年地区主要建筑材料消耗量

年份	钢材/t	木材/m^3	水泥/t	玻璃/重量箱	铝材/t
2019	30731148	6478115	50625730	1847020	1360850
2018	16948285	4278269	18954361	2039834	902310
2017	16690362	3618222	20206637	1614388	503836
2016	14497601	3586945	18333259	1581016	357500
2015	15076044	3740993	17385353	1870442	364933

表 6-24   历年地区货运量及货物周转量

年份	货运量/10^4t			货物周转量/(10^8 t · km)		
	铁路	公路	水路	铁路	公路	水路
2019	487	50656	69981	14.60	839.18	29471.12
2018	482	39595	66906	9.77	299.29	27990.8
2017	488	39743	56619	10.08	297.91	24690.72
2016	482	39055	48787	10.21	281.98	19025.58
2015	496	40627	49770	10.79	289.56	19195.54

6.4.2　碳排放测算

本书 6.2 和 6.3 节详细介绍了区域建筑全过程能耗及碳排放量的统计测算方法，并通过例题做了进一步说明。本节以某地区建筑全过程碳排放测算的完整案例，重点说明碳排放测算的主要步骤与计算结果，并对碳排放指标进行分析。

（1）确定各类能源的碳排放因子　根据能源的物理性状不同，将本实例中的建筑能源消耗分为以下五类：

1）煤炭。本例中仅包含原煤。

2）燃油。本例中包括汽油、煤油、柴油、燃料油。

3）燃气。本例中包括天然气、液化石油气（LNG）和其他煤气。

4）热力。

5）电力。

其中，煤炭、燃油和燃气的碳排放因子参考例 6-4 的计算结果，电力、热力的碳排放因子按表 6-19 提供的能源加工转换投入产出量估算。需要说明的是，热力一般在本地消耗，按加工转换投入产出量估算碳排放因子相对准确，电力一般存在地区调入与调出，有条件时应采用区域电网的平均碳排放因子。

本例中，由于发电需利用热力，故首先根据表 6-22 数据计算供热的碳排放因子，见表 6-25。

表 6-25　地区供热碳排放因子估算

能源类型	计量单位	碳排放因子/(10^4tCO$_{2e}$/计量单位)	2019 年	2018 年	2017 年	2016 年	2015 年
原煤	10^4t	1.91	-211.1	-215.72	-278.57	-287.98	-295.65
焦炉煤气	10^8m^3	7.71					
高炉煤气	10^8m^3	9.77					
转炉煤气	10^8m^3	14.46					
柴油	10^4t	3.107	-0.13	-0.16	-0.13	-0.3	-0.11
燃料油	10^4t	3.181			-0.18	-0.14	-0.14
石油焦	10^4t	3.165	-17.24	-14.07	-13.31	-15.78	-16.26
炼厂干气	10^4t	3.011	-0.21	-0.66	-0.46	-0.75	-0.64

（续）

能源类型	计量单位	碳排放因子 /（10^4tCO$_{2e}$/计量单位）	2019 年	2018 年	2017 年	2016 年	2015 年
天然气	10^8m^3	21.64	-7.2	-5.67	-3.61	-3.3	-2.53
热力	10^{10}kJ	—	6762.38	6303.86	6833.75	7046.39	6908.33
供热碳排放量	10^4tCO$_{2e}$	—	614.61	581.74	654.677	675.033	673.618
供热碳排放因子	tCO$_{2e}$/GJ	—	0.0909	0.0923	0.0959	0.0958	0.0975

再根据表 6-19 数据及以上供热碳排放因子，计算电力碳排放因子，见表 6-26。

表 6-26　地区电力碳排放因子估算

能源类型	计量单位	碳排放因子 /（10^4tCO$_{2e}$/计量单位）	2019 年	2018 年	2017 年	2016 年	2015 年
原煤	10^4t	1.91	-2634.17	-2811.3	-2928.24	-2783.35	-2745.09
焦炉煤气	10^8m^3	7.71	-0.72	-0.97	-0.94	-0.75	-0.25
高炉煤气	10^8m^3	9.77	-86.12	-83.11	-78.01	-91.85	-95.19
转炉煤气	10^8m^3	14.46	-2.52	-1.83	-2.02	-2.08	-2.02
柴油	10^4t	3.107	-2.87	-3.35	-3.63	-3.09	-0.92
燃料油	10^4t	3.181					-3.22
石油焦	10^4t	3.165	-16.85	-17.66	-16.48	-16.18	-15.61
炼厂干气	10^4t	3.011	-0.15	-0.55	-0.27	-0.54	-0.47
天然气	10^8m^3	21.64	-25.98	-23.02	-19.25	-17.88	-15.71
热力	10^{10}kJ	0.0909~0.0975	-1151.82	-1101.34	-913.4	-889.92	-864.42
电力	10^8kW·h	—	812.02	832.82	846.28	817.79	810.34
发电碳排放量	10^4tCO$_{2e}$	—	6644.24	6883.25	6959.88	6784.04	6692.44
发电碳排放因子	tCO$_{2e}$/（MW·h）	—	0.818	0.826	0.822	0.830	0.826

（2）确定材料碳排放因子　参考例 6-5，钢材、水泥、木材、玻璃和铝材的碳排放因子分别取 2.05tCO$_{2e}$/t、0.735tCO$_{2e}$/t、0.178tCO$_{2e}$/t、1.13tCO$_{2e}$/t 和 20.5 tCO$_{2e}$/t。

（3）测算区域建筑运行碳排放量

1）根据表 6-21 和表 6-22 的能源终端消费量数据，考虑汽油、柴油的计入比例分别估算公共建筑与居住建筑的历年运行能耗。

2）根据步骤（1）确定的能源碳排放因子，参考例 6-4 测算运行碳排放量，结果分别见表 6-27 和表 6-28。

表 6-27　地区公共建筑运行碳排放量

年份	分项	碳排放量/10^4tCO$_{2e}$					
		煤炭	燃油	燃气	热力	电力	合计
2019	商业	3.4	268.6	80.1	1.1	717.8	1071.1
	其他	3.4	242.8	167.8	3.4	3088.7	3506.1
	公共建筑合计	6.8	511.4	247.9	4.5	3806.5	4577.2

（续）

年份	分项	碳排放量/$10^4 tCO_{2e}$					
		煤炭	燃油	燃气	热力	电力	合计
2018	商业	3.8	277.6	79.3	2.1	734.2	1097.1
	其他	3.8	245.8	162.2	7.6	2891.0	3310.4
	公共建筑合计	7.6	523.4	241.5	9.7	3625.2	4407.5
2017	商业	3.8	241.3	84.1	2.4	675.9	1007.5
	商业	3.8	491.3	156.8	5.6	2602.2	3259.8
	公共建筑合计	7.6	732.6	240.9	8.0	3278.1	4267.3
2016	商业	33.3	237.6	80.4	1.6	679.3	1032.2
	其他	46.9	460.6	144.1	11.9	2434.7	3098.2
	公共建筑合计	80.2	698.2	224.5	13.5	3114.0	4130.4
2015	商业	52.4	223.5	91.3	3.2	646.6	1017.0
	其他	60.3	449.1	159.0	8.2	2223.6	2900.2
	公共建筑合计	112.7	672.6	250.3	11.4	2870.2	3917.2

表 6-28 地区居住建筑运行碳排放量

年份	分项	碳排放量/$10^4 tCO_{2e}$					
		煤炭	燃油	燃气	热力	电力	合计
2019	城镇	4.2	6.2	322.2	0.0	1975.1	2307.7
	乡村	3.6	1.8	82.7	0.0	29.9	118.0
	居住建筑合计	7.8	8.0	404.9	0.0	2005.0	2425.7
2018	城镇	3.8	6.1	304.7	0.0	1983.4	2298.0
	乡村	3.8	1.7	93.7	0.0	29.5	128.7
	居住建筑合计	7.6	7.8	398.4	0.0	2012.9	2426.7
2017	城镇	3.8	9.7	281.2	0.0	1852.8	2147.4
	乡村	3.8	3.9	89.0	0.0	28.8	125.4
	居住建筑合计	7.6	13.6	370.2	0.0	1881.6	2272.8
2016	城镇	28.3	10.3	281.5	0.0	1779.2	2099.3
	乡村	8.4	3.9	96.9	0.0	26.9	136.1
	居住建筑合计	36.7	14.2	378.4	0.0	1806.1	2235.4
2015	城镇	47.4	9.7	267.9	0.0	1509.0	1834.0
	乡村	10.3	3.9	104.8	0.0	22.9	141.9
	居住建筑合计	57.7	13.6	372.7	0.0	1531.9	1975.9

（4）测算区域建筑隐含碳排放量

1）根据表 6-23 的主要建筑材料消耗量及材料碳排放因子，参考例 6-5 测算材料消费的隐含碳排放量，结果见表 6-29。

表 6-29　地区建筑材料消费的隐含碳排放量

年份	碳排放量/10^4tCO_{2e}					
	钢材	木材	水泥	玻璃	铝材	合计
2019	6299.9	57.7	3721.0	10.4	2762.5	12851.5
2018	3474.4	38.1	1393.1	11.5	1831.7	6748.8
2017	3421.5	32.2	1485.2	9.1	1022.8	5970.8
2016	2972.0	31.9	1347.5	8.9	725.7	5086.0
2015	3090.6	33.3	1277.8	10.6	740.8	5153.1

2）根据表 6-24 的货运量及货物周转量数据，参考例 6-7 估计铁路、公路及水路运输的平均运输及占比，并按式（6-9）测算建筑材料运输的碳排放量，结果见表 6-30。

表 6-30　地区建筑材料运输的碳排放量

年份	碳排放量/10^4tCO_{2e}					
	钢材	木材	水泥	玻璃	铝材	合计
2019	148.4	31.3	244.5	8.9	6.6	439.7
2018	74.6	18.8	83.4	9.0	4.0	189.8
2017	72.6	15.7	87.9	7.0	2.2	185.4
2016	54.7	13.5	69.2	6.0	1.3	144.7
2015	55.9	13.9	64.5	6.9	1.4	142.6

3）根据表 6-20 的建筑业终端能源消费数据，参考例 6-8 估算建筑施工碳排放量，结果见表 6-31。

表 6-31　区域建筑施工碳排放量

年份	碳排放量/10^4tCO_{2e}					
	煤炭	燃油	燃气	热力	电力	合计
2019	2.8	180.6	12.9	0.5	384.6	581.4
2018	2.6	173.7	12.6	0.3	361.0	550.2
2017	3.0	177.1	12.6	0.3	364.4	557.4
2016	12.8	164.9	9.2	1.7	343.9	532.5
2015	20.4	161.9	8.9	1.7	297.6	490.5

（5）测算区域建筑全过程碳排放量　根据步骤（3）和（4）测算的建筑运行与隐含碳排放量，汇总得到区域建筑全过程碳排放量，结果见表 6-32。

表 6-32　区域建筑全过程碳排放量

项目	2019 年	2018 年	2017 年	2016 年	2015 年
0 全过程	20875.5	14323.0	13253.7	12129.1	11679.3
1. 建筑运行	7002.9	6834.2	6540.1	6365.8	5893.1
1.1 公共建筑	4577.2	4407.5	4267.3	4130.4	3917.2
1.1.1 商业	1071.1	1097.1	1007.5	1032.2	1017.0
1.1.2 其他	3506.1	3310.4	3259.8	3098.2	2900.2
1.2 居住建筑	2425.7	2426.7	2272.8	2235.4	1975.9
1.2.1 城镇	2307.7	2298.0	2147.4	2099.3	1834.0
1.2.2 乡村	118.0	128.7	125.4	136.1	141.9
2. 建筑隐含	13872.6	7488.8	6713.6	5763.3	5786.2
2.1 材料消费	12851.5	6748.8	5970.8	5086.1	5153.1
2.2 材料运输	439.7	189.4	185.4	144.7	142.6
2.3 建筑施工	581.4	550.2	557.4	532.5	490.5

6.4.3　指标分析

（1）碳排放总量指标　根据表 6-32 的计算结果绘制图 6-8 所示的区域建筑业碳排放总量指标的变化趋势图。分析可知，2015—2019 年，建筑运行碳排放量变化较小，而建筑隐含碳排放量持续增加，且 2019 年增加幅度明显。总体上，区域建筑全过程碳排放量呈现增长趋势。

（2）碳排放强度指标　分别以地区人口数和建筑业总产值为计量标准，根据式（6-16）测算区域建筑运行碳排放强度和隐含碳排放强度，结果如图 6-9 所示。2015—2019 年，建筑运行碳排放强度呈现出逐年增长趋势；隐含碳排放强度在 2015—2018 年出现一定波动，但整体变化幅度不大，而 2019 年出现明显提高。

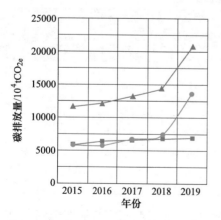

图 6-8　区域建筑全过程碳排放总量指标

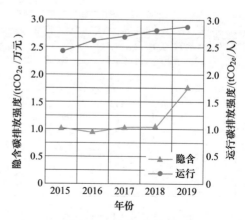

图 6-9　区域建筑全过程碳排放强度指标

（3）贡献率指标 根据式（6-19）测算建筑运行及隐含碳排放量对区域建筑全过程碳排放总量的贡献率指标，结果如图 6-10 所示。2015—2018 年建筑运行及隐含碳排放对区域建筑全过程碳排放总量的贡献率均在 50% 左右，而 2019 年，由于建筑材料消费增加导致隐含碳排放量提高，隐含碳排放的贡献率也显著提升至 65% 以上。

（4）定基变化率指标 以 2015 年为基准期，根据式（6-20）测算区域建筑全过程碳排放总量的变化率指标，结果如图 6-11 所示。

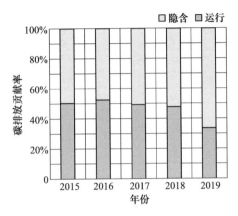

图 6-10　区域建筑全过程碳排放贡献率指标　　图 6-11　区域建筑全过程碳排放总量变化率指标

6.5　本章习题

6.5.1　知识考查

1. 总结区域建筑业全过程碳排放量测算与能耗测算的区别和联系。

2. 根据以下途径获取原始数据资料，并测算"十三五"期间所选地区的建筑业全过程碳排放总量，分析相应碳排放强度及比例指标，形成区域建筑业全过程碳排放量测算与分析报告。

1）选择某一省级行政区域作为分析对象。

2）由《中国能源统计年鉴》的地区能源平衡表获得地区能源加工转换投入产出量及终端能源消费量。

3）由《中国建筑业统计年鉴》获得钢材、水泥、木材、玻璃和铝材的消耗量。

4）由《中国统计年鉴》获得历年地区铁路、公路及水路运输的货运量及货物周转量。

5）燃料、材料及运输的碳排放因子均按定值考虑，取值参考本章例题的计算结果及本书附录，电力和热力碳排放因子近似按地区历年发电和供热能耗核算。

6）自行选择碳排放强度测算的计量标准，并查阅《中国统计年鉴》获得相关数据。

6.5.2　拓展讨论

1. 结合课程所需，思考区域建筑业碳排放的统计分析对实现建筑业"双碳"目标有何现实意义？

2. 通过本章学习，思考目前建筑业全过程碳排放量统计测算中，在基础数据获取方面所存在的难点与问题，并从完善行业碳排放核算角度为相关能源、材料消费等数据的统计与发布提供建议。

3. 目前区域建筑业碳排放的核算有多种口径。查阅资料谈谈《省级二氧化碳排放达峰行动方案编制指南》所采用的核算口径，并讨论选择这一口径的原因。

4. 查阅《中国统计年鉴》《中国能源统计年鉴》及《中国建筑业统计年鉴》，了解我国经济社会、能源消费与建设规模的发展历史与趋势。

建筑业低碳发展 第7章

本章导读：

面对全球气候变化的重大问题，我国碳达峰、碳中和战略目标的确定事关构建人类命运共同体和人与自然生命共同体，是中华民族复兴大业的内在要求，也是人类可持续发展的客观需要。为此，本章首先介绍碳达峰、碳中和的内涵与意义，并进一步从发展绿色建筑、强化建筑节能、推行绿色施工及推广绿色建材等方面介绍我国在建筑业碳达峰、碳中和领域的相关政策与实践。

学习要点：

- 了解双碳目标的基本概念与意义。
- 了解我国建筑领域实现双碳目标的技术路径。

7.1 碳达峰与碳中和

7.1.1 基本概念

（1）碳达峰　碳达峰指某个国家（地区）或行业的年度 CO_2 排放量达到了历史最高值，然后经历平台期进入持续下降的过程。碳达峰是 CO_2 排放量由增转降的历史拐点，标志着碳排放与经济发展实现脱钩。碳达峰的目标包括达峰的时间和峰值。

（2）碳中和　碳中和指国家、企业、产品、活动或个人在一定时间内直接或间接产生的 CO_2 等温室气体排放，通过植树造林、节能减排等形式予以抵消，使得空气中的 CO_2 等温室气体含量达到平衡，实现相对"零排放"。

（3）两者关系　作为碳排放的拐点，碳达峰是碳中和的基础和前提条件，碳达峰时间的早晚与峰值的高低直接影响着碳中和实现的时间与难度。一般来说，将碳达峰与碳中和合并称为"双碳"，这一表述入选了国家语言资源监测与研究中心发布的"2021 年度中国媒体十大流行语"，表明双碳问题已然成为全民关注的焦点与热点。

7.1.2 双碳目标的意义

双碳目标是我国基于推动构建人类命运共同体的责任担当和实现可持续发展的内在要求做出的重大战略决策，彰显了中国积极应对气候变化、走绿色低碳发展道路、推动全人类共同发展的坚定决心。双碳目标的提出是我国主动承担应对全球气候变化责任的大国担当，是加快生态文明建设和实现高质量发展的重要抓手，体现了我国在发展理念、发展模式、实践行动上积极参与和引领全球绿色低碳发展的努力。

1. 应对全球气候变化、体现责任担当

我国碳排放总量位居世界前列，对于应对全球气候变化具有重要影响，也做出了不懈努力。1992 年，我国成为最早签署《联合国气候变化框架公约》的缔约方之一。2002 年，我国核准了《京都议定书》。2007 年，我国制定了《中国应对气候变化国家方案》，明确了到 2010 年，我国应对气候变化的具体目标、基本原则、重点领域及其政策措施，提出了 2010 年我国单位 GDP 能耗比 2005 年下降 20% 的要求。2013 年，我国发布了第一部专门针对适应气候变化的战略规划《国家适应气候变化战略》，使应对气候变化的各项制度、政策更加系统化。2015 年，我国向公约秘书处提交了《强化应对气候变化行动——中国国家自主贡献》文件，确定了我国到 2030 年的自主行动目标。2016 年，我国率先签署《巴黎协定》并积极推动落实。

2020 年 9 月，习近平总书记在第七十五届联合国大会一般性辩论上承诺："中国将提高国家自主贡献力度，采取更加有力的政策和措施，二氧化碳排放力争于 2030 年前达到峰值，努力争取 2060 年前实现碳中和。"中国的这一庄严承诺，在全球引起巨大反响，赢得国际社会的广泛积极评价。2020 年 12 月，习近平总书记在气候雄心峰会上宣布："到 2030 年，中国单位国内生产总值二氧化碳排放将比 2005 年下降 65% 以上，非化石能源占一次能源消费比重将达到 25% 左右，森林蓄积量将比 2005 年增加 60 亿立方米，风电、太阳能发电总装机容量将达到 12 亿千瓦以上。"

2. 加快生态文明建设、实现高质量发展

基于对人与自然关系的科学认知，总结工业革命以来现代化发展的经验教训，人们逐步认识到：依靠以化石能源为主的高碳增长模式已改变了人类赖以生存的大气环境，日益频繁的极端气候事件已对正常的生产生活造成了不可忽视的影响，现有的发展方式日益凸显不可持续的态势，绿色、低碳、可持续发展已迫在眉睫。

作为发展中国家，我国仍然处于工业化、现代化关键时期，能源结构偏煤、能源利用效率偏低，使我国传统污染物和温室气体排放均处于较高水平，严重影响了绿色低碳发展和生态文明建设。提出双碳目标对我国绿色低碳发展具有引领性作用，是一场广泛而深刻的经济社会系统性变革，可以带来环境质量改善和经济社会发展的多重利好效应。

着眼于降低碳排放，有利于推动经济结构绿色转型，加快形成绿色生产方式，助推高质量发展。突出降低碳排放，有利于传统污染物和温室气体排放的协同治理，使环境质量改善与温室气体控制产生显著的协同增效作用。强调降低碳排放人人有责，有利于推动形成绿色简约的生活方式，降低物质产品消耗和浪费，实现节能减污降碳。加快降低碳排放步伐，有利于引导绿色技术创新，加快绿色低碳产业发展，在可再生能源、绿色制造、碳捕集与利用等领域形成新增长点，提高产业和经济的全球竞争力。从长远看，实现降低碳排放目标，有利于通过全球共同努力减缓气候变化带来的不利影响，减少对经济社会造成的损失，使人与自然回归和平与安宁。

为此，"十四五"规划纲要明确将碳达峰作为一项重要内容。2021年10月，国务院印发《2030年前碳达峰行动方案》（以下简称《行动方案》），进一步明确了我国碳达峰的总体要求、主要目标及重点任务。

3. 促进能源结构转型升级、保障能源安全

能源是经济社会发展的重要物质基础，也是碳排放的最主要来源。我国要实现双碳目标，必然要走能源结构低碳转型升级的道路，在保障能源安全的前提下，改变以煤炭、石油等传统化石能源为主的能源结构，因地制宜地发展风能、太阳能、水能、生物质能、潮汐能、地热能和海洋能等非化石能源，构建清洁、低碳、安全、高效的能源体系。为此，《行动方案》提出了"推进煤炭消费替代和转型升级""大力发展新能源""因地制宜开发水电""积极安全有序发展核电""合理调控油气消费"和"加快建设新型电力系统"等能源领域重点任务。

📖 **延伸阅读：关于《2030年前碳达峰行动方案》提出的主要目标与任务**

1. 主要目标

"十四五"期间，产业结构和能源结构调整优化取得明显进展，重点行业能源利用效率大幅提升，煤炭消费增长得到严格控制，新型电力系统加快构建，绿色低碳技术研发和推广应用取得新进展，绿色生产生活方式得到普遍推行，有利于绿色低碳循环发展的政策体系进一步完善。到2025年，非化石能源消费比重达到20%左右，单位国内生产总值能源消耗比2020年下降13.5%，单位国内生产总值二氧化碳排放比2020年下降18%，为实现碳达峰奠定坚实基础。

"十五五"期间，产业结构调整取得重大进展，清洁低碳安全高效的能源体系初步建立，重点领域低碳发展模式基本形成，重点耗能行业能源利用效率达到国际先进水平，非化石能源消费比重进一步提高，煤炭消费逐步减少，绿色低碳技术取得关键突破，绿色生活方式成为公众自觉选择，绿色低碳循环发展政策体系基本健全。到2030年，非化石能源消费比重达到25%左右，单位国内生产总值二氧化碳排放比2005年下降65%以上，顺利实现2030年前碳达峰目标。

2. 重点任务

将碳达峰贯穿于经济社会发展全过程和各方面，重点实施能源绿色低碳转型行动、节能降碳增效行动、工业领域碳达峰行动、城乡建设碳达峰行动、交通运输绿色低碳行动、循环经济助力降碳行动、绿色低碳科技创新行动、碳汇能力巩固提升行动、绿色低碳全民行动、各地区梯次有序碳达峰行动等"碳达峰十大行动"。

7.1.3 实施阶段

我国碳中和的发展路径大致可分为三个阶段：

（1）**第一阶段（2020—2030年）** 围绕行动方案提出的重点任务，努力实现2030年前我国碳排放达到峰值的目标。

（2）**第二阶段（2030—2045年）** 围绕碳达峰之后的减排任务，持续推进可再生能源替代，积极发展与应用碳捕获、利用与封存（CCUS）技术。

（3）**第三阶段（2045—2060年）** 全面推进各行业领域深度脱碳，力争实现我国2060年前碳中和的战略目标。

📖 延伸阅读：关于 CCUS 技术

CCUS 是应对全球气候变化的关键技术之一，受到全球各国政府、企业及科研机构的高度重视，具有广阔的发展前景。图 7-1 为《中国碳捕集利用与封存技术发展路线图》给出的 CCUS 技术流程及分类示意图。

(1) 碳捕集 碳捕集指将电力、钢铁、水泥等行业利用化石能源等活动中产生的 CO_2 进行分离和富集的过程，是 CCUS 系统耗能和成本产生的主要环节。CO_2 捕集技术可分为燃烧后捕集、燃烧前捕集和富氧燃烧捕集。适合捕集的排放源包括发电厂、钢铁厂、水泥厂、冶炼厂、化肥厂、合成燃料厂及基于化石原料的制氢工厂等，其中化石燃料发电厂是 CO_2 捕集的最主要对象。

(2) 碳输送 碳输送指将捕集的 CO_2 运送到利用或封存地的过程，是捕集和封存、利用阶段间的必要连接。根据输送方式的不同，可分为道路运输、管道运输、船舶运输、铁路运输等。

(3) 碳利用 碳利用指利用 CO_2 的物理、化学或生物作用，在减少 CO_2 排放的同时实现能源增产增效、矿产资源增采、化学品转化合成、生物农产品增产利用和消费品生产利用等，是具有附带经济效益的减排途径。根据学科领域的不同，可分为 CO_2 地质利用、CO_2 化工利用和 CO_2 生物利用三大类。

(4) 碳封存 碳封存指通过工程技术手段将捕集的 CO_2 封存于地质构造中，实现与大气长期隔绝但不产生附带经济效益的过程。按封存地质体及地理特点划分，主要包括陆上咸水层封存、海底咸水层封存、陆上枯竭油气田封存和海底枯竭油气田封存等方式。长期安全性和可靠性是 CO_2 地质封存技术发展所面临的主要障碍。全球陆上理论封存容量为 6 万亿~42 万亿 t，海底理论封存容量为 2 万亿~13 万亿 t。我国理论地质封存潜力为 1.21 万亿~4.13 万亿 t，容量较高。

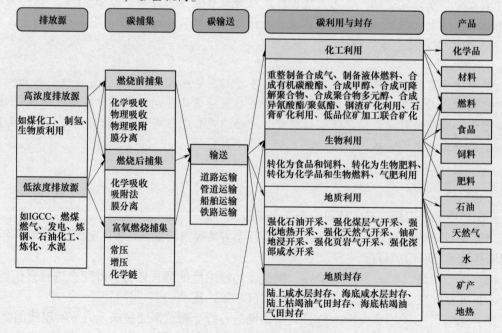

图 7-1 CCUS 技术流程及分类示意图

7.2 建筑业双碳目标实践

7.2.1 发展绿色建筑

1. 基本概念

《绿色建筑评价标准》（GB/T 50378—2019）将绿色建筑赋予了"以人为本"的属性，重视人居品质和健康性能的特征，并将绿色建筑定义为在全寿命期内，节约资源、保护环境、减少污染，为人们提供健康、适用、高效的使用空间，最大限度地实现人与自然和谐共生的高质量建筑。绿色建筑可为人类提供一个健康、舒适的工作、居住、活动空间，并实现最高效率的资源、能源利用与最低限度的环境影响，其不仅关注建筑自身的安全耐久，还注重人的健康舒适与生活便利，并包括资源节约与环境宜居等性能。从节能减排的角度来看，绿色建筑的主要特点如下：

（1）节能水平更高 通过优化围护结构的热工性能，提升暖通空调、照明及电气设备的能效水平，充分利用地热能、太阳能、风能等可再生能源，能够大幅度降低建筑能耗，减少传统化石能源消耗，从而降低建筑的碳排放量。

（2）资源消耗更少 通过采用高强、高耐久性材料，推动绿色建材应用，推广全装修、装配式建筑等绿色建造方式，有效地减少建筑材料等资源的消耗水平，并带动材料生产、运输的能耗降低。

（3）生态环境更好 通过高效集约利用土地资源，保护建筑场地生态，增加绿化面积，能够营造绿色宜居的工作生活环境，提升生态碳汇能力，充分固碳释氧。

（4）节水效果显著 通过提升给水排水系统节水效率、采用节水器具、利用非传统水源等手段，能够有效节约建筑水资源消耗。

2. 绿色建筑政策支持

在节能减排的背景下，我国近年来大力推广并发展绿色建筑，并发布了一系列的相关标准与政策文件。

2017年2月，国务院办公厅《关于促进建筑业持续健康发展的意见》明确提出要提升建筑设计水平，突出建筑使用功能及节能、节水、节地、节材和环保等要求，提供功能适用、经济合理、安全可靠、技术先进、环境协调的建筑设计产品。

自2018年12月起，《绿色建筑评价标准》（GB/T 50378—2019）、《海绵城市建设评价标准》（GB/T 51345—2018）等10项标准发布，旨在适应高质量发展的新要求，以高标准支撑和引导我国城市建设、工程建设的高质量发展。

2019年9月，住房和城乡建设部科学技术委员会建筑节能与绿色建筑专业委员会成立，以进一步推动绿色建筑发展，提高建筑节能水平。

2020年7月，住房和城乡建设部会同国家发展和改革委员会等多部门，共同印发《绿色建筑创建行动方案》，提出到2022年，当年城镇新建建筑中绿色建筑面积占比达到70%，星级绿色建筑持续增加，既有建筑能效水平不断提高，住宅健康性能不断完善，装配化建造方式占比稳步提升，绿色建材应用进一步扩大等目标。

2021年1月，住房和城乡建设部《绿色建筑标识管理办法》发布，以规范绿色建筑标识管理，推动绿色建筑高质量发展。

2021年3月，《中华人民共和国国民经济和社会发展第十四个五年规划和2035年远景目标纲要》提出推广绿色建材、装配式建筑和钢结构住宅，建设低碳城市等目标。

2021年10月，《中共中央　国务院关于完整准确全面贯彻新发展理念做好碳达峰碳中和工作的意见》要求，大力发展节能低碳建筑。持续提高新建建筑节能标准，加快推进超低能耗、近零能耗、低碳建筑规模化发展。大力推进城镇既有建筑和市政基础设施节能改造，提升建筑节能低碳水平。逐步开展建筑能耗限额管理，推行建筑能效测评标识，开展建筑领域低碳发展绩效评估。

2022年3月，《"十四五"建筑节能与绿色发展规划》发布，聚焦绿色建筑发展提出了"加强高品质绿色建筑建设""完善绿色建筑运行管理制度""推动既有公共建筑节能绿色化改造"等重点任务。

2022年5月，《"十四五"工程勘察设计行业发展规划》发布，围绕"提升建筑绿色低碳设计水平"提出：

1）按照《绿色建筑评价标准》等相关标准，全面推广绿色建筑设计，提高建筑节能水平。

2）强化绿色建筑设计方案技术论证，发挥设计在工程价值链上的引领作用。

3）推动绿色建筑设计理念、方法、应用技术创新，形成涵盖安全耐久、健康舒适、生活便利、资源节约、环境宜居等方面的绿色建筑技术体系。

4）强化住宅健康性能设计，提升室内空气、水质、隔声等设计水平。

5）加强建筑碳排放计算，充分考虑建材生产、建筑设计、建筑施工、建筑拆除等全生命周期碳减排。

6）探索建立绿色建筑设计、评估、反馈机制，促进设计技术不断迭代优化。鼓励各地因地制宜制定绿色建筑设计导则。

7.2.2　强化建筑节能

1. 基本概念

能源消耗是建筑全生命周期碳排放的主要来源，强化建筑节能对实现建筑减排具有重要作用。根据《建筑节能基本术语标准》（GB/T 51140—2015），建筑节能指建筑规划、设计、施工和使用维护过程中，在满足规定的建筑功能要求和室内环境质量的前提下，通过采取技术措施和管理手段，实现提高能源利用效率、降低运行能耗的活动。

建筑节能包含两方面的重点：①提高能源利用效率，实现建筑能耗强度与能源消耗总量的双控；②节约建筑运行活动中的能耗，包括供暖、通风、空气调节、热水供给、照明、动力等能耗。实现节约的方式可包含在建筑的规划、设计、施工中采取节能材料，应用先进的技术手段，采用可再生能源利用技术，在运行管理和使用维护过程中提高管理水平，以及应用计算机信息化技术等。

2. 建筑节能措施

（1）新建建筑节能率提升　自1986年颁布第一版建筑节能设计标准以来，我国建筑节能经历了"三步走"，即在20世纪80年代初普通住宅采暖能耗的基础上，建筑节能比例逐渐达到30%、50%、65%。由此以来的30余年间，我国颁布了居住建筑节能（五类气候区)、公共建筑节能、农村建筑节能、节能产品等标准规范，形成了较为系统的节能技术体系和标准体系。在上述"三步走"目标的基础上，2021年发布的《建筑节能与可再生能源利用通用规范》（GB 55015—2021）进一步要求：严寒和寒冷地区居住建筑平均节能率应为75%，其他气候区居住建筑平均节能率应为65%，公共建筑平均节能率应为72%。全国各地也相继对建筑节能的地方标准、政策法规进行了调整与修改，为实现建筑业双碳目标奠定坚实的基础。针对建筑节能，《"十四五"建筑节能与绿色发展规划》《"十四五"住房和城乡建设科技发展规划》及《"十四五"工程勘察设计行业发展规划》等，均提及了超低能耗建筑、近零能耗建筑、零碳建筑的技术研发与应用示范。

> 📖 **拓展阅读：关于近零能耗建筑、超低能耗建筑、零碳建筑等概念**
>
> （1）**近零能耗建筑（nearly zero energy building）**　《近零能耗建筑技术标准》（GB/T 51350—2019）对近零能耗建筑的定义为：适应气候特征和场地条件，通过被动式建筑设计最大幅度降低建筑供暖、空调、照明需求，通过主动技术措施最大幅度提高能源设备与系统效率，充分利用可再生能源，以最少的能源消耗提供舒适室内环境，且室内环境参数和能效指标符合本标准规定的建筑，其建筑能耗水平应较国家标准《公共建筑节能设计标准》（GB 50189—2015）和行业标准《严寒和寒冷地区居住建筑节能设计标准》（JGJ 26—2010）、《夏热冬冷地区居住建筑节能设计标准》（JGJ 134—2010）、《夏热冬暖地区居住建筑节能设计标准（JGJ 75—2012）降低60%~75%以上。
>
> （2）**超低能耗建筑（ultra low energy building）**　超低能耗建筑是近零能耗建筑的初级表现形式，其室内环境参数与近零能耗建筑相同，能效指标略低于近零能耗建筑，其建筑能耗水平应较国家标准《公共建筑节能设计标准》（GB 50189—2015）和行业标准《严寒和寒冷地区居住建筑节能设计标准》（JGJ 26—2010）、《夏热冬冷地区居住建筑节能设计标准》（JGJ 134—2010）、《夏热冬暖地区居住建筑节能设计标准》（JGJ 75—2012）降低50%以上。
>
> （3）**零能耗建筑（zero energy building）**　零能耗建筑是近零能耗建筑的高级表现形式，其室内环境参数与近零能耗建筑相同，充分利用建筑本体和周边的可再生能源资源，使可再生能源年产能大于或等于建筑全年全部用能的建筑。
>
> （4）**被动式建筑（passive building）**　即被动式太阳能建筑，指建筑在冬季充分利用太阳能辐射取暖，尽量减少通过维护结构及通风渗透而造成热损失；夏季尽量减少因太阳辐射及室内人员设备散热造成的热量，以不使用机械设备为前提，完全依靠加强建筑物的遮挡功能，通过建筑上的方法达到室内环境舒适目的的环保型建筑。被动式建筑技术是实现超低能耗建筑与零能耗建筑的重要手段之一。
>
> （5）**零碳建筑（zero carbon building）**　即零碳排放的建筑物，指在不消耗煤炭、石油、电力等能源的情况下，全年的能耗全部由建筑所在场地产生的可再生能源提供的建筑。零碳建筑的主要原理是通过太阳能、风能和有机垃圾发酵产生的生物质能等作为核心能源达到"零能耗"；通过屋顶收集的雨水冲洗马桶或灌溉植物等，减少对自来水的需求达到"零废水"；将有机垃圾用来发电，将无机垃圾制作成家具或建筑材料等达到"零废弃物"，最终实现"零废水、零能耗、零废弃物"的理想状态。

1)"零碳建筑案例1"——伦敦贝丁顿零碳社区。位于伦敦西南的萨顿镇,占地1.65hm²,包括82套公寓和2500m²的办公和商住面积,于2002年完工。社区内通过巧妙设计并使用可循环利用的建筑材料、太阳能装置、雨水收集设施等措施,成为全球首个零二氧化碳排放的社区。

2)"零碳建筑案例2"——上海世博会零碳馆。上海世博会零碳馆是中国第一座零碳排放的公共建筑。除了利用传统的太阳能、风能实现能源自给自足外,还利用水源热泵作为房屋的天然空调,并将厨余垃圾降解为生物质能后用于发电。

(2) 既有建筑节能改造 我国现存大量节能率较低的既有建筑,推行既有建筑节能改造对实现建筑业低碳可持续发展具有重要意义。既有建筑节能改造指对不符合建筑节能标准要求的既有居住建筑和公共建筑,按照所处的气候区域,对应执行北方采暖地区、夏热冬冷地区和夏热冬暖地区的居住建筑节能设计标准及公共建筑节能设计标准,对建筑物围护结构(含墙体、屋顶、门窗等)、供热采暖或空调制冷(热)系统进行改造,使其热工性能和供能系统的效率符合相应的建筑节能设计标准的要求。

既有建筑节能改造的主要内容包括外墙、屋面、外门窗等围护结构的保温改造,采暖系统分户供热计量及分室温度调控的改造,热源(锅炉房或热力站)和供热管网的节能改造,以及涉及建筑物修缮、功能改善和采用可再生能源的综合节能改造等。

2020年7月,由住房和城乡建设部等6部门联合印发的《绿色社区创建行动方案》明确提出:结合城市更新和存量住房改造提升,以城镇老旧小区改造、市政基础设施和公共服务设施维护等工作为抓手,积极改造提升社区供水、排水、供电、弱电、道路、供气、消防、生活垃圾分类等基础设施,在改造中采用节能照明、节水器具等绿色产品、材料。

2022年3月,由住房和城乡建设部印发的《"十四五"建筑节能与绿色发展规划》提出了"提高既有居住建筑节能水平"和"推动既有公共建筑节能绿色化改造"等重点任务。

1)在既有居住建筑方面,除违法建筑和经鉴定为危房且无修缮保留价值的建筑外,不大规模、成片集中拆除现状建筑。在严寒及寒冷地区,结合北方地区冬季清洁取暖工作,持续推进建筑用户侧能效提升改造、供热管网保温及智能调控改造。在夏热冬冷地区,适应居民采暖、空调、通风等需求,积极开展既有居住建筑节能改造,提高建筑用能效率和室内舒适度。在城镇老旧小区改造中,鼓励加强建筑节能改造,形成与小区公共环境整治、适老设施改造、基础设施和建筑使用功能提升改造统筹推进的节能、低碳、宜居综合改造模式。引导居民在更换门窗、空调、壁挂炉等部品及设备时,采购高能效产品。

2)在既有公共建筑方面,强化公共建筑运行监管体系建设,统筹分析应用能耗统计、能源审计、能耗监测等数据信息,开展能耗信息公示及披露试点,普遍提升公共建筑节能运行水平。引导各地分类制定公共建筑用能(用电)限额指标,开展建筑能耗比对和能效评价,逐步实施公共建筑用能管理。持续推进公共建筑能效提升重点城市建设,加强用能系统和围护结构改造。推广应用建筑设施设备优化控制策略,提高采暖空调系统和电气系统效率,加快LED照明灯具普及,采用电梯智能群控等技术提升电梯能效。建立公共建筑运行调适制度,推动公共建筑定期开展用能设备运行调适,提高能效水平。

(3) 可再生能源推广利用 在建筑中应用可再生能源替代传统化石能源,是减少碳排放,实现零碳建筑、近零碳建筑的重要手段。适用于建筑领域的可再生能源主要包括太阳能、风能、地热能和生物质能，并应考虑"就地生产、就地利用"的原则。

1）太阳能，包括分布式光伏发电为建筑运行提供电能，以及太阳能集热器供应生活热水或建筑采暖。

2）风能，在建筑群内的空地或建筑屋顶上设置小型的风力发电机组为建筑提供电力。

3）地热能，通过提取储存在地下土壤或岩石中的能量为建筑提供电力、制冷和供暖。

4）生物质能，包括建筑群中生产、生活活动产生的残留物等，可用于转化为电能及热能供建筑使用。

《"十四五"住房和城乡建设科技发展规划》将"城市低碳能源系统技术"作为一项重点任务，具体内容包括：研究基于建筑用户负荷精准预测与多能互补的区域建筑能效提升技术，开展高效智能光伏建筑一体化利用、"光储直柔"新型建筑电力系统建设、建筑-城市-电网能源交互技术研究与应用，发展城市风电、地热、低品位余热等清洁能源建筑高效利用技术。

《"十四五"建筑节能与绿色发展规划》将"推动可再生能源应用"作为一项重点任务，并提出了以下要求：

1）推动太阳能建筑应用。根据太阳能资源条件、建筑利用条件和用能需求，统筹太阳能光伏和太阳能光热系统建筑应用，宜电则电，宜热则热。推进新建建筑太阳能光伏一体化设计、施工、安装，鼓励政府投资公益性建筑加强太阳能光伏应用。加装建筑光伏的，应保证建筑或设施结构安全、防火安全，并应事先评估建筑屋顶、墙体、附属设施及市政公用设施上安装太阳能光伏系统的潜力。建筑太阳能光伏系统应具备即时断电并进入无危险状态的能力，且应与建筑本体牢固连接，保证不漏水不渗水。不符合安全要求的光伏系统应立即停用，弃用的建筑太阳能光伏系统必须及时拆除。开展以智能光伏系统为核心，以储能、建筑电力需求响应等新技术为载体的区域级光伏分布式应用示范。在城市酒店、学校和医院等有稳定热水需求的公共建筑中积极推广太阳能光热技术。在农村地区积极推广被动式太阳能房等适宜技术。

2）加强地热能等可再生能源利用。推广应用地热能、空气热能、生物质能等解决建筑采暖、生活热水、炊事等用能需求。鼓励各地根据地热能资源及建筑需求，因地制宜推广使用地源热泵技术。对地表水资源丰富的长江流域等地区，积极发展地表水源热泵，在确保100%回灌的前提下稳妥推广地下水源热泵。在满足土壤冷热平衡及不影响地下空间开发利用的情况下，推广浅层土壤源热泵技术。在进行资源评估、环境影响评价基础上，采用梯级利用方式开展中深层地热能开发利用。在寒冷地区、夏热冬冷地区积极推广空气热能热泵技术应用，在严寒地区开展超低温空气源热泵技术及产品应用。合理发展生物质能供暖。

3）加强可再生能源项目建设管理。鼓励各地开展可再生能源资源条件勘察和建筑利用条件调查，编制可再生能源建筑应用实施方案，确定本地区可再生能源应用目标、项目布局、适宜推广技术和实施计划。建立对可再生能源建筑应用项目的常态化监督检查机制和后评估制度，根据评估结果不断调整优化可再生能源建筑应用项目运行策略，实现可再生能源高效应用。对较大规模可再生能源应用项目持续进行环境影响监测，保障可再生能源的可持续开发和利用。

7.2.3 推行绿色施工

施工过程作为建筑全生命周期中的一个重要阶段，是实现建筑领域资源节约和节能减排的关键环节。《建筑工程绿色施工规范》（GB/T 50905—2014）对绿色施工的定义是：在保证质量、安全等基本要求的前提下，通过科学管理和技术进步，最大限度地节约资源并减少对环境的负面影响，实现节能、节地、节水、节材和环境保护的建筑工程施工活动。实施绿色施工，应依据因地制宜的原则，贯彻执行国家、行业和地方相关的技术经济政策。绿色施工应是可持续发展理念在工程施工中全面应用的体现，绿色施工并不仅仅指在工程施工中实施封闭施工，没有尘土飞扬，没有噪声扰民，在工地四周栽花、种草，实施定时洒水等这些内容，它涉及可持续发展的各个方面，如生态与环境保护、资源与能源利用、社会与经济发展等内容。作为人口众多的发展中国家，我国现阶段仍保持较高的建设量，推行绿色施工对管理与控制建筑施工建造过程的资源、能源消耗及碳排放具有重要作用。

《"十四五"建筑业发展规划》将"绿色低碳生产方式初步形成"作为一项重要发展目标，并提出：持续深化绿色建造试点工作，提炼可复制推广经验；开展绿色建造示范工程创建行动，提升工程建设集约化水平，实现精细化设计和施工；培育绿色建造创新中心，加快推进关键核心技术攻关及产业化应用；研究建立绿色建造政策、技术、实施体系，出台绿色建造技术导则和计价依据，构建覆盖工程建设全过程的绿色建造标准体系；在政府投资工程和大型公共建筑中全面推行绿色建造；积极推进施工现场建筑垃圾减量化，推动建筑废弃物的高效处理与再利用，探索建立研发、设计、建材和部品部件生产、施工、资源回收再利用等一体化协同的绿色建造产业链。

《"十四五"建筑节能与绿色发展规划》提出：大力发展钢结构建筑，鼓励医院、学校等公共建筑优先采用钢结构建筑，积极推进钢结构住宅和农房建设，完善钢结构建筑防火、防腐等性能与技术措施；在商品住宅和保障性住房中积极推广装配式混凝土建筑，完善适用于不同建筑类型的装配式混凝土建筑结构体系，加大高性能混凝土、高强钢筋和消能减震、预应力技术的集成应用；因地制宜发展木结构建筑；推广成熟可靠的新型绿色建造技术；完善装配式建筑标准化设计和生产体系，推行设计选型和一体化集成设计，推广少规格、多组合设计方法，推动构件和部品部件标准化，扩大标准化构件和部品部件使用规模，满足标准化设计选型要求；积极发展装配化装修，推广管线分离、一体化装修技术，提高装修品质。

《"十四五"住房和城乡建设科技发展规划》将"绿色建造技术"作为城乡建设绿色低碳技术重点任务之一，具体包括：开展全过程绿色低碳建造关键技术、建筑全寿命期垃圾减量化和资源化利用关键技术、城市低影响开发设计施工关键技术、绿色建造前策划后评估技术、建造过程排放控制关键技术等研究与应用。

7.2.4 推广绿色建材

绿色建材又称生态建材、环保建材、健康建材等，指采用清洁生产技术、少用天然资源和能源、大量使用工业或城市固态废弃物生产的无毒害、无污染、无放射性、有利于环境保护和人体健康的建筑材料。绿色建材是实现绿色建筑、低能耗建筑、零碳建筑等不可或缺的物质基础，具有低消耗、低能耗、轻污染、多功能、可循环利用等特征。

1）低消耗。生产原料充分利用废渣、废液、垃圾等废弃物。

2）低能耗。采用低能耗制造工艺与生产技术。

3）轻污染。材料配制和生产中不使用甲醛、卤化物溶剂或芳香族碳氢化合物，材料本身不含有有害重金属及其化合物、不释放对环境及人体有害的化学物质等。

　　4）多功能。以改善生活环境、提高生活质量为目标，具有抗菌、灭菌、防霉、除臭、隔热、阻燃、调温、调湿、消磁、防射线、抗静电等多元化功能。

　　5）可循环利用。材料可循环或回收利用，无污染环境的废弃物。

　　在促进绿色建材推广应用方面，《"十四五"建筑节能与绿色发展规划》要求：加大绿色建材产品和关键技术研发投入，推广高强钢筋、高性能混凝土、高性能砌体材料、结构保温一体化墙板等，鼓励发展性能优良的预制构件和部品部件；在政府投资工程率先采用绿色建材，显著提高城镇新建建筑中绿色建材应用比例；优化选材提升建筑健康性能，开展面向提升建筑使用功能的绿色建材产品集成选材技术研究，推广新型功能环保建材产品与配套应用技术。

　　《"十四五"住房和城乡建设科技发展规划》从绿色低碳建材和适宜性外墙保温材料两方面提出：构建适应高品质绿色建筑发展的新型绿色建材与产业化技术体系，研发高性能主体结构和围护结构材料、防水密封、装饰装修和隔声降噪材料、相变储能材料；构建绿色低碳外墙保温综合评价体系，研发适宜不同气候区的外墙保温产品和技术，研究保温结构装饰一体化外墙板技术及产品，开发高性能外墙保温体系的检测及评价方法。

7.3　本章习题

7.3.1　知识考查

1. 简述碳达峰与碳中和的基本概念。
2. 列举几种绿色节能建材，并说明它们的主要功能特点与应用场景。
3. 简述近零能耗建筑、超低能耗建筑、零能耗建筑 3 个基本概念的区别与联系。

7.3.2　拓展讨论

1. 查阅资料，谈谈我国建筑业的碳排放现状与发展趋势。
2. 查阅资料，谈谈我国在建筑业碳达峰、碳中和领域所做努力及所取得的阶段性成果。

附录 A 燃料燃烧的碳排放因子

表 A-1 燃料燃烧的碳排放因子参考值

燃料类型	计量单位	碳含量	碳氧化率	单位热值的温室气体排放因子			低位发热值	碳排放因子	
				CO_2 排放	CH_4 排放	N_2O 排放		单位热值碳排放因子	单位实物量的碳排放因子
		t/TJ	%	t/TJ	t/TJ	t/TJ	kJ/计量单位	tCO_{2e}/TJ	$kgCO_{2e}$/计量单位
原煤	kg	26.4	94	90.99	0.001	0.0015	20908	91.43	1.912
无烟煤	kg	27.4	94	94.44	0.001	0.0015	25090	94.88	2.380
一般烟煤	kg	26.1	93	89.00	0.001	0.0015	20908	89.44	1.870
褐煤	kg	28.0	96	98.56	0.001	0.0015	12545	99.00	1.242
炼焦烟煤	kg	25.4	98	91.27	0.001	0.0015	25090	91.71	2.301
洗精煤	kg	25.4	98	91.27	0.001	0.0015	26344	91.71	2.416
其他洗煤	kg	25.4	98	91.27	0.001	0.0015	19969	91.71	1.831
焦炭	kg	29.5	93	100.60	0.001	0.0015	28435	101.03	2.873
煤矸石	kg	25.8	98	92.71	0.001	0.0015	8363	93.15	0.779
焦炉煤气	m³	12.1	100	44.37	0.001	0.0001	17354	44.42	0.771
高炉煤气	m³	70.8	100	259.60	0.001	0.0001	3763	259.66	0.977
转炉煤气	m³	49.6	100	181.87	0.001	0.0001	7945	181.92	1.445
其他煤气	m³	12.2	99	44.29	0.001	0.0001	5227	44.34	0.232
原油	kg	20.1	98	72.23	0.003	0.0006	41816	72.48	3.031
汽油	kg	18.9	98	67.91	0.003	0.0006	43070	68.17	2.936
煤油	kg	19.6	98	70.43	0.003	0.0006	43070	70.68	3.044
柴油	kg	20.2	98	72.59	0.003	0.0006	42652	72.84	3.107
燃料油	kg	21.1	98	75.82	0.003	0.0006	41816	76.07	3.181
液化石油气	kg	17.2	98	61.81	0.001	0.0001	50179	61.86	3.104
炼厂干气	kg	18.2	98	65.40	0.001	0.0001	46055	65.46	3.015
沥青	kg	22.0	98	79.05	0.001	0.0006	38931	79.31	3.087
液化天然气	kg	17.2	98	61.81	0.003	0.0006	51434	62.06	3.192
天然气	m³	15.3	99	55.54	0.001	0.0001	38931	55.60	2.164

附录 B 材料碳排放因子

表 B-1 材料碳排放因子参考值

类别	材料名称	计量单位	参考范围/（$kgCO_{2e}$/计量单位）	参考值/（$kgCO_{2e}$/计量单位）
原材料	新水	t	0.1~0.42	0.17
	黏土	t	0.3~33	2.69
	砂子	t	1.8~50	2.51
	碎石	t	1.4~50	2.18
	再生骨料	t	4~22	13
	石灰石（分解）	t	—	430
	白云石（分解）	t	—	474
	粉煤灰	t	7.5~84.4	8
	炉渣	t	70~443	109
	大白粉	t	90~290	150
	滑石粉	t	120~350	150
	腻子粉	t	350~940	400
	生石灰	t	1180~1570	1190
	消石灰	t	—	740
	石膏	t	30~340	32.8
	木材	m^3	30~644	178
	刨花板	m^3	306~372	336
	胶合板	m^3	271~696	487
	原生竹材	t	—	24.4
	重组竹材	m^3	—	910
水泥	水泥（行业平均）	t	271~1461	735
	水泥熟料 52.5MPa	t	738~982	905
	水泥熟料 62.5MPa	t	738~982	920
	硅酸盐水泥 P·I 42.5MPa	t	939~958	939
	硅酸盐水泥 P·I 52.5MPa	t	939~958	941
	硅酸盐水泥 P·I 62.5MPa	t	939~958	958
	硅酸盐水泥 P·II 42.5MPa	t	861~918	874
	硅酸盐水泥 P·II 52.5MPa	t	861~918	889
	硅酸盐水泥 P·II 62.5MPa	t	861~918	918
	普通硅酸盐水泥 P·O 42.5MPa	t	722~863	795
	普通硅酸盐水泥 P·O 52.5MPa	t	722~863	863
	矿渣硅酸盐水泥 P·S·A 32.5MPa	t	503~742	621

（续）

类别	材料名称	计量单位	参考范围/（kgCO₂ₑ/计量单位）	参考值/（kgCO₂ₑ/计量单位）
水泥	矿渣硅酸盐水泥 P·S·A 42.5MPa	t	503~742	742
	矿渣硅酸盐水泥 P·S·B 32.5MPa	t	345~503	503
	火山灰质硅酸盐水泥 P·P 32.5MPa	t	541~722	631
	火山灰质硅酸盐水泥 P·P 42.5MPa	t	541~722	722
	粉煤灰硅酸盐水泥 P·F 32.5MPa	t	541~722	631
	粉煤灰硅酸盐水泥 P·F 42.5MPa	t	541~722	722
	复合硅酸盐水泥 P·C 32.5MPa	t	452~742	604
	复合硅酸盐水泥 P·C 42.5MPa	t	452~742	742
砂浆	砌筑混合砂浆 M2.5	m³	100~667	224
	砌筑混合砂浆 M5	m³	100~667	236
	砌筑混合砂浆 M7.5	m³	100~667	239
	砌筑混合砂浆 M10	m³	100~667	234
	砌筑水泥砂浆 M2.5	m³	100~667	155
	砌筑水泥砂浆 M5	m³	100~667	165
	砌筑水泥砂浆 M7.5	m³	100~667	181
	砌筑水泥砂浆 M10	m³	100~667	200
	砌筑水泥砂浆 M15	m³	100~667	232
	抹灰水泥砂浆 1:2	m³	100~667	405
	抹灰水泥砂浆 1:3	m³	100~667	277
	抹灰混合砂浆 1:1:6	m³	100~667	285
	抹灰石灰砂浆 1:2.5	m³	100~667	342
	抹灰石灰砂浆 1:3	m³	100~667	293
	抹灰石膏砂浆 1:3	m³	100~667	510
混凝土	混凝土 C10	m³	100~667	172
	混凝土 C15	m³	100~667	178
	混凝土 C20	m³	100~667	265
	混凝土 C25	m³	100~667	293
	混凝土 C30	m³	100~667	316
	混凝土 C35	m³	100~667	363
	混凝土 C40	m³	100~667	410
	混凝土 C45	m³	100~667	441
	混凝土 C50	m³	100~667	464
	超流态混凝土 C25	m³	100~667	320
	超流态混凝土 C30	m³	100~667	333
砖与砌块	黏土实心砖	m³	0~625	295
	烧结粉煤灰实心砖（50%掺入量）	m³	0~625	134

（续）

类别	材料名称	计量单位	参考范围/（kgCO$_{2e}$/计量单位）	参考值/（kgCO$_{2e}$/计量单位）
砖与砌块	烧结多孔（空心）砖	m³	0~625	250
	页岩实心砖	m³	0~625	292
	页岩空心砖	m³	0~625	204
	煤矸石实心砖（90%掺入量）	m³	0~625	22.8
	煤矸石空心砖（90%掺入量）	m³	0~625	16
	混凝土砖	m³	0~625	336
	混凝土小型空心砌块	m³	0~625	180
	粉煤灰小型空心砌块	m³	0~625	350
	加气混凝土砌块	m³	0~625	270
	蒸压粉煤灰砖	m³	0~625	341
	蒸压灰砂砖	m³	0~625	375
钢铁	炼钢生铁	t	1600~2900	1700
	铸造生铁	t	1600~2900	2280
	铁制品	t	1266~2840	1920
	镀锌铁	t	1266~2840	2350
	粗钢（转炉）	t	1827~4808	1990
	热轧大型型钢	t	1827~4808	2380
	热轧中型型钢	t	1827~4808	2365
	热轧小型型钢	t	1827~4808	2310
	热轧 H 型钢	t	1827~4808	2350
	热轧钢板	t	1827~4808	2400
	热轧钢筋、钢棒	t	1827~4808	2340
	热轧钢线材	t	1827~4808	2375
	热轧带钢	t	1827~4808	2310
	螺旋埋弧焊管	t	1827~4808	2520
	大口径埋弧焊直缝钢管	t	1827~4808	2430
	焊接直缝钢管	t	1827~4808	2530
	热轧无缝钢管	t	1827~4808	3150
	冷轧冷拔无缝钢管	t	1827~4808	3680
	冷轧碳钢板卷	t	1827~4808	2530
	冷硬碳钢板卷	t	1827~4808	2410
	热镀锌钢板卷	t	1827~4808	3110
	电镀锌钢板卷	t	1827~4808	3020
	电镀锡钢板卷	t	1827~4808	2870
	镀锌大型型钢	t	2816~3122	3050
	不锈钢	t	2790~9704	6130
	再生钢	t	325~864	480

（续）

类别	材料名称	计量单位	参考范围/（kgCO$_{2e}$/计量单位）	参考值/（kgCO$_{2e}$/计量单位）
其他金属	电解铝	t	5900~29800	20300
	铝板带	t	5900~29801	28500
	再生铝	t	269~1350	730
	矿产铜	t	2656~8850	5520
	再生铜	t	956~3440	3440
	矿产锌	t	3860~4560	4560
	矿产锡	t	—	11590
玻璃及门窗	玻璃（通用）	t	850~2193	1190
	Lower-E 玻璃	t	850~2193	2010
	钢化玻璃	t	850~2193	1790
	断桥铝合金窗（原生铝）	m²	—	254
	断桥铝合金窗（30%再生铝）	m²	—	194
	铝木复合窗（原生铝）	m²	—	147
	铝木复合窗（30%再生铝）	m²	—	122.5
	铝塑共挤窗	m²	—	129.5
	塑钢窗	m²	—	121
陶瓷制品	卫生陶瓷	t	1292~2300	1740
	通用陶瓷砖	t	238~857	600
	陶瓷砖（$E^{①}$≤0.5%）	m²	—	12.8
	陶瓷砖（0.5%<E≤10%）	m²	—	13.3
	陶瓷砖（E>10%）	m²	—	19.2
塑料制品	线性低密度聚乙烯	t	1940~7294	1990
	高密度聚乙烯	t	1940~7294	2620
	低密度聚乙烯	t	1940~7294	2810
	聚乙烯管（PEX）	t	1940~7294	3600
	聚丙烯管（PPR）	t	3720~6290	3720
	聚氯乙烯管（PVC）	t	1765~11860	7930
保温材料	普通聚苯乙烯（PS）	t	2937~4620	4620
	泡沫聚苯乙烯（EPS）	t	2100~17285	5020
	挤塑聚苯乙烯（XPS）	t	2510~7080	6120
	聚氨酯板（PU）	t	2389~21153	5220
	岩棉	t	687~1511	1200
	岩棉板	t	—	1980
	矿物棉	t	1200~2932	1200
	玻璃棉	t	1350~4328	2360

（续）

类别	材料名称	计量单位	参考范围/(kgCO$_{2e}$/计量单位)	参考值/(kgCO$_{2e}$/计量单位)
保温材料	泡沫玻璃	t	903～1950	1950
	苯酚甲醛（PF）	t	2710～2710	2710
防水材料	石油沥青油毡	m²	0.16～1.16	0.51
	SBS、APP改性沥青防水卷材	m²	0.16～1.16	0.54
	自粘聚合物改性沥青防水卷材	m²	0.16～1.16	0.32
其他	石膏板	m²	1.5～4.4	4.4
	瓦	t	270～1450	610
	陶土管	t	450～530	490
	油漆涂料（平均）	t	890～3560	3500
	乳胶漆	t	2950～6900	4120
	环氧树脂	t	—	2770
	装饰石材	t	90～463	220
	壁纸	t	1359～2350	1800
	地毯	t	3550～8110	5090
	木地板	m²	2.4～3.4	2.9
	硅酸钙吊顶	m²	—	1.8
	合成板吊顶	m²	—	7.6
	轻钢龙骨吊顶	m²	—	3.8
	橡胶	t	—	3360
	电焊条	t	—	20500
	安全网	m²	—	3.7

① E 表示陶瓷砖的吸水率。

参 考 文 献

［1］ 全国环境管理标准化技术委员会. 环境管理　生命周期评价　要求与指南：GB/T 24044—2008 ［S］. 北京：中国标准出版社，2008.

［2］ 全国环境管理标准化技术委员会. 环境管理　生命周期评价　原则与框架：GB/T 24040—2008 ［S］. 北京：中国标准出版社，2008.

［3］ 中华人民共和国住房和城乡建设部. 建筑碳排放计算标准：GB/T 51366—2019 ［S］. 北京：中国建筑工业出版社，2019.

［4］ 中华人民共和国住房和城乡建设部. 建筑节能与可再生能源利用通用规范：GB 55015—2021 ［S］. 北京：中国建筑工业出版社，2021.

［5］ 中华人民共和国住房和城乡建设部. 绿色建筑评价标准：GB/T 50378—2019 ［S］. 北京：中国建筑工业出版社，2019.

［6］ British Standards Institution. Specification for the assessment of the life cycle greenhouse gas emissions of goods and services：PAS 2050：2011 ［S］. London：British Standards Institution，2011.

［7］ 中国建筑节能协会. 2021 中国建筑能耗与碳排放研究报告 ［R］. 2022.

［8］ 英国石油公司. BP 世界能源统计年鉴 ［R］. 2021.

［9］ Intergovernmental Panel on Climate Change. 2006 IPCC guidelines for national greenhouse gas inventories ［R］. Japan：IGES，2006.

［10］ Intergovernmental Panel on Climate Change. Climate change 2021 ［R］. 2021.

［11］ HAMMOND G，JONES C. Inventory of carbon & energy ［R］. The United Kingdom：University of Bath，2008.

［12］ WEIDEMA B P，BAUER C，HISCHIER R，et al. Overview and methodology-data quality guideline for the ecoinvent database version 3 ［R］. St. Gallen, the Ecoinvent Centre，2013.

［13］ 刘长滨，李芊. 土木工程估价 ［M］. 2 版. 武汉：武汉理工大学出版社，2014.

［14］ 聂梅生，秦佑国，江亿. 中国绿色低碳住区技术评估手册 ［M］. 北京：中国建筑工业出版社，2011.

［15］ 张燕龙. 碳达峰与碳中和实施指南 ［M］. 北京：化学工业出版社，2021.

［16］ 国家统计局. 中国统计年鉴：2021 年 ［M］. 北京：中国统计出版社，2022.

［17］ 国家统计局能源统计司. 中国能源统计年鉴：2020 年 ［M］. 北京：中国统计出版社，2021.

［18］ 国家统计局固定资产投资统计司. 中国建筑业统计年鉴：2021 年 ［M］. 北京：中国统计出版社，2022.

［19］ 中国有色金属工业协会. 中国有色金属工业年鉴：2019 年 ［Z］. 2020.

［20］ 中国钢铁工业协会. 中国钢铁工业年鉴：2021 年 ［Z］. 2022.

［21］ 国家发展改革委应对气候变化司. 省级温室气体清单编制指南：试行 ［Z］. 2011-5.

［22］ 国家机关事务管理局. 公共机构能源资源消费统计制度 ［Z］. 2017-7-20.

［23］ 国务院. 2030 年前碳达峰行动方案 ［Z］. 2021-10-24.

［24］ 生态环境部. 省级二氧化碳排放达峰行动方案编制指南 ［Z］. 2021.

［25］ 仓玉洁，罗智星，杨柳，等. 城市住宅建筑物化阶段建材碳排放研究 ［J］. 城市建筑，2018（17）：17-21.

［26］ 陈文娟. 平板玻璃生产的生命周期评价研究 ［D］. 北京：北京工业大学，2007.

［27］ 董坤涛. 基于钢筋混凝土结构的建筑物二氧化碳排放研究 ［D］. 青岛：青岛理工大学，2011.

［28］杜书廷,张献梅.不同结构住宅建筑物化阶段碳排放对比分析［J］.建筑经济,2013(8):105-108.

［29］高宇,李政道,张慧,等.基于LCA的装配式建筑建造全过程的碳排放分析［J］.工程管理学报,2018,32(2):30-34.

［30］高源,余泞秀,刘丛红.城市建筑生命周期碳排放核算模型构建与应用［J］.建筑节能,2014,42(10):75-79.

［31］高源雪.建筑产品物化阶段碳足迹评价方法与实证研究［D］.北京:清华大学,2012.

［32］龚志起.建筑材料生命周期中物化环境状况的定量评价研究［D］.北京:清华大学,2004.

［33］胡姗.中国城镇住宅建筑能耗及与发达国家的对比研究［D］.北京:清华大学,2013.

［34］黄志甲,赵玲玲,张婷,等.住宅建筑生命周期CO_2排放的核算方法［J］.土木建筑与环境工程,2011,33(S2):103-105.

［35］江亿,杨秀.在能源分析中采用等效电方法［J］.中国能源,2010,32(5):5-11.

［36］李飞,崔胜辉,高莉洁,等.砖混和剪力墙结构住宅建筑碳足迹对比研究［J］.环境科学与技术,2012,35(6I):18-22,70.

［37］李小冬,王帅,孔祥勤,等.预拌混凝土生命周期环境影响评价［J］.土木工程学报,2011,44(1):132-138.

［38］李贞,冯庆革,朱惠英,等.再生骨料混凝土空心砌块环境影响分析［J］.混凝土,2013(6):114-117.

［39］林立身,江亿,燕达,等.我国建筑业广义建造能耗及CO_2排放分析［J］.中国能源,2015,37(3):5-10.

［40］刘军,郑先凤,谢小莉,等.加气混凝土砌块全生命周期碳排放量的理论与实际分析［J］.建筑砌块与砌块建筑,2012(5):43-45.

［41］刘睿劼,张智慧,周璐.防水材料生命周期环境影响的比较研究［J］.环境污染与防治,2011,33(12):103-106.

［42］刘燕.基于全生命周期的建筑碳排放评价模型［D］.大连:大连理工大学,2015.

［43］罗楠.中国烧结砖制造过程环境负荷研究［D］.北京:北京工业大学,2009.

［44］马丽萍,蒋荃,赵春芝.我国典型岩棉板生产生命周期评价研究［J］.武汉理工大学学报,2013,35(2):43-47.

［45］马明珠.上海地区典型办公建筑围护结构生命周期清单分析［D］.上海:同济大学,2008.

［46］彭军霞,赵宇波,焦丽华,等.建筑陶瓷碳计量与优化模型研究［J］.环境科学,2012,33(2):665-672.

［47］秦贝贝.中国建筑能耗计算方法研究［D］.重庆:重庆大学,2014.

［48］邵高峰,赵霄龙,高延继,等.建筑物中建材碳排放计算方法的研究［J］.新型建筑材料,2012,2:75-77.

［49］王晨杨.长三角地区办公建筑全生命周期碳排放研究［D］.南京:东南大学,2016.

［50］汪静.中国城市住区生命周期CO_2排放量计算与分析［D］.北京:清华大学,2009.

［51］王庆一.中国建筑能耗统计和计算研究［J］.节能与环保,2007(8):9-10.

［52］王上.典型住宅建筑全生命周期碳排放计算模型及案例研究［D］.成都:西南交通大学,2014.

［53］王松庆,王威,张旭.基于生命周期理论的严寒地区居住建筑能耗计算和分析［J］.建筑科学,2008,24(4):58-61.

［54］王霞.住宅建筑生命周期碳排放研究［D］.天津:天津大学,2011.

［55］王幼松,杨馨,闫辉,等.基于全生命周期的建筑碳排放测算——以广州某校园办公楼改扩建项目为例［J］.工程管理学报,2017,31(3):19-24.

［56］王玉,张宏.工业化预制装配住宅的建筑全生命周期碳排放模型研究［J］.建筑实践,2015,

33（9）：70-74.

［57］吴水根，谢银．浅析装配式建筑结构物化阶段的碳排放计算［J］．科学研究，2013，35（1）：85-87.

［58］肖君，赵平，刘睿劼．建筑保温板生命周期环境影响研究［J］．安全与环境学报，2013（1）：138-141.

［59］徐鹏鹏，申一村，傅晏，等．基于定额的装配式建筑预制构件碳排放计量及分析［J］．工程管理学报，2020，34（3）：45-50.

［60］燕艳．浙江省建筑全生命周期能耗和CO_2排放评价研究［D］．杭州：浙江大学，2011.

［61］杨倩苗．建筑产品的全生命周期环境影响定量评价［D］．天津：天津大学，2009.

［62］杨秀，魏庆芃，江亿．建筑能耗统计方法探讨［J］．中国能源，2006，28（10）：12-16.

［63］姚星皓．常用外墙保温隔热材料全生命周期经济效益及环境效益评价［D］．西安：长安大学，2015.

［64］于萍，陈效逑，马禄义．住宅建筑生命周期碳排放研究综述［J］．建筑科学，2011，27（4）：9-12，35.

［65］张荣鹏．基于LCA的钢结构装配式住宅建筑的环境性能评价［D］．上海：同济大学，2009.

［66］张时聪，徐伟，孙德宇．建筑物碳排放计算方法的确定与应用范围的研究［J］．建筑科学，2013，29（2）：35-41.

［67］张孝存．建筑碳排放量化分析计算与低碳建筑结构评价方法研究［D］．哈尔滨：哈尔滨工业大学，2018.

［68］张孝存，郑荣跃，王凤来．清单选择对乡村建筑物化碳排放的影响分析［J］．工程管理学报，2020，34（3）：51-55.

［69］郑雪晶，王霞，张欢．天津节能住宅建筑生命周期碳排放核算［J］．中南大学学报（自然科学版），2012，43（S1）：262-267.

［70］朱嬿，陈莹．住宅建筑生命周期能耗及环境排放案例［J］．清华大学学报（自然科学版），2010，50（3）：330-334.

［71］ABANDA F H, TAH J H M, CHEUNG F K T. Mathematical modelling of embodied energy, greenhouse gases, waste, time-cost parameters of building projects: A review［J］. Building and Environment, 2013, 59: 23-37.

［72］CANG Y J, LIU Y, LUO Z X, et al. Prediction of embodied carbon emissions from residential buildings with different structural forms［J］. Sustainable Cities and Society, 2020, 54: 101946.

［73］CHAU C K, LEUNG T M, NG W Y. A review on life cycle assessment, life cycle energy assessment and life cycle carbon emissions assessment on buildings［J］. Applied Energy, 2015, 143: 395-413.

［74］DIXIT M K, CULP C H, FERNÁNDEZ-SOLÍS J L. System boundary for embodied energy in buildings: A conceptual model for definition［J］. Renewable and Sustainable Energy Reviews, 2013, 21: 153-164.

［75］DONG Y H, JAILLON L, CHU P, et al. Comparing carbon emissions of precast and cast-in-situ construction methods-A case study of high-rise private building［J］. Construction and Building Materials, 2015, 99: 39-53.

［76］GONG X Z, NIE Z R, WANG Z H, et al. Life cycle energy consumption and carbon dioxide emission of residential building designs in beijing: A comparative study［J］. Journal of Industrial Ecology, 2012, 16（4）: 576-587.

［77］HONG J K, SHEN G Q P, PENG Y, et al. Uncertainty analysis for measuring greenhouse gas emissions in the building construction phase: A case study in China［J］. Journal of Cleaner Production, 2016, 129: 183-195.

［78］ISLAM S, PONNAMBALAM S G, LAM H L. Review on life cycle inventory: methods, examples and applications [J]. Journal of Cleaner Production, 2016, 136: 266-278.

[79] LEONTIEF W. Environmental repercussions and the economic structure: An input-output approach [J]. Review of Economics and Statistics, 1970, 52 (3): 262-271.

[80] LI D Z, CHEN H X, HUI E C M, et al. A methodology for estimating the life-cycle carbon efficiency of a residential building [J]. Building and Environment, 2013, 59: 448-455.

[81] LI X D, YANG F, ZHU Y M, et al. An assessment framework for analyzing the embodied carbon impacts of residential buildings in China [J]. Energy and Buildings, 2014, 85: 400-409.

[82] LUO Z X, LIU Y, LIU J P. Embodied carbon emissions of office building: A case study of China's 78 office buildings [J]. Building and Environment, 2016, 95: 365-371.

[83] PARGANA N. PINHEIRO M D, SILVESTRE J D, et al. Comparative environmental life cycle assessment of thermal insulation materials of buildings [J]. Energy and Buildings, 2014, 82: 466-481.

[84] PENG C H. Calculation of a building's life cycle carbon emissions based on Ecotect and building information modeling [J]. Journal of Cleaner Production, 2016, 112: 453-465.

[85] SEO S, HWANG Y. Estimation of CO_2 emissions in life cycle of residential buildings [J]. Journal of Construction Engineering and Management, 2001, 127: 414-418.

[86] SU X, LUO Z, LI Y H, et al. Life cycle inventory comparison of different building insulation materials and uncertainty analysis [J]. Journal of Cleaner Production, 2016, 112: 275-281.

[87] SUN T, ZHANG H W, WANG Y, et al. The application of environmental Gini coefficient (EGC) in allocating wastewater discharge permit: The case study of watershed total mass control in Tianjin, China [J]. Resources, Conservation and Recycling, 2010, 54 (9): 601-608.

[88] WANG T, SEO S, LIAO P C, et al. GHG emission reduction performance of state-of-the-art green buildings: Review of two case studies [J]. Renewable and Sustainable Energy Reviews, 2016, 56: 484-493.

[89] WANG E, SHEN Z. A hybrid Data Quality Indicator and statistical method for improving uncertainty analysis in LCA of complex system: application to the whole-building embodied energy analysis [J]. Journal of Cleaner Production, 2013, 43: 166-173.

[90] YAN H, SHEN Q P, FAN L C H, et al. Greenhouse gas emissions in building construction: A case study of One Peking in Hong Kong [J]. Building and Environment, 2010 (4): 949-955.

[91] ZHANG X C, LIU K H, ZHANG Z H. Life cycle carbon emissions of two residential buildings in China: Comparison and uncertainty analysis of different assessment methods [J]. Journal of Cleaner Production, 2020, 266: Article No. 122037.

[92] ZHANG X C, WANG F L. Life-cycle assessment and control measures for carbon emissions of typical buildings in China [J]. Building and Environment, 2015, 86: 89-97.

[93] ZHANG X C, WANG F L. Hybrid input-output analysis for life-cycle energy consumption and carbon emissions of China's building sector [J]. Building and Environment, 2016, 104: 188-197.

[94] ZHANG X C, WANG F L. Assessment of embodied carbon emissions for building construction in China: Comparative case studies using alternative methods [J]. Energy and Buildings, 2016, 130: 330-340.

[95] ZHANG X C, WANG F L. Analysis of embodied carbon in the building life cycle considering the temporal perspectives of emissions: A case study in China [J]. Energy and Buildings, 2017, 155: 404-413.

[96] ZHANG X C, WANG F L. Life-cycle carbon emission assessment and permit allocation methods: A multi-region case study of China's construction sector [J]. Ecological Indicators, 2017, 72: 910-920.

[97] ZHANG X C, WANG F L. Stochastic analysis of embodied emissions of building construction: A comparative case study in China [J]. Energy and Buildings, 2017, 151: 574-584.

[98] ZHANG Z Y, WANG B. Research on the life-cycle CO_2 emission of China's construction sector [J]. Energy

and Buildings, 2016, 112: 244-255.

[99] ZHANG X C, XU J, ZHANG X Q, et al. Life cycle carbon emission reduction potential of a new steel-bamboo composite frame structure for residential houses [J]. Journal of Building Engineering, 2021, 39: Article No. 102295.

[100] ZHANG X C, ZHANG X Q. A subproject-based quota approach for life cycle carbon assessment at the building design and construction stage in China [J]. Building and Environment, 2020, 185: Article No. 107258.

[101] ZHANG X C, ZHANG X Q. Comparison and sensitivity analysis of embodied carbon emissions and costs associated with rural house construction in China to identify sustainable structural forms [J]. Journal of Cleaner Production, 2021, 293: Article No. 126190.

[102] ZHANG X C, ZHENG R Y. Reducing building embodied emissions in the design phase: A comparative study on structural alternatives [J]. Journal of Cleaner Production, 2020, 243: Article No. 118656.

[103] ZHANG X C, ZHENG R Y, WANG F L. Uncertainty in the life cycle assessment of building emissions: A comparative case study of stochastic approaches [J]. Building and Environment, 2019, 147: 121-131.